政府会计制度：
科研事业单位会计核算指南
及会计实务案例精讲

浦战兵　著

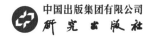

中国出版集团有限公司

研究出版社

图书在版编目（CIP）数据

政府会计制度：科研事业单位会计核算指南及会计
实务案例精讲 / 浦战兵著 . -- 北京：研究出版社，
2024.5
ISBN 978-7-5199-1529-2

Ⅰ . ①政… Ⅱ . ①浦… Ⅲ . ①科学研究组织机构—会
计制度—案例—中国 Ⅳ . ① G322.2 ② F810.6

中国国家版本馆 CIP 数据核字 (2023) 第 120660 号

出品人：陈建军
出版统筹：丁　波
责任编辑：谭晓龙

政府会计制度：科研事业单位会计核算指南及会计实务案例精讲

ZHENGFU KUAIJI ZHIDU : KEYAN SHIYE DANWEI KUAIJI HESUAN ZHINAN JI KUAIJI SHIWU ANLI JINGJIANG

浦战兵　著

研究出版社　出版发行

（100006　北京市东城区灯市口大街 100 号华腾商务楼）

北京建宏印刷有限公司印刷　新华书店经销

2024 年 5 月第 1 版　2024 年 5 月第 1 次印刷

开本：710 毫米 ×1000 毫米　1/16　印张：24

字数：416 千字

ISBN 978-7-5199-1529-2　定价：98.00 元

电话（010）64217619　64217652（发行部）

前 言
Preface

　　党的十八届三中全会通过《中共中央关于全面深化改革若干重大问题的决定》，提出建立权责发生制的政府综合财务报告制度，正式拉开政府会计改革的序幕。党的十九大强调要建立全面规范透明、标准科学、约束有力的预算制度，全面实施绩效管理。其间财政部陆续发布《政府会计准则——基本准则》《政府会计制度——行政事业单位会记科目和报表》，以及政府会计具体准则和应用指南，逐步推进我国政府会计标准体系建设。2019年，科研事业单位不再执行《科研事业单位会计制度》，而执行统一的政府会计准则制度和科研事业单位的行业补充规定。

　　政府会计制度改革有利于提高会计信息质量，有利于提高财务管理水平，是会计理论的重大创新，是我国会计工作转型升级的重大举措。新制度的实施进一步推进国家现代财政制度的建立，从全局和战略的高度更好地发挥财政在国家治理中的基础作用和重要支柱作用。当前国家坚定实施创新驱动发展战略，科研事业单位作为科技创新的中坚力量，也是执行政府会计制度的重要组成部分，应借助新制度提高单位会计信息质量，推动单位财务管理理念转型，完善单位内控建设，促进科研事业单位的可持续发展。

　　本书解析科研事业单位依据政府会计制度进行会计核算，以科研课题经费核算任务为主，兼顾经营业务核算。核算方法有其行业特点，解决具体业务核算时遇到的疑问和困惑，合理准确落实政府会计制度和相关规定，深入学习领会《政府会计制度》准则的内涵和逻辑，在充分掌握理论的基础上结合业财融合的理念，以大量实例为基础编写此书。本书在科研事业单位会计概述、政府会计基本理论、政府会计准则制度解释等规定的基础上，结合科研事业单位常见业务会计核算工作中涉及的重点和难点，从会计各级明细科目、项目核算内容、会计分录处理等方面系统介绍了科研事业单位政府会计实务的具体操作。本书汇总了财务工作者对科研事业单位财务核算的思考、探索和总结，希望本书为科研事业单位的一线财务工作者提供参考和借鉴，帮助读者强化和提高实际业务操作能力；促进科研事业单位财务工作的发展改革，不断提升财务管理工作质量；为我国科技事业发展贡献绵薄之力。

　　本书立足科研事业单位核算的特点，力求将本书编写得更加完善，但因时间紧迫、编写人员精力和水平所限，书中难免有疏漏和不当之处，敬请广大读者和业界同仁批评指正。

　　在此，编者要特别感谢中国中医科学院中医临床基础医学研究所领导的大力支持，再次致以衷心谢意！

编者
2022 年 12 月

目　录
Contents

第一章
政府会计制度概述

▶▶▶ 第一节 科研单位会计核算的重大变化与创新

一、政府会计制度产生的背景

全国各级各类行政事业单位执行《事业单位会计准则》、《行政单位会计制度》（财库〔2013〕218 号）、《事业单位会计制度》（财会〔2012〕22 号）、《医院会计制度》（财会〔2010〕27 号）、《基层医疗卫生机构会计制度》（财会〔2010〕26 号）、《高等学校会计制度》（财会〔2013〕30 号）、《中小学校会计制度》（财会〔2013〕28 号）、《科研事业单位会计制度》（财会〔2013〕29 号）、《彩票机构会计制度》（财会〔2013〕23 号）、《地质勘查单位会计制度》（财会字〔1996〕15 号）、《测绘事业单位会计制度》（财会字〔1999〕1 号）、《国有林场与苗圃会计制度（暂行）》（财农字〔1994〕第 371 号）、《国有建设单位会计制度》（财会字〔1995〕45 号）等制度。

2014 年新修订的《预算法》对各级政府提出按年度编制以权责发生制为基础的政府综合财务报告的新要求。由于现行政府会计标准体系一般采用收付实现制，主要以提供反映预算收支执行情况的决算报告为目的，无法准确、完整反映政府资产负债"家底"，以及政府的运行成本等情况，难以满足编制权责发生制政府综合财务报告的信息需求，现有预算会计系统的局限性引发了理论界与实务界的改革诉求。

2017 年 10 月 24 日，为了适应权责发生制政府综合财务报告制度改革需要，规范行政事业单位会计核算，提高会计信息质量，根据《中华人民共和国会计法》《中华人民共和国预算法》《政府会计准则——基本准则》等法律、行政法规和规章，财政部制定印发了《政府会计制度——行政事业单位会计科目和报表》，从 2019 年 1 月 1 日开始各级各类行政单位和事业单位适用新政府会计制度。

二、政府会计制度概述

政府会计：是指政府会计主体运用专门的会计方法对政府及其组成主体包括政府所属的行政事业单位等的资产负债、运行情况、现金流量、预算执行等情况进行全面核算、监督和报告的会计信息系统。政府会计制度是对政府财政收支的数目、性质、用途、关系和过程进行全面而准确的记录与整理的程序和方法，它是预算执行情况的客观而直观的反映。

政府会计制度要求以权责发生制为基础进行财务会计核算，同时以收付实现制为基础进行预算会计核算。单位会计核算具备财务会计与预算会计双重功能，实现财务会计与预算会计适度分离并相互衔接，全面、清晰反映单位财务信息和预算执行情况，政府主体编制部门决算报告和财务报告。政府会计实现了双功能、双基础、双报告的会计核算模式。

三、《科研事业单位会计制度》与《政府会计制度》相比的缺陷与不足

随着我国政府职能转变和公共财政体制的建立和完善，采用收付实现制为主、提供反映预算收支执行情况的决算报告的现行政府预算会计制度越来越难以适应新形势的需要，其缺陷逐渐显现，主要表现为以下几个方面。

（一）会计核算基础不同

科研事业单位以前执行《科研事业单位会计制度》，会计核算基础是收付实现制。即凡是在本期收到和支出的款项，不论是否属于本期，都作为本期的收入和费用处理；反之，即使属于本期的收入或费用，如果没有实际款项的收付就不作为当期的收入和费用。本期支付而由后期受益的费用，一律由本期核销进入本期成本，不再分摊，核算手续比较简单，不能准确反映各期的成本和盈亏情况。

科研事业单位现在实行《政府会计制度》，会计核算基础是权责发生制，

是以权利和责任的发生来决定收入和费用归属期的一项原则。凡是在本期内已经收到和已经发生或应当负担的费用，不论其款项是否收到或付出，都作为本期的收入和费用处理；反之，凡不属于本期的收入和费用，即使款项在本期收到或付出，也不作为本期的收入和费用处理。它解决收入和费用何时予以确认及确认多少的问题。

比如《政府会计制度》资产类科目增加"待摊费用""长期待摊费用"科目，对于支出数额较大的财产保险费、排污费、技术转让费、广告费、固定资产经常修理费、预付租入固定资产的租金等，单位在筹建期间发生的开办费，以及在运营期间发生的各项待摊费用，已经支付但不作为当期费用的支出，而以资产形式存在，由本期和以后各期摊销计入费用，待摊费用的概念基础是权责发生制，也是配比原则的体现。

另外，《政府会计制度》负债类增加"预计负债"科目，用于核算单位因或有事项可能产生的负债，单位承担的现时义务，很可能导致经济利益流出，如对外提供担保、未决诉讼、科研成果转让质量保证等产生的预计负债，或有事项准则完美体现责权发生制原则，规避单位在收付实现制下发生或有负债而使得运营状况大起大落，实现单位经济平稳发展。

（二）核算的内容增加

《科研事业单位会计制度》在核算内容方面范围较窄，不能够将各项业务活动所形成的资源和责任都纳入会计核算、监督和报告范围，不能如实反映政府资产负债"家底"，不利于加强资产负债管理。

现行的《政府会计制度》下，资产类增加"应收股利""应收利息""待摊费用""长期待摊费用""研发支出""坏账准备""受托代理资产""在途物品""加工物品""工程物资""政府储备物资""公共基础设施""政府储备物资""文物文化资产""保障性住房"科目。特别是增加"研发支出"科目对科研事业单位尤其重要，研发支出是指在研究与开发过程中所使用资产的折旧、消耗的原材料、直接参与开发人员的工资及福利费、开发过程中发生的租金以及借款费用等，均在本科目以资产形式归集，核算本单位进行研究与开发无形资产过程中发生的各项支出，如果研究开发项目达到预定用途形成无形资产，则由本科目转入"无形资产"科目，不满足无形资产条件的，则由本科目转入费用支出，"研发支出"科目对科研成果转化及国有资产保值增值起到积极作用。

现行的《政府会计制度》下，负债类增加"应付利息""预提费用""预计负债""受托代理负债"科目，其中"预提费用"科目，指单位已预提但尚未实际支付的各项应付未付的费用，其实质是在权责发生制原则下，属于当期的费用尽管尚未支付，但应计入当期损益。科研单位用此科目核算按项目预算或按规定按比例从项目经费中预提的项目间接费用或管理费、项目管理人员绩效等，比以前《科研事业单位会计制度》下用"其他应付款"下设二级科目核算更加准确、合理。

（三）核算的方法不同

《科研事业单位会计制度》下，核算购入固定资产、无形资产，借记"其他资本性支出"，贷记"银行存款"，同时借记"固定资产/无形资产"，贷记"净资产——非流动资产基金"。提折旧时，借记"净资产——非流动资产基金"，贷记"固定资产累计折旧/无形资产累计摊销"；现行的《政府会计制度》下，同样购入固定资产、无形资产，则借记"固定资产/无形资产"，贷记"银行存款"。提折旧时，借记"事业支出/经营支出——折旧及摊销费"，贷记"固定资产累计折旧/无形资产累计摊销"。

《科研事业单位会计制度》下，核算收到受托捐赠物品，借记"存货"，贷记"其他应付款"，这样的财务处理方法，目标不明确，而且影响本单位的库存。现行的《政府会计制度》下，同样核算收到受托捐赠物品，则借记"受托代理资产"，贷记"受托代理负债"，完成受托捐赠后，借记"受托代理负债"，贷记"受托代理资产"，非常简单且合理。

（四）核算的目标不同

《科研事业单位会计制度》下，会计核算偏重于满足财政预算管理的需要，在一定程度上弱化了单位财务管理的需要，侧重于预算收入、支出和结余情况，只反映资金使用的余缺，而对于资产负债状况、运营状况无法得到全面、客观反映。一般不核算成本，不计算盈亏，不能客观反映单位运行成本以及资产负债情况，单位主体的运营绩效和受托责任的履行情况也难以进行科学地评价。在各个会计期间，以收付实现制为基础的决算报告所反映的收入与当期实际实现的收入往往有一定差距；同时各期所列示的支出与当前实际运营的成本也相距甚远。

在《政府会计制度》下，净资产类下设"本期盈余"科目，客观反映行政事业单位的收入费用情况和资产负债情况，能全面反映其实际的运营绩效和效率。

政府会计核算中强化财务会计功能，对于科学编制权责发生制政府财务报告、准确反映单位财务状况和运行成本等具有重要的意义。

四、政府会计制度下财务会计和预算会计的不同和联系

1. 财务会计和预算会计的会计要素不同

财务会计要素：资产、负债、净资产、收入、费用，五大要素。
预算会计要素：预算收入、预算支出、预算结余，三大要素。

2. 会计运算平衡等式不同

财务会计的平衡等式为：资产 = 负债 + 净资产。

预算会计的平衡等式为：上年预算结转 / 结余 + 本年预算收入 – 本年预算支出 = 本年预算结转 / 结余。

3. 财务会计和预算会计的核算原则不同

财务会计：以权责发生制为会计核算基础。涉及资产、负债、收入、费用、净资产五个方面，核算过程复杂。

预算会计：以收付实现制为会计核算基础。核算过程只涉及预算收入和预算支出、预算结余三个方面，相对简单。

4. 财务会计和预算会计的适用范围不同

财务会计对外，向上级和有关部门（如税务部门）以及与本单位有经济关系的单位和团体提供报表及财务数据。

预算会计着重向同级财政部门及各个项目拨款部门针对受托责任的履行情况的提供报表及数据。

5. 财务会计和预算会计的目标不同

财务会计：反映单位运行成本以及资产负债情况，全面反映其实际的运营绩效和效率。

预算会计：体现预算的收支结余情况，各项目受托责任的履行情况。

6. 财务会计和预算会计的报告不同

财务会计的报告是财务报告，预算会计的报告是部门决算报告。

7. 财务会计和预算会计的联系

财务会计和预算会计都有着各自的特点和作用，二者之间存在差异和互补性，能有效地在单位中融合应用，通过实践的检测不断优化和完善，最终形成科学、高效的会计管理模式。对同一笔经济业务或事项进行财务会计核算和预算会计核算，要求财务会计要素和预算会计要素相互协调，财务报告和部门决算报告相互补充，共同反映政府会计主体的财务信息和预算执行信息。

财务会计和预算会计工作的最终目标，都是使单位得到更好的发展，取得更大的经济效益。

新《政府会计制度》下两套会计核算是政府全面深化财税体制改革的重要举措，对于提高政府会计信息质量、强化政府的公众受托责任、提高政府公共支出管理水平、增强政府财政透明度、提升行政事业单位财务在政府会计核算和预算管理水平、全面实施绩效管理、防范财政风险、增强财政可持续性、达到会计信息质量要求、建立现代财政制度等方面具有重要的政策支撑作用；同时，政府会计改革也有助于展现国家形象、更好地融入全球化竞争。

▶▶▶ 第二节　新旧财务会计科目对照表

一、资产类

会计科目（2018年12月31日前）			会计科目（2019年1月1日后）		
序号	科目编号	科目名称	序号	科目编号	科目名称
1	1001	库存现金	1	1001	库存现金
2	1002	银行存款	2	1002	银行存款
3	1011	零余额账户用款额度	3	1011	零余额账户用款额度
			4	1021	其他货币资金
4	1101	短期投资	5	1101	短期投资

续表

会计科目（2018年12月31日前）			会计科目（2019年1月1日后）		
序号	科目编号	科目名称	序号	科目编号	科目名称
5	1201	财政应返还额度	6	1201	财政应返还额度
	120101	财政直接支付			
	120102	财政授权支付			
6	1211	应收票据	7	1211	应收票据
7	1212	应收账款	8	1212	应收账款
8	1213	预付账款	9	1214	预付账款
			10	1215	应收股利
			11	1216	应收利息
9	1215	其他应收款	12	1218	其他应收款
			13	1219	坏账准备
10	1301	库存材料	14	1301	在途物品
11	1302	科技产品	15	1302	库存物品
			16	1303	加工物品
			17	1401	待摊费用
12	1401	长期投资	18	1501	长期股权投资
			19	1502	长期债券投资
13	1501	固定资产	20	1601	固定资产
14	1502	累计折旧	21	1602	固定资产累计折旧
			22	1611	工程物资
15	1511	在建工程	23	1613	在建工程
16	1601	无形资产	24	1701	无形资产
17	1602	累计摊销	25	1702	无形资产累计摊销
			26	1703	研发支出
			27	1801	公共基础设施
			28	1802	公共基础设施累计折旧（摊销）
			29	1811	政府储备物资
			30	1821	文物文化资产

续表

会计科目（2018年12月31日前）			会计科目（2019年1月1日后）		
序号	科目编号	科目名称	序号	科目编号	科目名称
			31	1831	保障性住房
			32	1832	保障性住房累计折旧
			33	1891	受托代理资产
			34	1901	长期待摊费用
18	1701	待处置资产损溢	35	1902	待处理财产损溢

二、负债类

会计科目（2018年12月31日前）			会计科目（2019年1月1日后）		
序号	科目编号	科目名称	序号	科目编号	科目名称
19	2001	短期借款	36	2001	短期借款
20	2101	应缴税费	37	2101	应交增值税
			38	2102	其他应交税费
21	2102	应缴国库款	39	2103	应缴财政款
22	2103	应缴财政专户款			
23	2201	应付职工薪酬	40	2201	应付职工薪酬
24	2301	应付票据	41	2301	应付票据
25	2302	应付账款	42	2302	应付账款
			43	2303	应付政府补贴款
			44	2304	应付利息
26	2303	预收账款	45	2305	预收账款
27	2305	其他应付款	46	2307	其他应付款
			47	2401	预提费用
28	2401	长期借款	48	2501	长期借款
29	2402	长期应付款	49	2502	长期应付款
			50	2601	预计负债
			51	2901	受托代理负债

三、净资产类

序号	科目编号	科目名称	序号	科目编号	科目名称
30	3001	事业基金	52	3001	累计盈余
31	3101	非流动资产基金			
	310101	长期投资			
	310102	固定资产			
	310103	在建工程			
	310104	无形资产			
32	3201	专用基金	53	3101	专用基金
	320101	科技成果转化基金			
	320102	职工福利基金			
	320103	其他专用基金			
33	3301	财政补助结转			
	330101	基本支出结转			
	330102	项目支出结转			
34	3302	财政补助结余			
35	3401	非财政补助结转			
36	3402	事业结余			
37	3403	经营结余			
38	3404	非财政补助结余分配			
			54	3201	权益法调整
			55	3301	本期盈余
			56	3302	本年盈余分配
			57	3401	无偿调拨净资产
			58	3501	以前年度盈余调整

会计科目（2018年12月31日前）　会计科目（2019年1月1日后）

四、收入类

会计科目（2018年12月31日前）			会计科目（2019年1月1日后）		
序号	科目编号	科目名称	序号	科目编号	科目名称
39	4001	财政补助收入	59	4001	财政拨款收入
40	4101	科研收入	60	4101	事业收入
41	4102	非科研收入			
	410201	技术收入			
	410202	学术活动收入			
	410203	科普活动收入			
	410204	试制产品收入			
	410205	教学活动收入			
42	4201	上级补助收入	61	4201	上级补助收入
43	4301	附属单位上缴收入	62	4301	附属单位上缴收入
44	4401	经营收入	63	4401	经营收入
			64	4601	非同级财政拨款收入
			65	4602	投资收益
			66	4603	捐赠收入
			67	4604	利息收入
			68	4605	租金收入
45	4501	其他收入	69	4609	其他收入

五、费用类

支出类会计科目（2018年12月31日前）			费用类会计科目（2019年1月1日后）		
序号	科目编号	科目名称	序号	科目编号	科目名称
46	5001	科研支出	70	5001	业务活动费用
47	5002	非科研支出	71	5101	单位管理费用
	500201	技术支出			
	500202	学术活动支出			

续表

支出类会计科目（2018 年 12 月 31 日前）			费用类会计科目（2019 年 1 月 1 日后）		
序号	科目编号	科目名称	序号	科目编号	科目名称
	500203	科普活动支出			
	500204	试制产品支出			
	500205	教学活动支出			
48	5003	支撑业务支出			
49	5004	行政管理支出			
50	5006	后勤保障支出			
51	5007	离退休支出			
			72	5201	经营费用
			73	5301	资产处置费用
52	5101	上缴上级支出	74	5401	上缴上级费用
53	5201	对附属单位补助支出	75	5501	对附属单位补助费用
54	5301	经营支出			
			76	5801	所得税费用
55	5401	其他支出	77	5901	其他费用

第二章
资　产

▶▶▶ **第一节　资产类概述**

一、政府会计制度下资产的概念

《政府会计准则——基本准则》（以下简称《基本准则》）第二十七条规定：资产是指政府会计主体过去的经济业务或者事项形成的，由政府会计主体控制的，预期能够产生服务潜力或者带来经济利益流入的经济资源，服务潜力指政府会计主体利用资产提供公共产品和服务以履行政府职能的潜在能力。经济利益流入表现为现金及现金等价物的流入，或者现金及现金等价物的流出。

二、政府会计制度下资产的确认和计量

（一）资产确认的条件

（1）与该资产定义的经济资源相关的服务潜力很可能实现或者经济利益很可能流入政府会计主体。

（2）该经济资源的成本或者价值能够被可靠地计量。

（二）资产计量的基础

（1）历史成本：资产按照取得时支付或收到的货币金额〔短期投资、预付账款、在途物品、加工物品、库存物品、待摊费用、长期待摊费用、固定资产、无形资产（外购）、文物文化资产（外购）、在建工程、研发支出、受托代

理资产、长期股权投资（成本法）、长期债券投资（成本法）、应收票据、应收账款、其他应收款]。

（2）重置成本：资产按照现在购买或购买相同、相似资产所支付的货币金额（接受捐赠的物品、固定资产、文物文化资产）计算。

（3）现值：资产按照预计从其持续使用和最终处置中所产生的未来净现金流入量的折现金额计算（专利或专有技术投资）。

（4）公允价值：资产按照市场参与者在计量日发生的有序交易中，出售资产所能收到的价格计量（个人捐赠的书籍、文物文化资产）。

（5）名义金额：无法采用上述计量属性的，采用名义金额（即：人民币 1 元）计量。

三、资产分类及概述

（一）按资产流动性分类

1. 流动资产

（1）库存现金：存放在单位财务部门，由出纳人员经管的货币，库存现金是企业流动性最强的资产。

（2）银行存款：是指单位存放在银行或其他金融机构的货币资金。根据《人民币银行结算账户管理办法》的规定，银行存款账户按用途可以分为基本存款账户、一般存款账户、专用存款账户、临时存款账户。

（3）零余额账户用款额度：财政部门和预算单位在办理授权支付业务时，由代理银行根据支付令（拨款凭证），通过财政部门零余额账户用款额度或预算单位零余额账户，将资金支付到供应商或收款人账户。支付的资金由代理银行在每天规定的时间内与人民银行通过国库单一账户进行清算。

（4）其他货币资金：是指企业除库存现金、银行存款以外的各种货币资金，主要包括银行汇票存款、银行本票存款、信用卡存款、信用证保证金存款、存出投资款、外埠存款等。

（5）财政应返还额度：一种资产类性质的科目，用于核算实行国库集中支付的事业单位应收财政返还的资金额度。详细来分，财政应返还额度科目下还会设置"财政直接支付""财政授权支付"两个明细科目。该科目的借方表示增加，贷方表示减少。

（6）短期投资：指单位购入的各种能随时变现或持有时间不超过一年的有价证券，以及不超过一年的其他投资。有价证券包括各种股票和债券等，如购买其他股份公司发行的各种股票，政府或其他企业发行的各种债券（国库券、国家重点建设债券、地方政府债券和企业融资债券等）；其他投资如企业向其他单位投出的货币资金、材料、固定资产和无形资产等。

（7）应收票据：是指由付款人或收款人签发、由付款人承兑，载有一定付款日期、付款地点、付款金额，到期无条件付款的一种书面凭证，也是一种可以由持票人自由转让给他人的债权凭证，应收票据按承兑人不同分为商业承兑汇票和银行承兑汇票。

（8）应收账款：单位在正常的运营过程中因销售商品、产品，提供服务、劳务等业务，应向购买单位收取的款项，包括应由购买单位或接受服务、劳务单位负担的税金、代购买方垫付的各种运杂费等。

（9）应收股利：指单位因股权投资而应收取的现金股利及应收其他单位的利润，包括企业股票实际支付的款项中所包括的已宣告发放但尚未领取的现金股利和企业对外投资应分得的现金股利或利润等。

（10）应收利息：指单位因债权投资而应收取的利息，包括购入债券的价款中已到付息期但尚未领取的债券利息，分期付息到期还本的债券在持有期间产生的利息。

（11）预付账款：指企业按照购货合同的规定，预先以货币资金或货币等价物支付供应单位的款项。

（12）其他应收款：是指单位除应收票据、应收账款、预付账款、应收股利和应收利息以外的其他非主业各种应收及暂付款项。

（13）坏账准备：指单位对应收款项（含应收账款、其他应收款等）计提的，是备抵账户。企业对坏账损失的核算，采用备抵法。在备抵法下，企业每期末要估计坏账损失，设置"坏账准备"账户。备抵法是指采用一定的方法按期（至少每年末）估计坏账损失，提取坏账准备并转作当期费用；实际发生坏账时，直接冲减已计提坏账准备，同时转销相应的应收账款余额。

（14）在途物品：在途物品是指单位购入尚未到达或尚未验收入库的各种物资（即在途物资）的采购和入库情况。本科目期末借方余额，反映单位已付款或已开出、承兑商业汇票，但尚未到达或尚未验收入库的在途材料、商品的采购成本。

（15）加工物品：指单位自制或委托外单位加工的各种物品的实际成本。

未完成的测绘、地质勘察、设计成果的实际成本，也通过本科目核算。本科目应当设置"自制物品""委托加工物品"两个一级明细科目，并按照物品类别、品种、项目等设置明细账，进行明细核算。"自制物品"一级明细科目下应当设置"直接材料、人工、其他直接费用"等二级明细科目，归集自制物品发生的直接材料、人工等直接费用；期末，再按照一定的分配标准和方法，分配计入有关物品的成本。"委托加工物品"科目核算发给外单位加工材料的实际成本及支付加工费、运输费等，作为委托加工物品成本。本科目期末借方余额，反映单位自制或委托外单位加工但尚未完工的各种物品的实际成本。

（16）库存物品：指单位已经验收入库，可以作为存货或者对外销售的各种商品以及外购或委托加工完成验收入库用于销售或者使用的各种商品，包括企业自制的产品、外购的商品等。

（17）待摊费用：是指单位已经支出，但应当由本期和以后各期分别负担的、分摊期在 1 年以内（含 1 年）的各项费用，这些费用的特点是：虽然在某月支付或发生，但是受益期是以后的几个月甚至全年，为了正确计算各个会计期间的业务成果，必须严格划分费用的归属期，分月摊入各月成本费用。待摊费用应当在其受益期限内分期平均摊销。

2. 非流动资产

（1）长期股权投资：指通过投资取得被投资单位的股份。单位对其他单位的股权投资，通常视为长期持有，以及通过股权投资达到控制被投资单位，或对被投资单位施加重大影响，或为了与被投资单位建立密切关系，以分散经营风险。

（2）长期债券投资：是单位购买的各种一年期以上的债券，包括其他企业的债券、金融债券和国债等。债权投资不是为了获取被投资单位的所有者权益，只能获取投资单位的债权，债权投资自投资之日起即成为债务单位的债权人，并按约定的利率收取利息，到期收回本金。

（3）固定资产：是指单位为生产产品、提供服务、劳务、出租或者运营管理而持有的、使用时间超过 12 个月的，价值达到一定标准的非货币性资产，包括房屋、建筑物、机器、机械、运输工具以及其他与生产经营活动有关的设备、器具、工具等。

（4）固定资产累计折旧：在固定资产的使用寿命内，按确定的方法对应计提的折旧额进行的系统分摊。固定资产累计折旧属于资产类的备抵调整账户，其贷方登记折旧额的增加，借方登记折旧额的减少，余额一般在贷方，表示累计计提的固定资产折旧金额。公共基础设施和保障性住房计提的累计折旧，应当分别通过"公共基础设施累计折旧（摊销）"科目和"保障性住房累计折旧"科目核算，不通过本科目核算。

（5）在建工程：指单位资产的新建、改建、扩建，或技术改造、设备更新和大修理工程等尚未完工的工程支出。在建工程通常有"自营"和"出包"两种方式。自营在建工程指单位自行购买工程用料、自行施工并进行管理的工程；出包在建工程是指单位通过签订合同，由其他工程队或单位承包建造的工程。

（6）无形资产：通常表现为某种权利、某项技术或是某种获取超额利润的综合能力，它们不具有实物形态，是通过自身所具有的技术等优势为企业带来未来经济利益。无形资产具有可辨认性、可控制性，属于非货币性资产。

（7）无形资产累计摊销：是指企业对使用寿命有限的无形资产进行计提摊销的一个会计科目。已计提的累计摊销的余额一般在贷方。累计摊销属于资产类科目，是无形资产的调整科目，类似于固定资产的累计折旧科目。

（8）研发支出：是指在研究与开发过程中所使用资产的折旧、消耗的原材料、直接参与开发人员的工资及福利费、开发过程中发生的租金以及借款费用等，研发支出在企业支出总额中比重越来越大，日渐表现为一种经常性支出、固定性支出，为企业发展和核心能力的形成提供一种不竭的动力。企业在投入一定的人力、物力、财力用于研究开发活动之后，若开发成功，设计出了新的产品，形成了新的技术，则构成企业的一项自创无形资产，若开发失败则研发支出成为企业的一项沉没成本。

（9）文物文化资产：文物文化资产是指用于展览、教育或研究等目的的历史文物、艺术品以及其他具有文化或历史价值并作长期或永久保存的典藏物等。由于文物文化不是由企业的生产经营过程产出，因此无法将其作为存货、固定资产等项目进行核算。

（10）受托代理资产：是指因从事受托代理交易而从委托方取得的资产。在受托代理交易过程中，本单位通常只是从委托方收到受托资产，并按照委托人的意愿将资产转赠给指定的其他组织或者个人，或者按照有关规定将资产转交给指定的其他组织或者个人，单位本身并不拥有受托资产的所有权和使用权，它只是在交易过程中起中介作用。

（11）长期待摊费用：本科目核算单位已经支出，但应由本期和以后各期负担的分摊期限在 1 年以上（不含 1 年）的各项费用，如以经营租赁方式租入的固定资产发生的改良支出等。

（12）待处理财产损益：单位在清查财产过程中已经查明的各种财产物资的盘盈、盘亏和毁损，待处理财产损溢在未报经批准前与资产直接相关，在报经批准后与当期损溢直接相关。

（二）按资产性质分类

1. 存量货币资金

（1）库存现金

（2）银行存款

（3）零余额账户用款额度

（4）其他货币资金

（5）财政应返还额度

2. 债权性资产

（1）应收票据

（2）应收账款

（3）应收股利

（4）应收利息

（5）预付账款

（6）其他应收款

（7）坏账准备

3. 流动性物品资产

（1）在途物品

（2）加工物品

（3）库存物品

4. 投资性资产

（1）短期投资

（2）长期股权投资

（3）长期债券投资

5. 非流动性物品资产及折旧

（1）固定资产

（2）固定资产累计折旧

（3）无形资产

（4）无形资产累计折旧

（5）在建工程

（6）研发支出

（7）文物文化资产

6. 待处理性资产

（1）待摊费用

（2）长期待摊费用

（3）受托代理资产

（4）待处理财产损溢

四、科研事业单位明细科目设置及用途

（一）存量货币资金

1. 库存现金：本科目核算单位的库存现金。

2. 银行存款：本科目核算单位存入银行或者其他金融机构的各种存款。

3. 零余额账户用款额度：本科目核算实行国库集中支付的单位根据财政部门批复的用款计划收到和支用的零余额账户用款额度。实行国库集中收付制度，由预算单位经财政部门授权自行发出支付令，称为财政授权支付方式。按以下科目设置明细账。

（1）机构运行

（2）住房公积金

（3）提租补贴

（4）购房补贴

（5）事业单位基本养老保险缴费

（6）事业单位职业年金缴费

（7）社会公益专项：①当年预算、②上年结转

（8）科技条件专项：①当年预算、②上年结转

4. 其他货币资金：按以下科目设置明细账。

（1）外埠存款

（2）银行本票存款

（3）银行汇票存款

（4）信用卡存款

5. 财政应返还额度：本科目用于核算国库集中支付的单位应收财政返还的资金额度，包括可以使用的以前年度财政直接支付资金额度和财政应返还的财政授权支付资金额度。按以下科目设置明细账。

（1）财政授权支付应返还额度

（2）财政直接支付应返还额度

（二）债权性资产

1. 应收票据：按以下科目设置明细账。

（1）银行承兑汇票

（2）商业承兑汇票

2. 应收账款：按以下内容设置明细账。

（1）运营活动过程中应收取得款项

（2）具有流动资产性质的短期债权

3. 应收股利：按以下内容设置明细账。

（1）应当收取的现金股利

（2）应当分得的利润

4. 应收利息：本科目核算事业单位长期债券投资应当收取的利息。事业单位购入的到期一次还本付息的长期债券投资持有期间的利息，应当通过"长期债券投资——应计利息"科目核算，不通过本科目核算。

5. 预付账款：本科目核算单位按照购货、服务合同或协议规定预付给供应单位（或个人）的款项，以及按照合同规定向承包工程的施工企业预付的备料款和工程款。按以下科目设置明细账。

（1）预付货款

（2）预付修购款

6.其他应收款：本科目核算单位除财政应返还额度、应收票据、应收账款、预付账款、应收股利、应收利息以外的其他各项应收及暂付款项，如职工预借的旅差费、已经偿还银行尚未报销的本单位公务卡欠款、拨付给内部有关部门的备用金、应向职工收取的各种垫付款项、支付的可以收回的订金或押金、应收的上级补助和附属单位上缴款项等。按以下科目设置明细账。

（1）住院押金

（2）借款

7.坏账准备：按以下科目设置明细账。

（1）应收账款坏账准备

（2）其他应收账款坏账准备

（三）流动性物品资产

1.在途物品：本科目期末借方余额，反映单位已付款或已开出、承兑商业汇票，但尚未到达或尚未验收入库的在途材料、商品的采购成本。按物品种类设置明细账。

2.加工物品：按以下科目设置明细账。

（1）自制物品

（2）委托加工物品

3.库存物品：本科目核算单位在开展业务活动及其他活动中为耗用或出售而储存的各种材料、产品、包装物、低值易耗品，以及达不到固定资产标准的用具、装具、动植物等的成本。企业应设置"库存物品"等科目，核算库存物品的增减变化及其结存情况，并设置明细账进行登记。库存物品属于存货类的项目，单位应当严格监管对存货的确认，存货的确认条件为：与该存货有关的经济利益很可能流入本单位、该存货的成本能够可靠地计量。按以下科目设置明细账。

（1）产成品（自制或加工后物品）

（2）原材料（外购）

（3）低值易耗品（外购）

（4）实验动物

（四）投资性资产

1.短期投资：本科目核算事业单位按照规定取得的，持有时间不超过1年（含1年）的投资。

2.长期股权投资：本科目核算事业单位按照规定取得的，持有时间超过1年的（不含1年）的股权性质的投资。

3.长期债券投资：本科目核算事业单位按照规定取得的，持有时间超过1年的（不含1年）的债券投资。

（五）非流动性物品资产及折旧

1.固定资产：本科目核算单位固定资产的原值。按以下科目设置明细账。

（1）房屋及建筑物

（2）通用设备

①一般通用设备

②交通运输设备

（3）专用设备

（4）家具

（5）图书

2.固定资产累计折旧：本科目核算单位计提的固定资产累计折旧，按以下科目设置明细账。

（1）房屋及建筑物累计折旧

（2）通用设备累计折旧

①一般通用设备累计折旧

②交通运输设备累计折旧

（3）专用设备累计折旧

（4）家具累计折旧

（5）图书累计折旧

3.无形资产：本科目核算单位无形资产的原值。按以下科目设置明细账。

（1）专利权

（2）非专利技术（专有技术）

（3）土地使用权

（4）软件

（5）商标权

（6）著作权

4.无形资产累计摊销：本科目核算单位对使用年限有限的无形资产计提的累计摊销。按以下科目设置明细账。

（1）专利权累计摊销

（2）非专利权技术累计摊销

（3）土地使用权累计摊销

（4）软件累计摊销

（5）商标权累计摊销

（6）其他无形资产累计摊销

5.在建工程：本科目核算单位在建的建设项目工程的实际成本。单位在建的信息系统项目工程也通过本科目核算。

6.研发支出：本科目核算单位自行研究开发项目研究阶段和开发阶段发生的各项支出。建设项目中的软件研发支出，应当通过"在建工程"科目核算，不通过本科目核算。

7.文物文化资产：根据《政府会计制度》规定，在会计实务中，对文物文化资产应当单独设立"文物文化资产"科目进行核算，该科目属于资产类科目的范畴，主要用于核算文物文化资产的增减变动及结存情况，其二级明细科目按文物文化资产的类别进行设置。

（六）待处理性资产

1.待摊费用：本科目核算单位已经支付，但应当由本期和以后各期分别负担的分摊期在1年以内（含1年）的各项费用，如预付航空保险费、预付租金、供暖费等。待摊费用应当在其受益期限内分期平均摊销，如预付航空保险费应在保险期的有效期内、预付租金应在租赁期内分期平均摊销，计入当期费用。如低值易耗品和出租出借包装物的摊销、预付财产保险费、预付经营租赁固定资产租金、预付报刊订阅费、待摊固定资产修理费用、购买印花税票和一次缴纳税额较多且需要分月摊销的税金等，按内容设置明细账。

2.长期待摊费用：如以经营租赁方式租入的固定资产发生的改良支出等，按内容设置明细账。

3.受托代理资产：设置"受托代理资产"科目，该科目属于资产类科目，其借方登记受托代理资产的增加，贷方登记受托代理资产的减少。其期末借方余额反映民间非营利组织期末尚未转出的受托代理资产价值。按受托单位设置明细账。

4.待处理财产损溢：本科目核算单位在清查财产过程中查明的各种财产物资的盘盈、盘亏和毁损。按以下内容设置明细账。

（1）待处理固定资产损溢

（2）待处理流动资产损溢

▸▸▸ 第二节　科研事业单位资产类会计核算

一、存量货币资产

（一）银行存款

1-1-1	账务处理
单位收到技术服务费	
财务会计分录	借：银行存款——基本户银行存款 　　贷：事业收入——技术服务收入 　　　　应交增值税——销项税
预算会计分录	借：资金结存——货币资金——基本户银行存款 　　贷：事业预算收入——技术服务预算收入

1-1-2	账务处理
单位××其他委托项目购买办公用品	
财务会计分录	借：库存商品——低值易耗品 　　应交增值税——进项税 　　贷：银行存款——基本户银行存款
预算会计分录	借：事业支出——基本支出——商品和服务支出——专用材料支出——低值易耗品（××其他委托项目） 　　事业支出——基本支出——商品和服务支出——税金及附加（进项税） 　　贷：资金结存——货币资金——基本户银行存款

（二）零余额账户用款额度

单位收到财政拨款各项收入

财务会计分录	借：零余额账户用款额度——机构运行 　　零余额账户用款额度——住房公积金 　　零余额账户用款额度——提租补贴 　　零余额账户用款额度——购房补贴 　　零余额账户用款额度——事业单位基本养老保险缴费 　　零余额账户用款额度——事业单位职业年金缴费 　　零余额账户用款额度——社会公益专项——当年预算 　　零余额账户用款额度——科技条件专项——当年预算 　　贷：财政拨款收入——机构运行拨款 　　　　财政拨款收入——住房改革支出拨款——住房公积金 　　　　财政拨款收入——住房改革支出拨款——提租补贴 　　　　财政拨款收入——住房改革支出拨款——购房补贴 　　　　财政拨款收入——事业单位基本养老保险缴费拨款 　　　　财政拨款收入——事业单位职业年金缴费拨款 　　　　财政拨款收入——专项经费拨款——社会公益专项——当年预算 　　　　财政拨款收入——专项经费拨款——科技条件专项——当年预算
预算会计分录	借：资金结存——零余额账户用款额度——基本支出用款额度 　　资金结存——零余额账户用款额度——项目支出用款额度 　　贷：财政拨款预算收入——机构运行拨款 　　　　财政拨款预算收入——住房改革支出拨款——住房公积金 　　　　财政拨款预算收入——住房改革支出拨款——提租补贴 　　　　财政拨款预算收入——住房改革支出拨款——购房补贴 　　　　财政拨款预算收入——事业单位基本养老保险缴费拨款 　　　　财政拨款预算收入——事业单位职业年金缴费拨款 　　　　财政拨款预算收入——专项经费拨款预算收入——社会公益专项——当年预算（财政项目） 　　　　财政拨款预算收入——专项经费拨款预算收入——科技条件专项——当年预算（财政项目）

1-2-2		账务处理
单位支付工资		
财务会计分录	借：应付职工薪酬——基本工资——岗位工资 　　应付职工薪酬——基本工资——薪级工资 　　应付职工薪酬——津贴工资——其他津贴补贴 　　应付职工薪酬——津贴工资——物业补贴 　　应付职工薪酬——津贴工资——提租补贴 　　应付职工薪酬——津贴工资——购房补贴 　　应付职工薪酬——绩效工资 　　应付职工薪酬——伙食补助费 　　贷：零余额账户用款额度——机构运行 　　　零余额账户用款额度——提租补贴 　　　零余额账户用款额度——购房补贴 　　　银行存款——基本户银行存款	
预算会计分录	借：事业支出——基本支出——工资福利支出——工资——基本工资——岗位工资 　　事业支出——基本支出——工资福利支出——工资——基本工资——薪级工资 　　事业支出——基本支出——工资福利支出——工资——津贴工资——其他津贴补贴 　　事业支出——基本支出——工资福利支出——工资——津贴工资——物业补贴 　　事业支出——基本支出——工资福利支出——工资——津贴工资——提租补贴 　　事业支出——基本支出——工资福利支出——工资——津贴工资——购房补贴 　　事业支出——基本支出——工资福利支出——工资——绩效工资 　　事业支出——基本支出——工资福利支出——工资——伙食补助费 　　贷：资金结存——零余额账户用款额度基本支出用款额度 　　　资金结存——货币资金——基本户银行存款	

1-2-3		账务处理
单位支付养老金、年金		
财务会计分录	借：其他应付款——机关事业单位基本养老保险缴费个人扣款 　　业务活动费用——工资福利费用——社会保障缴费——机关事业单位基本养老保险缴费 　　单位管理费用——工资福利费用——社会保障缴费——机关事业单位基本养老保险缴费 　　贷：银行存款——基本户银行存款 　　　零余额账户用款额度——机关事业单位基本养老保险缴费	

续表

财务会计 分录	借：其他应付款——机关事业单位职业年金缴费个人扣款 　　业务活动费用——工资福利费用——社会保障缴费——机关事业单位职业年金缴费 　　单位管理费用——工资福利费用——社会保障缴费——机关事业单位职业年金缴费 　　贷：银行存款——基本户银行存款 　　　　零余额账户用款额度——机关事业单位职业年金缴费
预算会计 分录	借：资金结存——待处理支出——其他应付款——机关事业单位基本养老保险缴费个人扣款 　　事业支出——基本支出——工资福利支出——社会保障缴费支出——机关事业单位基本养老保险缴费 　　贷：资金结存——零余额账户用款额度——基本支出用款额度 　　　　资金结存——货币资金——基本户银行存款 借：资金结存——待处理支出——机关事业单位职业年金个人扣款 　　事业支出——基本支出——工资福利支出——社会保障缴费支出——机关事业职业年金缴费 　　贷：资金结存——零余额账户用款额度——基本支出用款额度 　　　　资金结存——货币资金——基本户银行存款

1-2-4	账务处理

单位交公积金

财务会计 分录	借：其他应付款——住房公积金个人扣款 　　业务活动费用——工资福利费用——住房公积金 　　贷：零余额账户用款额度——住房公积金 　　　　银行存款——基本户银行存款
预算会计 分录	借：资金结存——待处理支出——其他应付款——住房公积金个人扣款 　　事业支出——基本支出——工资福利支出——住房公积金 　　贷：资金结存——零余额账户用款额度——基本支出用款额度 　　　　资金结存——货币资金——基本户银行存款

1-2-5	账务处理

单位用财政公务费购买办公用品

财务会计 分录	借：库存商品——低值易耗品 　　贷：零余额账户用款额度——机构运行
预算会计 分录	借：资金结存——待处理支出——库存物品——低值易耗品 　　贷：资金结存——零余额账户用款额度——基本支出用款额度

1-2-6	账务处理
单位用财政专项购买大型仪器	
财务会计 分录	借：固定资产——专用设备 　　贷：零余额账户用款额度——科技条件专项——当年预算
预算会计 分录	借：事业支出——项目支出——其他资本性项目支出——专用设备购置项目支出 　　贷：资金结存——零余额账户用款额度——项目支出用款额度

（三）其他货币资金

1-3-1	账务处理
单位自有资金存定期	
财务会计 分录	借：其他货币资金——定期存款 　　贷：银行存款——基本户银行存款
预算会计 分录	借：资金结存——货币资金——其他货币资金 　　贷：资金结存——货币资金——基本户银行存款

（四）财政应返还额度

1. 授权支付

1-4-1-1	账务处理
单位年底社会公益结转金额	
财务会计 分录	借：财政应返还额度——授权支付——社会公益专项 　　贷：零余额账户用款额度——社会公益专项——当年预算
预算会计 分录	借：财政应返还额度——授权支付——社会公益专项 　　贷：资金结存——零余额账户用款额度——项目支出用款额度

2. 直接支付

1-4-2-1	账务处理
单位年底科技条件专项结余金额	
财务会计 分录	借：财政应返还额度——直接支付——科技条件专项 　　贷：直接支付用款额度——科技条件专项——当年预算
预算会计 分录	借：财政应返还额度——直接支付——科技条件专项 　　贷：资金结存——直接支付用款额度——项目支出用款额度

二、债权性资产

（一）应收票据

2-1-1		账务处理
单位向外提供服务，收到商业承兑汇票，并开发票		
财务会计分录	借：应收票据——商业承兑汇票 　　贷：事业收入——技术服务收入 　　　　应交增值税——销项税	
预算会计分录	无	

2-1-2		账务处理
单位持未到期的商业承兑汇票向银行贴现		
财务会计分录	借：银行存款——基本户银行存款 　　其他费用——利息费用 　　贷：应收票据——商业承兑汇票	
预算会计分录	借：资金结存——货币资金——基本户银行存款 　　其他支出——利息支出 　　贷：事业预算收入——技术服务预算收入（含税）	

2-1-3		账务处理
单位持未到期的商业承兑汇票背书，购买商品		
财务会计分录	借：库存商品 　　应交增值税——进项税 　　贷：应收票据——商业承兑汇票	
预算会计分录	无	

2-1-4		账务处理
单位持已到期的商业承兑汇票向银行承兑		
财务会计分录	借：银行存款——基本户银行存款 　　贷：应收票据——商业承兑汇票	
预算会计分录	借：资金结存——货币资金——基本户银行存款 　　贷：事业预算收入——技术服务预算收入（含税）	

（二）应收账款

2-2-1		账务处理
单位提供技术服务，款未到，已开票，账务处理		
财务会计分录	借：应收账款 　　贷：事业收入——技术服务收入 　　　　应交增值税——销项税	
预算会计分录	无	

2-2-2		账务处理
单位收到款项，		
财务会计分录	借：银行存款——基本户银行存款 　　贷：应收账款	
预算会计分录	借：资金结存——货币资金——基本户银行存款 　　贷：事业预算收入——技术服务预算收入（含税）	

2-2-3		账务处理
单位持已到期的商业承兑汇票向银行承兑，支付人无力偿还		
财务会计分录	借：应收账款 　　贷：应收票据	
预算会计分录	无	

（三）坏账准备

2-3-1		账务处理
单位期末应收账款、其他应收款按规定比例提坏账准备		
财务会计分录	借：其他费用 　　贷：坏账准备	
预算会计分录	无	

2-3-2		账务处理
单位提坏账准备后，应收账款、其他应收款有部分收不回来		
财务会计分录	借：坏账准备 　　贷：应收账款 / 其他应收款	
预算会计分录	无	

2-3-3		账务处理
单位对已核销的坏账准备，后期又收回		
财务会计分录	借：银行存款——基本户银行存款 　　贷：坏账准备	
预算会计分录	借：资金结存——货币资金——基本户银行存款 　　贷：其他预算收入	

（四）应收股利

2-4-1		账务处理
单位投资 A 公司股权，A 公司宣告股利		
财务会计分录	借：应收股利——A 公司 　　贷：投资收益	
预算会计分录	无	

2-4-2		账务处理
单位投资 A 公司股权，收到股利		
财务会计分录	借：银行存款——基本户银行存款 　　贷：应收股利——A 公司	
预算会计分录	借：资金结存——货币资金——基本户银行存款 　　贷：事业预算收入——投资预算收益	

（五）应收利息

2-5-1		账务处理
单位购买 ×× 金融产品，预计收到利息		
财务会计分录	借：应收利息——×× 金融产品 　　贷：投资收益	
预算会计分录	无	

2-5-2		账务处理
单位的金融产品，收到利息		
财务会计分录	借：银行存款——基本户银行存款 　　贷：应收利息——×× 金融产品	
预算会计分录	借：资金结存——货币资金——基本户银行存款 　　贷：事业预算收入——投资预算收益	

（六）预付账款

1. 预付货款

2-6-1-1		账务处理
单位预付低值易耗品货款，货未到，票未开		
财务会计分录	借：预付账款　　贷：银行存款——基本户银行存款	
预算会计分录	借：资金结存——待处理支出——预付账款　　贷：资金结存——货币资金——基本户银行存款	

2-6-1-2		账务处理
单位付低值易耗品尾款，货到，开票		
财务会计分录	借：库存物品——低值易耗品　　　　应交增值税——进项税　　贷：预付账款　　　　银行存款——基本户银行存款（尾款）	
预算会计分录	借：资金结存——待处理支出——库存物品——低值易耗品　　　　事业支出——基本支出——商品和服务支出——税金及附加　　贷：资金结存——待处理支出——预付账款　　　　资金结存——货币资金——基本户银行存款（尾款）	

2-6-1-3		账务处理
单位××其他委托项目业务人员领用低值易耗品货款		
财务会计分录	借：业务活动费用——商品和服务费用——专用材料费——低值易耗品（××其他委托项目）　　贷：库存物品——低值易耗品	
预算会计分录	借：事业支出——基本支出——商品和服务支出——专用材料费支出——低值易耗品（××其他委托项目）　　贷：资金结存——待处理支出——库存物品——低值易耗品	

2. 预付固定资产

2-6-2-1		账务处理
单位预付专用设备款，专用设备未到		
财务会计分录	借：预付账款　　贷：银行存款——基本户银行存款	

续表

预算会计 分录	借：事业支出——基本支出——其他资本性支出——专用设备购置 贷：资金结存——货币资金——基本户银行存款

2-6-2-2		账务处理
单位收到专用设备款，并付尾款		
财务会计 分录	借：固定资产——专用设备 贷：预付账款 　　　银行存款——基本户银行存款（尾款）	
预算会计 分录	借：事业支出——基本支出——其他资本性支出——专用设备购置 贷：资金结存——货币资金——基本户银行存款	

（七）其他应收款

1. 住院押金

2-7-1-1		账务处理
单位付某职工住院押金		
财务会计 分录	借：其他应收款——住院押金 贷：银行存款——基本户银行存款	
预算会计 分录	借：事业支出——基本支出——工资和福利支出——医疗费 贷：资金结存——货币资金——基本户银行存款	

2-7-1-2		账务处理
单位某业务职工结算住院费		
财务会计 分录	借：业务活动费用——工资和福利费用——医疗费 贷：其他应收款——住院押金 　　　银行存款——基本户银行存款	
预算会计 分录	借：事业支出——基本支出——工资和福利支出——医疗费 贷：资金结存——货币资金——基本户银行存款	

2. 借款

2-7-2-1		账务处理
单位业务人员因××政府项目借差旅费		
财务会计 分录	借：其他应收款——借款 贷：银行存款——基本户银行存款	

续表

预算会计分录	借：事业支出——基本支出——商品和服务支出——差旅费支出（××政府项目） 　　贷：资金结存——货币资金——基本户银行存款

2-7-2-2 　　　　　　　　　　　　　　　　　　　　　　　　账务处理

单位业务人员结算差旅费

财务会计分录	借：业务活动费用——商品和服务费用——差旅费（××政府项目） 　　贷：其他应收款——借款 　　　　银行存款——基本户银行存款
预算会计分录	借：事业支出——基本支出——商品和服务支出——差旅费支出（××政府项目） 　　贷：资金结存——货币资金——基本户银行存款

三、流动性物品资产

（一）在途物品

3-1-1 　　　　　　　　　　　　　　　　　　　　　　　　账务处理

单位业务人员购××其他委托项目原材料，款已付，票已开，货物在途

财务会计分录	借：在途物品 　　应交增值税——进项税 　　贷：银行存款——基本户银行存款
预算会计分录	借：事业支出——基本支出——商品和服务支出——专用材料支出——原材料（××其他委托项目） 　　事业支出——基本支出——商品和服务支出——税金及附加 　　贷：资金结存——货币资金——基本户银行存款

3-1-2 　　　　　　　　　　　　　　　　　　　　　　　　账务处理

单位××其他委托项目购原材料，货物已到，并出库

财务会计分录	借：库存物品——原材料 　　贷：在途物品
财务会计分录	借：业务活动费用——商品和服务费用——专用材料费——原材料（××其他委托项目） 　　贷：库存物品——原材料
预算会计分录	无

- 33 -

（二）加工物品

1. 自制物品

3-2-1-1	账务处理
单位业务人员领用原材料、低值易耗品、实验动物，自制成实验用药，并付人工费	
财务会计分录	借：加工物品——自制物品 　　贷：库存物品——原材料 　　　　库存物品——低值易耗品 　　　　库存物品——实验动物 　　　　应付职工薪酬
预算会计分录	无

2. 委托加工物品

3-2-2-1	账务处理
单位业务人员付委托外单位原材料及加工费	
财务会计分录	借：加工物品——委托加工物品（委托加工费＋原材料） 　　应交增值税——进项税 　　贷：库存物品——原材料 　　　　银行存款——基本户银行存款（委托加工费）
预算会计分录	借：资金结存——待处理支出——加工物品——委托加工物品 　　事业支出——基本支出——商品和服务支出——税金及附加 　　贷：资金结存——货币资金——基本户银行存款（加工费）

3-2-2-2	账务处理
单位收到委托加工物品，业务人员为××政府项目领用出库	
财务会计分录	借：库存物品——产成品 　　贷：加工物品——委托加工物品 借：业务活动费用——商品和服务费用——专用材料费——原材料（××政府项目） 借：库存物品——产成品
预算会计分录	借：资金结存——待处理支出——库存物品——产成品 　　贷：资金结存——待处理支出——加工物品——委托加工物品 借：事业支出——基本支出——商品和服务支出——专用材料支出——原材料（××政府项目） 　　贷：资金结存——待处理支出——库存物品——产成品

（三）库存物品

1. 原材料／实验动物

3-3-1-1	库存物品——原材料／实验动物	账务处理
单位××其他委托项目购原材料、实验动物，款已付，票已开，并出库		
财务会计分录	借：库存物品——原材料 　　库存物品——实验动物 　　应交增值税——进项税 　　贷：银行存款——基本户银行存款 借：业务活动费用——商品和服务费用——专用材料费——原材料（××其他委托项目） 　　业务活动费用——商品和服务费用——专用材料费——实验动物（××其他委托项目） 　　贷：库存物品——原材料 　　　　库存物品——实验动物	
预算会计分录	借：事业支出——基本支出——商品和服务支出——专用材料支出——原材料（××其他委托项目） 　　事业支出——基本支出——商品和服务支出——专用材料支出——实验动物（××其他委托项目） 　　事业支出——基本支出——商品和服务支出——税金及附加（自有资金） 　　贷：资金结存——货币资金——基本户银行存款	

2. 低值易耗品

3-3-2-1		账务处理
单位购买一批低值易耗品		
财务会计分录	借：库存物品——低值易耗品 　　应交增值税——进项税 　　贷：银行存款——基本户银行存款	
预算会计分录	借：资金结存——待处理支出——库存物品——低值易耗品 　　事业支出——基本支出——商品和服务支出——税金及附加 　　贷：资金结存——货币资金——基本户银行存款	

3. 产成品

3-3-3-1		账务处理

××其他委托项目及单位管理部门领用低值易耗品、产成品

财务会计 分录	借：业务活动费用——商品和服务费用——专用材料费用——低值易耗品 （××其他委托项目） 业务活动费用——商品和服务费用——专用材料费用——产成品（×× 其他委托项目） 单位管理费用——商品和服务费用——专用材料费用——低值易耗品 （公务费） 单位管理费用——商品和服务费用——专用材料费用——产成品（公务费） 贷：库存物品——低值易耗品 　　库存物品——产成品
预算会计 分录	借：事业支出——基本支出——商品和服务支出——专用材料支出——低值易 耗品（××其他委托项目） 事业支出——基本支出——商品和服务支出——专用材料支出——产成 品（××其他委托项目） 事业支出——基本支出——商品和服务支出——专用材料支出——低值 易耗品（公务费） 事业支出——基本支出——商品和服务支出——专用材料支出——产成 品（公务费） 贷：资金结存——待处理支出——库存物品——低值易耗品 　　资金结存——待处理支出——库存物品——产成品

四、投资性资产

（一）短期投资

4-1-1		账务处理

单位购短期债券

财务会计 分录	借：短期投资——××短期债券 　　贷：银行存款——基本户银行存款
预算会计 分录	借：投资支出——××短期债券 　　贷：资金结存——货币资金——基本户银行存款

4-1-2		账务处理
单位卖出短期债券		
财务会计 分录	借：银行存款——基本户银行存款 　　贷：短期投资——××短期债券 　　　　投资收益（贷差）	
预算会计 分录	借：资金结存——货币资金——基本户银行存款 　　贷：投资收益——××短期债券	

（二）长期股权投资

4-2-1	股权投资（成本法）	账务处理
对附属单位 A 公司投资		
财务会计 分录	借：长期股权投资——A 公司 　　贷：银行存款——基本户银行存款	
预算会计 分录	借：对附属单位补助支出——A 公司 　　贷：资金结存——货币资金——基本户银行存款	

4-2-2		账务处理
单位收到 A 公司分派的股利通知		
财务会计 分录	借：应收股利——A 公司股利 　　贷：投资收益——A 公司股利	
预算会计 分录	无	

4-2-3		账务处理
单位取得 A 公司分派的股利		
财务会计 分录	借：银行存款——基本户银行存款 　　贷：应收股利——A 公司股利	
预算会计 分录	借：资金结存——货币资金-基本户银行存款 　　贷：附属单位上缴预算收入-A 公司股利	

4-2-4		账务处理
单位出售 A 公司股权		
财务会计 分录	借：银行存款——基本户银行存款 　　贷：长期股权投资——A 公司股权 　　　　投资收益——A 公司股利	

续表

预算会计 分录	借：资金结存——货币资金——基本户银行存款 　　贷：附属单位上缴预算收入——A 公司股权 + 股利

4-2-5	单位用无形资产取得长期股权投资（成本法）账务处理
单位对无形资产中专利权 ×× 专利进行评估	
财务会计 分录	借：无形资产——×× 专利权（增值部分） 　　贷：其他收入——×× 专利权（增值部分）
预算会计 分录	无

4-2-6	账务处理
单位用评估后的无形资产取得 B 公司长期股权投资	
财务会计 分录	借：长期股权投资——B 公司股权 　　无形资产累计摊销——×× 专利权累计摊销 　　贷：无形资产——×× 专利权（评估价）
预算会计 分录	无

4-2-7	长期股权投资（权益法）账务处理
单位购买 C 公司股票	
财务会计 分录	借：长期股权投资——C 公司股票 　　贷：银行存款——基本户银行存款
预算会计 分录	借：投资支出——C 公司股票 　　贷：资金结存——货币资金——基本户银行存款

4-2-8	账务处理
单位按享有的投资股票所实现的净损益调整	
财务会计 分录	借：长期股权投资——损益调整 　　贷：投资收益——C 公司股票（投资股票实现的净利润） 或 借：长期股权投资——损益调整（红字） 　　贷：投资收益——C 公司股票（投资股票发生的净亏损）（红字）
预算会计 分录	无

4-2-9		账务处理
单位出售股票或收回股权，有盈利		
财务会计 分录	借：银行存款——基本户银行存款 　　贷：长期股权投资——C 公司股票（损益调整后）	
预算会计 分录	借：资金结存——货币资金——基本户银行存款 　　贷：投资预算收益——C 公司股票	

4-2-10		账务处理
单位出售股票或收回股权，有亏损		
财务会计 分录	借：银行存款——基本户银行存款 　　贷：长期股权投资——C 公司股票（损益调整后）	
预算会计 分录	借：资金结存——货币资金——基本户银行存款 　　贷：投资预算收益——C 公司股票	

4-2-11		账务处理
年底结转	借：投资收益——C 公司股利	
	贷：本期盈余——C 公司股利	

（三）长期债券投资

4-3-1		账务处理
单位取得长期债券投资，有应收利息		
财务会计 分录	借：长期债券投资——×× 债券 　　应收利息 　　贷：银行存款——基本户银行存款	
预算会计 分录	借：投资支出——×× 债券 　　贷：资金结存——货币资金——基本户银行存款	

4-3-2		账务处理
单位收到分期付款利息		
财务会计 分录	借 银行存款——基本户银行存款 　　贷：应收利息	
预算会计 分录	借：资金结存——货币资金——基本户银行存款 　　贷：投资预算收益——×× 债券利息	

4-3-3		账务处理
单位到期收回长期债券投资及利息		
财务会计分录	借：银行存款——基本户银行存款 　　贷：长期债券投资——××债券 　　　　投资收益——××债券利息	
预算会计分录	借：资金结存——货币资金——基本户银行存款 　　贷：投资预算收益——××债券+利息	

4-3-4		账务处理
单位出售未到期的长期债券投资，出售价大于成本价		
财务会计分录	借：银行存款——基本户银行存款 　　贷：投资收益——××债券 　　　　长期债券投资——××债券	
预算会计分录	借：资金结存——货币资金——基本户银行存款 　　贷：投资预算收益	

4-3-5		账务处理
单位出售未到期的长期债券投资，出售价小于成本价		
财务会计分录	借：银行存款——基本户银行存款 　　其他费用 　　贷：长期债券投资——××债券	
预算会计分录	借：资金结存——货币资金——基本户银行存款 　　贷：投资预算收益——××债券	

五、非流动性资产及折旧

（一）固定资产

1. 房屋及建筑物

5-1-1-1		账务处理
单位房屋经过评估增值，增值部分账务处理		
财务会计分录	借：固定资产——房屋及建筑物（增值额） 　　贷：累计盈余——非流动资产基金	
预算会计分录	无	

2. 通用设备

5-1-2-1	一般通用设备；账务处理

单位 ×× 其他委托项目购买一般通用设备	
财务会计分录	借：固定资产——通用设备——一般通用设备 应交增值税——进项税 　贷：银行存款——基本户银行存款
预算会计分录	借：事业支出——基本支出——其他资本性支出——办公设备购置支出——办公设备（×× 其他委托项目） 事业支出——基本支出——商品和服务支出——税金及附加（自有资金） 　贷：资金结存——货币资金——基本户银行存款

5-1-2-2	交通运输设备账务处理

单位购买交通运输设备	
财务会计分录	借：固定资产——通用设备——交通运输设备 　贷：银行存款——基本户银行存款
预算会计分录	借：事业支出——基本支出——其他资本性支出——交通工具购置支出——交通运输设备 　贷：资金结存——货币资金——基本户银行存款

3. 专用设备

5-1-3-1	账务处理

单位 ×× 政府专项购买专用设备	
财务会计分录	借：固定资产——专用设备 　贷：银行存款——基本户银行存款
预算会计分录	借：事业支出——基本支出——其他资本性支出——专用设备购置支出——专用设备（×× 政府专项） 　贷：资金结存——货币资金——基本户银行存款

4. 家具

5-1-4-1	账务处理

单位购买办公家具	
财务会计分录	借：固定资产——办公家具 　贷：银行存款——基本户银行存款
预算会计分录	借：事业支出——基本支出——其他资本性支出——办公设备购置支出——办公家具（自有资金） 　贷：资金结存——货币资金——基本户银行存款

5. 图书

5-1-5-1		账务处理
单位图书室购买图书		
财务会计 分录	借：固定资产——图书 　　贷：银行存款——基本户银行存款	
预算会计 分录	借：事业支出——基本支出——其他资本性支出——图书购置 　　贷：资金结存——货币资金——基本户银行存款	

6. 无偿调拨固定资产

5-1-6-1		账务处理
单位收到上级无偿调拨固定资产		
财务会计 分录	借：固定资产 　　贷：无偿调拨净资产 借：无偿调拨净资产 　　贷：累计盈余——非流动资产基金	
预算会计 分录	无	

7. 用专用基金购固定资产

5-1-7-1		账务处理
单位用专用基金购固定资产		
财务会计 分录	借：固定资产 　　贷：银行存款——基本户银行存款 借：专用基金——修购基金 　　贷：累计盈余——非流动资产基金	
预算会计 分录	借：专用结余——修购结余 　　贷：资金结存——货币资金——基本户银行存款	

（二）固定资产累计折旧

1. 房屋及建筑物累计折旧

5-2-1-1		账务处理
单位提房屋及建筑物折旧		
财务会计 分录	借：累计盈余——非流动资产基金 　　贷：固定资产累计折旧——房屋及建筑物累计折旧	
预算会计 分录	无	

2. 通用设备累计折旧

（1）一般通用设备累计折旧

5-2-2-1-1　　　　　　　　　　　　　　　　　　　　　　　　　　　　　**账务处理**

单位 2018 年 12 月 31 日前购入一般通用设备提折旧	
财务会计 分录	借：累计盈余——非流动资产基金 　　贷：固定资产累计折旧——通用设备累计折旧——一般通用设备累计折旧
预算会计 分录	无

5-2-2-1-2　　　　　　　　　　　　　　　　　　　　　　　　　　　　　**账务处理**

单位 2019 年 1 月 1 日后购入提一般通用设备折旧	
财务会计 分录	借：业务活动费用——折旧及摊销费——固定资产折旧 　　单位管理费用——折旧及摊销费——固定资产折旧 　　经营费用——折旧及摊销费——固定资产折旧 　　贷：固定资产累计折旧——通用设备累计折旧——一般通用设备累计折旧
预算会计 分录	无

（2）交通运输设备累计折旧

5-2-2-2-1　　　　　　　　　　　　　　　　　　　　　　　　　　　　　**账务处理**

单位 2018 年 12 月 31 日前购入交通运输设备提折旧	
财务会计 分录	借：累计盈余——非流动资产基金 　　贷：固定资产累计折旧——通用设备累计折旧——交通运输设备累计折旧
预算会计 分录	无

5-2-2-2-2　　　　　　　　　　　　　　　　　　　　　　　　　　　　　**账务处理**

单位 2019 年 1 月 1 日后购入交通运输设备提折旧	
财务会计 分录	借：业务活动费用——折旧及摊销费——固定资产折旧 　　单位管理费用——折旧及摊销费——固定资产折旧 　　经营费用——折旧及摊销费——固定资产折旧 　　贷：固定资产累计折旧——通用设备累计折旧——交通运输设备累计折旧
预算会计 分录	无

3. 专用设备累计折旧

5-2-3-1		账务处理
单位 2018 年 12 月 31 日前购入专用设备提折旧		
财务会计分录	借：累计盈余——非流动资产基金 　　贷：固定资产累计折旧——专用设备累计折旧	
预算会计分录	无	

5-2-3-2		账务处理
单位 2019 年 1 月 1 日后购入专用设备提折旧		
财务会计分录	借：业务活动费用——折旧及摊销费——固定资产折旧 　　贷：固定资产累计折旧——专用设备累计折旧	
预算会计分录	无	

4. 家具累计折旧

5-2-4-1		账务处理
单位 2018 年 12 月 31 日前购入办公家具提折旧		
财务会计分录	借：累计盈余——非流动资产基金 　　贷：固定资产累计折旧——家具累计折旧	
预算会计分录	无	

5-2-4-2		账务处理
单位 2019 年 1 月 1 日后购入办公家具提折旧		
财务会计分录	借：业务活动费用——折旧及摊销费——固定资产折旧 　　单位管理费用——折旧及摊销费——固定资产折旧 　　经营费用——折旧及摊销费——固定资产折旧 　　贷：固定资产累计折旧——家具累计折旧	
预算会计分录	无	

5. 图书累计折旧

5-2-5-1		账务处理
单位 2018 年 12 月 31 日前购入图书提折旧		
财务会计分录	借：累计盈余——非流动资产基金 　　贷：固定资产累计折旧——图书折旧	
预算会计分录	无	

5-2-5-2		账务处理
单位 2019 年 1 月 1 日后购入办公家具提折旧		
财务会计分录	借：业务活动费用——折旧及摊销费——固定资产折旧 　　贷：固定资产累计折旧——图书累计折旧	
预算会计分录	无	

6. 无偿调拨固定资产折旧

5-2-6-1		账务处理
单位对当年收到的无偿调拨固定资产，并提折旧		
财务会计分录	借：固定资产 　　贷：无偿调拨净资产 借：无偿调拨净资产 　　贷：累计盈余——非流动资产基金 借：累计盈余——非流动资产基金 　　贷：固定资产累计折旧	
预算会计分录	无	

7. 对专用基金购置的固定资产提折旧

5-2-7-1		账务处理
单位对当年用专用基金购置的固定资产，并提折旧		
财务会计分录	借：固定资产 　　贷：银行存款——基本户银行存款 借：专用基金——修购基金 　　贷：累计盈余——非流动资产基金 借：累计盈余——非流动资产基金 　　贷：固定资产累计折旧	
预算会计分录	无	

（三）无形资产

1. 专利权

5-3-1-1		账务处理
单位××政府专项报专利权，以形成该专利总费用为无形资产记账，并进行无形资产摊销		
财务会计分录	借：无形资产——专利权 　　贷：累计盈余——非流动资产基金	
财务会计分录	借：累计盈余——非流动资产基金 　　贷：无形资产累计摊销——专利权累计摊销	
预算会计分录	无	

5-3-1-2		账务处理
单位出售专利权		
财务会计分录	借：银行存款——基本户银行存款 　　无形资产累计摊销——专利权累计摊销 　　累计盈余——非流动资产基金 　　贷：事业收入——科研成果转化收入 　　　　应交增值税——销项税 　　　　无形资产——专利权（原值）	
预算会计分录	借：资金结存——货币资金——基本户银行存款 　　贷：事业预算收入——科研成果转化预算收入（含税）	

2. 非专利技术（专有技术）

5-3-2-1		账务处理
单位购入专有技术		
财务会计分录	借：无形资产——专有技术 　　贷：银行存款——基本户银行存款	
预算会计分录	借：事业支出——基本支出——其他资本性支出——无形资产支出 　　贷：资金结存——货币资金——基本户银行存款	

5-3-2-2	账务处理

单位出售专有技术

财务会计分录	借：银行存款——基本户银行存款 　　无形资产累计摊销——专有技术累计摊销 　　贷：事业收入——科研成果收入 　　　　应交增值税——销项税 　　　　无形资产——专有技术
预算会计分录	借：资金结存——货币资金——基本户银行存款 　　贷：事业预算收入——科研成果转化预算收入

3. 土地使用权

5-3-3-1	账务处理

单位买入土地使用权

财务会计分录	借：无形资产——土地使用权 　　贷：银行存款——基本户银行存款
预算会计分录	借：事业支出/经营支出——其他资本性支出——无形资产支出 　　贷：资金结存——货币资金——基本户银行存款

5-3-3-2	账务处理

单位出让土地使用权

财务会计分录	借：银行存款——基本户银行存款 　　无形资产累计摊销——土地使用权累计摊销 　　贷：事业收入/经营收入 　　　　应交增值税——销项税 　　　　无形资产——土地使用权
预算会计分录	借：资金结存——货币资金——基本户银行存款 　　贷：事业预算收入/经营预算收入

4. 软件

5-3-4-1	账务处理

单位购入系统软件

财务会计分录	借：无形资产——软件 　　贷：银行存款——基本户银行存款
预算会计分录	借：事业支出/经营支出——其他资本性支出——无形资产支出 　　贷：资金结存——货币资金——基本户银行存款

5-3-4-2	账务处理
\multicolumn{2}{l}{单位出售系统软件}
财务会计 分录	借：银行存款——基本户银行存款 　　无形资产累计摊销——软件累计摊销 　　贷：事业收入／经营收入 　　　　应交增值税——销项税 　　　　无形资产——软件
预算会计 分录	借：资金结存——货币资金——基本户银行存款 　　贷：事业预算收入／经营预算收入

5. 商标权

5-3-5-1	账务处理
\multicolumn{2}{l}{单位购入商标使用权}
财务会计 分录	借：无形资产——商标权 　　贷：银行存款——基本户银行存款
预算会计 分录	借：事业支出／经营支出——其他资本性支出——无形资产支出 　　贷：资金结存——货币资金——基本户银行存款

5-3-5-2	账务处理
\multicolumn{2}{l}{单位出售商标权}
财务会计 分录	借：银行存款——基本户银行存款 　　无形资产累计摊销——商标权累计摊销 　　贷：事业收入／经营收入 　　　　应交增值税——销项税 　　　　无形资产——商标权
预算会计 分录	借：资金结存——货币资金——基本户银行存款 　　贷：事业预算收入／经营预算收入

6. 著作权

5-3-6-1	账务处理
\multicolumn{2}{l}{单位购入著作使用权}
财务会计 分录	借：无形资产——著作权 　　贷：银行存款——基本户银行存款
预算会计 分录	借：事业支出——基本支出——其他资本性支出——无形资产支出 　　贷：资金结存——货币资金——基本户银行存款

5-3-6-2	账务处理
单位出售著作权	
财务会计分录	借：银行存款——基本户银行存款 　　贷：事业收入——科研成果转化收入 　　　　应交增值税销项税 　　　　无形资产——著作权
预算会计分录	借：资金结存——货币资金——基本户银行存款 　　贷：事业预算收入——科研成果转化预算收入

（四）无形资产累计摊销

1. 专利权累计摊销

5-4-1-1	账务处理
单位 2018 年 12 月 31 日前购入无形资产专利权提摊销费	
财务会计分录	借：累计盈余——非流动资产基金 　　贷：无形资产累计摊销——专利权累计摊销
预算会计分录	无

5-4-1-2	账务处理
单位业务人员 2019 年 1 月 1 日后购入无形资产专利权提摊销费	
财务会计分录	借：业务活动费用——折旧费及摊销费——无形资产摊销费 　　贷：无形资产累计摊销——专利权累计摊销
预算会计分录	无

2. 非专利权技术累计摊销

5-4-2-1	账务处理
单位 2018 年 12 月 31 日前购入无形资产非专利权技术提摊销费	
财务会计分录	借：累计盈余——非流动资产基金 　　贷：无形资产累计摊销——非专利权技术累计摊销
预算会计分录	无

5-4-2-2	账务处理
单位业务人员 2019 年 1 月 1 日后购入无形资产非专利权技术提摊销费	
财务会计分录	借：业务活动费用——折旧费及摊销费——无形资产摊销费 　　贷：无形资产累计摊销——非专利权技术累计摊销
预算会计分录	无

3. 土地使用权累计摊销

5-4-3-1	账务处理
单位 2018 年 12 月 31 日前购入无形资产土地使用权提摊销费	
财务会计分录	借：累计盈余——非流动资产基金 　　贷：无形资产累计摊销——土地使用权累计摊销
预算会计分录	无

5-4-3-2	账务处理
单位业务人员或管理人员 2019 年 1 月 1 日后购入无形资产土地使用权提摊销	
财务会计分录	借：业务活动费用——折旧费及摊销费——无形资产摊销费 　　　单位管理费用——折旧费及摊销费——无形资产摊销费 　　贷：无形资产累计摊销——土地使用权累计摊销
预算会计分录	无

4. 软件累计摊销

5-4-4-1	账务处理
单位 2018 年 12 月 31 日前购入无形资产软件累计提摊销费	
财务会计分录	借：累计盈余——非流动资产基金 　　贷：无形资产累计摊销——软件累计摊销
预算会计分录	无

5-4-4-2	账务处理

单位业务人员或管理人员 2019 年 1 月 1 日后购入无形资产软件提摊销费

财务会计 分录	借：业务活动费用——折旧费及摊销费——无形资产摊销费 　　　单位管理费用——折旧费及摊销费——无形资产摊销费 　　贷：无形资产累计摊销——软件累计摊销
预算会计 分录	无

5. 商标权累计摊销

5-4-5-1	账务处理

单位 2018 年 12 月 31 日前购入无形资产商标权提摊销费

财务会计 分录	借：累计盈余——非流动资产基金 　　贷：无形资产累计摊销——商标权累计摊销
预算会计 分录	无

5-4-5-2	账务处理

单位提经营人员 2019 年 1 月 1 日后购入无形资产商标权提摊销费

财务会计 分录	借：经营费用——折旧费及摊销费——无形资产摊销费 　　贷：无形资产累计摊销——商标权累计摊销
预算会计 分录	无

6. 其他无形资产累计摊销

5-4-6-1	账务处理

单位 2018 年 12 月 31 日前购入其他无形资产提摊销费

财务会计 分录	借：累计盈余——非流动资产基金 　　贷：无形资产累计摊销——其他无形资产累计摊销
预算会计 分录	无

5-4-6-2	账务处理
单位提业务人员 2019 年 1 月 1 日后购入其他无形资产提摊销费	
财务会计 分录	借：业务活动费用——折旧费及摊销费——无形资产摊销费 　　贷：无形资产累计摊销——其他无形资产累计摊销
预算会计 分录	无

（五）在建工程

5-5-1	账务处理
单位安装一套专用设备，购零部件，并付安装费	
财务会计 分录	借：在建工程——设备费 　　　在建工程——零部件 　　　在建工程——安装费 　　贷：银行存款——基本户银行存款
预算会计 分录	借：事业支出——基本支出——其他资本性支出——专用设备购置支出 　　贷：资金结存——货币资金——基本户银行存款

5-5-2	账务处理
单位安装专用设备竣工，账务处理	
财务会计 分录	借：固定资产——专用设备 　　贷：在建工程——设备费 　　　　在建工程——零部件 　　　　在建工程——安装费
预算会计 分录	无

（六）研发支出

1. 投入研发支出

5-6-1-1	账务处理
单位付研究开发项目款，包括人员费	
财务会计 分录	借：研发支出 　　贷：应付职工薪酬 　　　　银行存款——基本户银行存款
预算会计 分录	借：事业支出——基本支出——工资和福利支出——应付职工薪酬 　　　事业支出——基本支出——商品和服务支出 　　贷：资金结存——货币资金——基本户银行存款

2. 评估研发项目

5-6-2-1		账务处理
单位自行研究开发项目完成，评估达到预期用途，能够形成无形资产		
财务会计 分录	借：无形资产——专利权 / 专有权技术 　　贷：研发支出	
预算会计 分录	无	

5-6-2-2		账务处理
单位自行研究开发项目完成，评估未达到预期用途，不能够形成无形资产		
财务会计 分录	借：业务活动费用——工资和福利费用 　　业务活动费用——商品和服务费用 　　贷：研发支出	
预算会计 分录	无	

（七）文物文化资产

5-7-1		账务处理
单位自行购买文物文化资产，付价款、税费及相关运输费用		
财务会计 分录	借：文物文化资产（含价款、税费、运输费） 　　贷：银行存款——基本户银行存款	
预算会计 分录	借：事业支出——基本支出——资本性支出——文物和陈列品购置支出 　　贷：资金结存——货币资金——基本户银行存款	

5-7-2		账务处理
单位收到无偿调拨的文物文化资产，年末结转无偿调拨净资产		
财务会计 分录	借：文物文化资产 　　贷：无偿调拨净资产 借：无偿调拨净资产 　　贷：累计盈余——事业基金	
预算会计 分录	无	

5-7-3		账务处理
单位收到捐赠的文物文化资产		
财务会计分录	借：文物文化资产（账面价值） 　　贷：捐赠收入	
预算会计分录	无	

5-7-4		账务处理
单位对外捐赠文物文化资产，并付运费		
财务会计分录	借：资产处置费用（文物文化账面价值 + 运费） 　　贷：文物文化资产（账面价值） 　　　　银行存款——基本户银行存款	
预算会计分录	借：其他支出（运费） 　　贷：资金结存——货币资金——基本户银行存款	

5-7-5		账务处理
单位对下级单位无偿调拨文物文化资产，并付运费，年末结转无偿调拨净资产		
财务会计分录	借：无偿调拨净资产 　　其他费用（运费） 　　贷：文物文化资产（账面价值） 　　　　银行存款——基本户银行存款（运费） 借：累计盈余——事业基金 　　贷：无偿调拨净资产	
预算会计分录	借：其他支出（运费） 　　贷：资金结存——货币资金——基本户银行存款	

六、待处理性资产

（一）待摊费用

6-1-1		账务处理
单位一年以内的待摊费用		
财务会计分录	借：待摊费用 　　贷：银行存款——基本户银行存款	
预算会计分录	借：事业支出 　　贷：资金结存——货币资金——基本户银行存款	

6-1-2	账务处理
单位一年以内的待摊费用，按月分摊	
财务会计 分录	借：业务活动费用 / 单位管理费用 / 经营费用（按月分摊） 　　贷：待摊费用
预算会计 分录	无

（二）长期待摊费用

6-2-1	账务处理
单位一年以上的待摊费用	
财务会计 分录	借：长期待摊费用 　　贷：银行存款——基本户银行存款
预算会计 分录	借：事业支出 / 经营支出 　　贷：资金结存——货币资金——基本户银行存款

6-2-2	账务处理
单位按月分摊长期待摊费用	
财务会计 分录	借：业务活动费用 / 单位管理费用 / 经营费用 　　贷：长期待摊费用
预算会计 分录	无

（三）受托代理资产

1. 受托转赠物资

6-3-1-1	账务处理
单位收到受托转赠的物资	
财务会计 分录	借：受托代理资产——受托存储保管物资 　　贷：受托代理负债
预算会计 分录	无

6-3-1-2	账务处理
单位转赠受托物资，并付运费	
财务会计 分录	借：受托代理负债 　　贷：受托代理资产——受托存储保管物资 　　　　银行存款——基本户银行存款
预算会计 分录	借：其他支出（运费） 　　贷：资金结存——货币资金——基本户银行存款

2. 罚没物资

6-3-2-1	账务处理
单位收缴罚没物资	
财务会计 分录	借：受托代理资产——罚没物资 　　贷：受托代理负债
预算会计 分录	无

6-3-2-2	账务处理
单位上缴罚没物资	
财务会计 分录	借：受托代理负债 　　贷：受托代理资产——罚没物资
预算会计 分录	无

6-3-2-3	账务处理
单位处置罚没物资，并上缴所得，账务处理	
财务会计 分录	借：受托代理资产——罚没物资 　　贷：应缴财政款 借：银行存款——基本户银行存款 　　贷：受托代理资产——罚没物资 借：应缴财政款 　　贷：银行存款——基本户银行存款
预算会计 分录	借：资金结存——货币资金——基本户银行存款 　　贷：资金结存——待处理支出——应缴财政款 借：资金结存——待处理支出——应缴财政款 　　贷：资金结存——货币资金——基本户银行存款

（四）待处理财产损溢

1. 盘盈、盘亏现金

6-4-1-1		账务处理
单位盘盈现金，账务处理		
财务会计 分录	借：库存现金 　　贷：待处理财产损溢 借：待处理财产损溢 　　贷：其他收入	
预算会计 分录	借：资金结存——货币资金——库存现金 　　贷：其他预算收入	

6-4-1-2		账务处理
单位盘亏现金		
财务会计 分录	借：待处理财产损溢 　　贷：库存现金 借：其他费用 　　贷：待处理财产损溢	
预算会计 分录	借：其他支出 　　贷：资金结存——货币资金——库存现金	

2. 盘盈、盘亏物品

6-4-2-1		账务处理
单位盘盈物品		
财务会计 分录	借：库存物品 　　贷：待处理财产损溢 借：待处理财产损溢 　　贷：其他收入	
预算会计 分录	无	

6-4-2-2	账务处理
单位盘亏物品	
财务会计 分录	借：待处理财产损溢 　　贷：库存物品 借：资产处置费用 　　贷：待处理财产损溢
预算会计 分录	无

3. 盘亏固定资产

6-4-3-1	账务处理
单位盘亏固定资产	
财务会计 分录	借：待处理财产损溢（差额） 　　固定资产累计折旧 　　贷：固定资产（原值） 借：资产处置费用／累计盈余——非流动资产基金 　　贷：待处理财产损溢
预算会计 分录	无

6-4-3-2	账务处理
单位盘盈固定资产	
财务会计 分录	借：固定资产 　　贷：待处理财产损溢 借：待处理财产损溢 　　贷：其他收入
预算会计 分录	无

第三章
负　债

▶▶▶ **第一节　负债类概述**

一、负债概述

《基本准则》第三十三条规定："负债是指政府会计主体过去的经济业务或者事项形成的，预期会导致经济资源流出政府会计主体的现实义务。现实义务是指政府会计主体在现行条件下已承担的义务。未来发生的经济业务或者事项形成的义务不属于现实义务，不应当确认为负债。"

现实义务包括法定义务和推定义务。法定义务，是指因合同、法律法规或其他司法解释等产生的义务。推定义务，是指根据政府会计主体以往的习惯做法、已公布的政策或者已公开的承诺或声明，政府会计主体向其他方表明其将承担并且其他方也合理预期政府会计主体将履行的相关义务。

二、负债确认及计量

（一）负债的确认

《基本准则》第三十五条规定："符合负债定义的义务，在同时满足以下条件时，确认为负债。

1.履行该义务很可能导致含有服务潜力或者经济利益的经济资源流出政府会计主体；

2.该义务的金额能够可靠的计量。"

（二）负债的计量

《基本准则》第三十六条规定："负债的计量属性主要包括历史成本，现值和公允价值。

1. 在历史成本计量下，负债按照因承担现实义务而实际收到的款项或者资产的金额，或者承担现实义务的合同金额，或者按照为偿还负债预期需要支付的现金计量。

2. 在现值计量下，负债按照预计期限内需要偿还的未来净现金流出量的折现金额计量。

3. 在公允价值计量下，负债按照市场参与者在计量日发生的有序交易中，转移负债所需支付的价格计量。"

三、负债分类及概述

（一）流动负债

1. 短期借款：指单位根据运营的需要，从银行或其他金融机构借入的偿还期在一年以内的各种借款。

2. 应交增值税：指一般纳税人和小规模纳税人销售货物或者提供加工、修理修配劳务活动本期应交纳的增值税。本项目按销项税额与进项税额之间的差额填写。应注意的是，如果一般纳税人进项税大于销项税，致使应交税金出现负数时，该项一律填零，不填负数。

3. 其他应交税费：是除应交增值税、应交消费税以外的税费，主要包括应交资源税、应交城市维护建设税、应交土地增值税、应交企业所得税、应交房产税、应交土地使用税、应交车船使用税、应交教育费附加、应交矿产资源补偿费、应交个人所得税等。

4. 应缴财政款：指行政单位按规定代收的应上缴财政专户的预算外资金。

5. 应付职工薪酬：指单位为获得职工提供的服务而给予的各种形式的报酬以及其他相关支出。职工薪酬包括：基本工资、津贴补贴、职工福利费、医疗保险费、养老保险费、失业保险费、工伤保险费和生育保险费等社会保险费、住房公积金，工会经费和职工教育经费，非货币性福利，因解除与职工的劳动关系给予的补偿，其他与获得职工提供的服务相关的支出。

6. 应付票据：指由出票人出票，并由承兑人允诺在一定时期内支付一定款项的书面证明，应付票据是在商品购销活动中由于采用商业汇票结算方式而发生的，商业汇票分为银行承兑汇票和商业承兑汇票。

7. 应付账款：指单位因购买材料、商品或接受劳务供应等而发生的债务，这是买卖双方在购销活动中由于取得物资与支付货款在时间上不一致而产生的负债。

8. 应付利息：指单位按照合同约定应支付的利息，分期付息到期还本的短期借款或长期借款。本科目可按债权人进行明细核算。应付利息与应计利息的区别：应付利息属于借款，应计利息属于企业存款。

9. 预收账款：科研事业单位预收账款是指非同级财政部门、预算事业单位或企业按项目任务书或双方协议、合同，支付一部分（或全部）科研经费而发生的负债，这项负债要用以后的科研成果、技术服务或劳务来偿付。

10. 其他应付款：指与单位的主营业务没有直接关系的应付、暂收其他单位或个人的款项，如预先收到尚未立项的科研经费、未交公积金、未缴社会保障费，应付工会经费、党费、医疗费，单位主营业务以外发生的应付和暂收款项，即企业除应付票据、应付账款、应付工资、应付利润等以外的应付、暂收其他单位或个人的款项。

11. 预提费用：单位预提但尚未实际支付的各项应付未付的费用。其实质是在权责发生制原则下，属于当期的费用尽管尚未支付，但应计入当期损益。预提费用是指预先分月计入成本费用，但由以后月份支付的费用，受益期皆在2个月以上1年以下，具有流动性。

（二）长期负债

1. 长期借款：指企业向金融机构和其他单位借入的偿还期限在一年以上（不包含一年）或超过一年或一个营业周期以上的债务。长期借款主要是向金融机构借入的各项长期性借款，如从各专业银行、商业银行取得的贷款。

2. 长期应付款：是在较长时间内应付的款项，而会计业务中的长期应付款是指除长期借款和应付债券以外的其他多种长期应付款。主要包括应付融资租入固定资产的租赁费、具有融资性质的延期付款购买资产发生的应付款项等。

3. 预计负债：指单位对因或有事项所产生的现实义务而确认的负债，如对未决诉讼等确认的负债。政府会计主体常见的或有事项主要包括未决诉讼或未决仲裁，对外国政府或国际经济组织的贷款担保、承诺（补贴、代偿），环境污染整治，自然灾害或公共事件的救助等产生的预计负债。与或有事项相关的义务同时符合以下三个条件的，单位应将其确认为负债：一是该义务是单位承担的现时义务；二是该义务的履行很可能导致经济利益流出，这里的"很可能"指发生的可能性为"大于50%，但小于或等于95%"；三是该义务的金额能够可靠地计量。

4.受托代理负债：对于受托代理业务，应当比照接受捐赠资产的原则确认和计量受托代理资产，同时应当按照其金额确认相应的受托代理负债。

四、科研单位负债明细科目设置及注解

（一）流动负债

1.短期借款

短期借款的核算主要包括三个方面的内容：第一，取得借款的核算；第二，借款利息的核算；第三，归还借款的核算。

2.应交增值税

（1）一般纳税人应交增值税的发生、抵扣、交纳、退税及转出等情况，应在"应交税费"科目下设置"应交增值税"明细科目，并在"应交增值税"明细账内设置"进项税额""已交税金""销项税额""出口退税""进项税额转出"等。按以下科目设置明细账。

①进项税额：记录单位购进货物、加工修理修配劳务、服务以及购进无形资产或不动产而支付或负担的，准予从当前销项税额中抵扣的增值税额。

②销项税额：记录单位销售货物，加工修理修配劳务、服务以及销售无形资产或不动产应收取的增值税额。

③已交增值税：记录单位当月已交纳的增值税。

④出口退税：指在国际贸易业务中，对我国报关出口的货物退还在国内各生产环节和流转环节按税法规定缴纳的增值税和消费税，即出口环节免税且退还以前纳税环节的已纳税款。

⑤进项税额转出：当纳税人购进的货物或接受的应税劳务不是用于增值税应税项目，而是用于非应税项目、免税项目或用于集体福利、个人消费产生的进项税额不可以抵扣，已经抵扣的，需要进行进项税额转出。

（2）小规模纳税人应交增值税：小规模纳税人应当按照不含税销售额和规定的增值税征收率计算交纳增值税，销售货物或提供应税劳务时只能开具普通增值税发票，不能开具增值税专用发票。小规模纳税人不享有进项税额的抵扣权，其购进货物或接受应税劳务支付的增值税直接计入有关货物或劳务的成本。

3. 其他应交税费

单位应当在"其他应交税费"科目下设置相应的明细科目进行核算，贷方登记应交纳的有关税费，借方登记已交纳的有关税费，期末贷方余额，反映尚未交纳的有关税费等。单位应缴纳的印花税不需要预提应交税费，直接通过"业务活动费用""单位管理费用""经营费用"等科目核算，不通过本科目核算。按以下科目设置明细账。

（1）城建税

（2）教育费附加

（3）个人所得税

（4）企业所得税

4. 应缴财政款

包括应缴国库的款项和应缴财政专户的款项，为核算和监督应缴财政款，事业单位应当设置"应缴财政款"科目。该科目贷方登记应当上缴财政款项，借方登记实际上缴财政款项的金额，期末贷方余额反映应当上缴财政但尚未交纳的款项。本账户核算和监督事业单位按规定应缴入同级财政专户代收的各种预算外资金收入、实际上缴同级财政专户款项数、应缴而尚未上缴款项数情况。按预算外资金的类别设置明细账。

5. 应付职工薪酬

应付职工薪酬科目核算单位按照有关规定应付给职工（含长期聘用人员）及为职工支付的各种薪酬，包括基本工资、国家统一规定的津贴补贴、规范津贴补贴、绩效工资、改革性补贴、社会保险费（如职工基本养老保险费、职业年金、基本医疗保险费等）等。按以下设置明细账。

（1）基本工资

①岗位工资

②薪级工资

（2）津贴补贴

①其他津贴补贴

②物业补贴

③提租补贴

④购房补贴

（3）住房公积金

（4）绩效工资

（5）伙食补助

（6）其他工资福利

6.应付票据

指收款人或付款人（或承兑申请人）签发，由<u>承兑人</u>承兑，并于到期日向收款人或<u>被背书人</u>支付款项的票据。它包括<u>商业承兑汇票</u>和<u>银行承兑汇票</u>。商业汇票的付款期限最长为 6 个月，因而应付票据为短期应付票据，应付票据按是否带息分为带息应付票据和不带息应付票据两种。按以下科目设置明细账。

（1）商业承兑汇票：如承兑人为购货单位的票据，则为商业承兑汇票

（2）银行承兑汇票：如承兑人是银行的<u>票据</u>，则为银行承兑汇票

7.应付账款

本科目核算单位因购买材料、商品和接受劳务供应等经营活动应支付的款项，应付账款一般应按应付金额入账，而不按到期应付金额的现值入账。如果购入的资产在形成一笔应付账款时是带有<u>现金折扣</u>的，应付账款入账金额的确定按发票上记载的应付金额的总值（即不扣除折扣）记账。在这种方法下。应按发票上记载的全部应付金额，借记有关科目贷记"应付账款"科目；获得的现金折扣<u>冲减财务费用</u>。本科目期末贷方余额，反映企业尚未支付的应付账款，本科目应当按照不同的<u>债权人</u>进行明细核算。

8.应付利息

核算事业单位按照合同约定应支付的借款利息，包括短期借款、分期付息到期还本的长期借款等应支付的利息。按贷记本科目，借记"其他费用""<u>在建工程</u>""<u>研发支出</u>"等科目。

9.预收账款

核算单位预先收取但尚未结算的科研经费，按经费来源不同设置"政府专项""其他委托"明细科目。

（1）政府专项

（2）其他委托

10.其他应付款

核算单位除应交增值税、其他应交税费、应缴财政款、应付职工薪酬、

应付票据、应付账款、应付利息、预收账款以外，其他各项偿还期限在 1 年内（含 1 年）的应付及暂收款项，如预先收到尚未立项的科研经费、未交公积金、未缴社会保障缴费，应付工会经费、党费、医疗费，单位主营业务以外发生的应付和暂收款项。即企业除应付票据、应付账款、应付工资、应付利润等以外的应付、暂收其他单位或个人的款项。按以下科目设置明细账。

（1）科研经费暂存：收到但未收到立项书的科研经费

（2）工会经费暂存

（3）党费暂存

（4）医疗费暂存：以前年度医疗费报销的剩余款，弥补当年用于医疗费不足的部分

（5）助学金暂存

（6）住房公积金个人扣款

（7）机关事业单位基本养老保险缴费个人扣款

（8）机关事业单位职业年金缴费个人扣款

（9）北京市基本养老保险缴费个人扣款

（10）北京市基本医疗保险缴费个人扣款

（11）北京市失业险缴费个人扣款

（12）其他

11. 预提费用

科研单位在本科目核算的是按照规定从科研项目收入中提取的项目间接费用或管理费、项目管理人员绩效等。按以下科目设置明细账。

（1）项目间接费或管理费

（2）项目管理人员绩效

（二）长期负债

1. 长期借款

我国的会计实务中，长期借款费用采用了不同的处理方法。

（1）用于单位正常周转而借入的长期借款所发生的借款费用，直接计入当期的其他费用。

（2）筹建期间发生的长期借款费用（购建固定资产所借款项除外）计入长期待摊费用。

（3）因购建固定资产而发生的长期借款费用，在该项固定资产达到预定

可使用状态前，按规定予以资本化，计入所建造的固定资产价值；在固定资产达到预定可使用状态后，直接计入当期的其他费用。

2. 长期应付款

长期应付款科目核算单位发生的偿还期限超过 1 年（不含 1 年）的应付款项，如以融资租赁方式取得固定资产应付的租赁费等。

3. 预计负债

预计负债应当按照履行相关现实义务所需支出的最佳估计数进行初始计量。所需支出存在一个连续范围，且该范围内各种结果发生的可能性相同的，最佳估值数应当按照该范围内的中间值确定，借记"其他费用"科目，贷记本科目。

4. 受托代理负债

核算单位接受委托，取得受托代理资产时形成的负债。受托代理负债反映了单位对受托代理资产的支付义务。其借方记受托代理资产的金额，贷方记受托代理负债的金额，期末贷方余额，反映单位尚未清偿的受托代理负债。该账户根据指定的受赠组织或个人，或者指定的应转交的组织或个人设置明细账，进行明细核算。

▶▶▶ 第二节　科研事业单位负债类会计核算

一、流动负债

（一）短期借款

1-1-1		账务处理
单位向银行办理短期货币借款		
财务会计 分录	借：银行存款——基本户银行存款 　　其他费用——利息 　　　贷：短期借款 　　　　　应付利息	
预算会计 分录	借：资金结存——货币资金——基本户银行存款 　　　贷：债务预算收入	

1-1-2	账务处理
单位办理银行承兑汇票	

财务会计 分录	借：银行存款——银行承兑汇票 　　贷：短期借款
预算会计 分录	借：资金结存——货币资金——基本户银行存款 　　贷：债务预算收入

1-1-3	账务处理
单位到期付短期借款或银行承兑汇票	

财务会计 分录	借：短期借款 　　应付利息 　　贷：银行存款——基本户银行存款
预算会计 分录	借：债务还本支出 　　其他支出——利息支出 　　贷：资金结存——货币资金——基本户银行存款

（二）应交增值税

1. 进项税

（1）采购业务进项税允许抵扣

1-2-1-1-1	账务处理
单位 ×× 其他委托项目购物品，并领用出库	

财务会计 分录	借：在途物品 / 库存商品 　　应交增值税——进项税 　　贷：银行存款——基本户银行存款 借：业务活动费用——商品和服务费用——库存商品（×× 其他委托项目） 　　贷：库存物品
预算会计 分录	借：事业支出——基本支出——商品和服务支出——库存商品（×× 其他委托项目） 　　事业支出——基本支出——商品和服务支出——税金及附加（自有资金） 　　贷：资金结存——货币资金——基本户银行存款

1-2-1-1-2	账务处理
单位 ×× 其他委托项目购固定资产或无形资产	
财务会计分录	借：固定资产 / 无形资产 　　应交增值税——进项税 　　　贷：银行存款——基本户银行存款
预算会计分录	借：事业支出——基本支出——其他资本性支出——固定资产 / 无形资产 　　（×× 其他委托项目） 　　事业支出——基本支出——商品和服务支出——税金及附加（自有资金） 　　　贷：资金结存——货币资金——基本户银行存款

（2）采购业务进项税不得抵扣

1-2-1-2-1	账务处理
单位为小规模纳税人，购库存物品	
财务会计分录	借：库存物品（含税） 　　　贷：银行存款——基本户银行存款
预算会计分录	借：事业支出——基本支出——商品和服务支出——库存物品（含税） 　　　贷：资金结存——货币资金——基本户银行存款

（3）政府专项资金采购

1-2-1-3-1	账务处理
单位 ×× 政府专项购买库存物品	
财务会计分录	借：库存物品（含税） 　　　贷：银行存款——基本户银行存款
预算会计分录	借：事业支出——基本支出——商品和服务支出——库存物品（×× 政府专项） 　　（含税） 　　　贷：资金结存——货币资金——基本户银行存款

（4）进项税额转出——单位发生非正常损失或改变用途已经计入进项税

1-2-1-4-1	账务处理
单位购买库存商品，非正常损失	
财务会计分录	借：待处理财产损溢 　　　贷：库存商品 　　　　应交增值税——进项税额转出 借：资产处置费用 　　　贷：待处理财产损溢
预算会计分录	无

2. 销项税

（1）销售货物和提供服务

1-2-2-1-1		账务处理
单位销售货物或提供劳务		
财务会计 分录	借：银行存款——基本户银行存款 　　贷：事业收入／经营收入 　　　　应交增值税——销项税	
预算会计 分录	借：资金结存——货币资金——基本户银行存款 　　贷：事业预算收入／经营预算收入（含税）	

（2）金融商品转让

1-2-2-2-1		账务处理
单位转让金融产品按规定以盈亏相抵后的余额作为销售额		
财务会计 分录	借：银行存款——基本户银行 　　贷：短期投资	
财务会计 分录	投资收益 　　　应交增值税——销项税	
预算会计 分录	借：资金结存——货币资金——基本户银行存款 　　贷：投资预算收入（含税）	

3. 已交增值税

1-2-3-1		账务处理
单位缴纳上月增值税		
财务会计 分录	借：应交增值税——已交增值税（销项税 - 进项税 + 进项税额转出） 　　贷：银行存款——基本户银行存款	
预算会计 分录	借：事业支出——基本支出——商品和服务支出——税金及附加 　　贷：资金结存——货币资金——基本户银行存款	

（三）其他应交税费

1. 城建税：已交增值税额（消费税）×7%

2. 教育费附加：已交增值税额（消费税）×5%

3. 应交房产税：

（1）年应纳税额 = 房产原值 ×（1–30%）× 1.2%

（2）年应纳税额 = 年租金收入 ×12%

4.应交城镇土地使用税：(应税土地面积 × 该级次土地单位税额)× 某纳税人使用建筑面积 ÷ 该楼总建筑面积。或，纳税人应纳土地使用税的年税额 = 某纳税人使用建筑面积 ÷ 容积率 × 级次土地单位税额。其中，容积率 = 总建筑面积 ÷ 总用地面积。

根据《中华人民共和国城镇土地使用税暂行条例》，土地单位税额明确批示为四个等级，分别是 "大城市 1.5 元至 30 元" "中等城市 1.2 元至 24 元" "小城市 0.9 元至 18 元" "县城、建制镇、工矿区 0.6 元至 12 元" 四个税率等级，以上分别是每平方米的税费标准。

1-3-1		账务处理

单位提当月——其他应交税费，含城建税、教育费附加、房产税和城镇土地使用税。

财务会计 分录	借：业务活动费用——商品和服务费用——税金及附加 　　单位管理费用——商品和服务费用——税金及附加
财务会计 分录	经营费用——经营活动税费 　　贷：其他应交税费——城建税 　　　　其他应交税费——教育费附加 　　　　其他应交税费——应交房产税 　　　　其他应交税费——应交城镇土地使用税
预算会计 分录	无

1-3-2		账务处理

单位缴纳上月其他应交税费，含城建税、教育费附加、房产税和城镇土地使用税

财务会计 分录	借：其他应交税费——城建税 　　其他应交税费——教育费附加 　　其他应交税费——应交房产税 　　其他应交税费——应交城镇土地使用税 　　贷：银行存款——基本户银行存款
预算会计 分录	借：事业支出——基本支出——商品和服务支出——税金及附加 　　经营支出——税金及附加 　　贷：资金结存——货币资金——基本户银行存款

5. 个人所得税

1-3-5-1		账务处理

单位发工资，代扣个人所得税

财务会计 分录	借：业务活动费用——工资和福利费用 　　　单位管理费用——工资和福利费用 　　　经营费用——工资和福利费用 　　　贷：应付职工薪酬 借：应付职工薪酬 　　　贷：其他应交税费——个人所得税 　　　　　银行存款——基本户银行存款
预算会计 分录	借：事业支出——基本支出——工资和福利支出 　　　贷：资金结存——待处理支出——应交税费暂存——个人所得税 　　　　　资金结存——货币资金——基本户银行存款

1-3-5-2		账务处理

单位发劳务费、专家咨询费，代扣业务活动费、单位管理费和经营费用中个人所得税

财务会计 分录	借：业务活动费用——商品和服务费用——劳务费 / 专家咨询费 　　　单位管理费用——商品和服务费用——劳务费 / 专家咨询费 　　　经营费用——劳务费 / 专家咨询费 　　　贷：其他应交税费——个人所得税 　　　　　银行存款——基本户银行存款
预算会计 分录	借：事业支出——基本支出——商品和服务支出——劳务费 / 专家咨询费 　　　贷：资金结存——待处理支出——应交税费暂存——个人所得税 　　　　　资金结存——货币资金——基本户银行存款

1-3-5-3		上缴个人所得税账务处理

单位上缴代扣的个人所得税

财务会计 分录	借：其他应交税费——个人所得税 　　　银行存款——基本户银行存款
预算会计 分录	借：资金结存——待处理支出——应交税费暂存——个人所得税 　　　贷：资金结存——货币资金——基本户银行存款

6. 企业所得税

1-3-6-1		账务处理
单位期末提企业所得税		
财务会计 分录	借：所得税费用 　　贷：其他应交税费——企业所得税	
预算会计 分录	无	

1-3-6-2		账务处理
单位上缴企业所得税		
财务会计 分录	借：其他应交税费——企业所得税 　　贷：银行存款——基本户银行存款	
预算会计 分录	借：事业支出——基本支出——商品和服务支出——税金及附加 　　贷：资金结存——货币资金——基本户银行存款	

（四）应缴财政款

1-4-1		账务处理
单位取得按规定上缴的财政款		
财务会计 分录	借：银行存款——基本户银行存款 　　贷：应缴财政款	
预算会计 分录	借：资金结存——货币资金——基本户银行存款 　　贷：资金结存——待处理支出——应缴财政款	

1-4-2		账务处理
单位上缴应缴的财政款		
财务会计 分录	借：应缴财政款 　　贷：银行存款——基本户银行存款	
预算会计 分录	借：资金结存——待处理支出——应缴财政款 　　贷：资金结存——货币资金——基本户银行存款	

1-4-3	账务处理

单位处置闲置的固定资产，取得收入，并上缴财政额

财务会计分录	借：待处理财产损溢（固定资产净值） 　　固定资产累计折旧 　　　贷：固定资产原值 借：银行存款——基本户银行存款 　　　贷：待处理财产损溢（固定资产净值） 　　　　　应缴财政款 借：应缴财政款 　　　贷：银行存款——基本户银行存款
预算会计分录	借：资金结存——货币资金——基本户银行存款 　　　贷：资金结存——待处理支出——应缴财政款 借：资金结存——待处理支出——应缴财政款 　　　贷：资金结存——货币资金——基本户银行存款

（五）应付职工薪酬

应付职工薪酬——基本工资/津贴工资、/住房公积金/绩效工资/伙食补助/其他工资福利

1-5-1	账务处理

单位付工资及津贴，分别记入业务活动费用、单位管理费用、经营费用、应付职工薪酬

财务会计分录	借：业务活动费用——工资福利费用——工资 　　单位管理费用——工资福利费用——工资 　　经营费用——工资福利费用——工资 　　　贷：应付职工薪酬——基本工资——岗位工资 　　　　　应付职工薪酬——基本工资——薪级工资 　　　　　应付职工薪酬——津贴工资——其他津贴工资 　　　　　应付职工薪酬——津贴工资——物业补贴 　　　　　应付职工薪酬——津贴工资——提租补贴 　　　　　应付职工薪酬——津贴工资——购房补贴 　　　　　应付职工薪酬——绩效工资 　　　　　应付职工薪酬——伙食补助费

续表

单位付工资及津贴，分别记入业务活动费用、单位管理费用、经营费用、应付职工薪酬

财务会计分录	借：应付职工薪酬——基本工资——岗位工资 　　　应付职工薪酬——基本工资——薪级工资 　　　应付职工薪酬——津贴工资——其他津贴工资 　　　应付职工薪酬——津贴工资——物业补贴 　　　应付职工薪酬——津贴工资——提租补贴 　　　应付职工薪酬——津贴工资——购房补贴 　　　应付职工薪酬——绩效工资 　　　应付职工薪酬——伙食补助费 　　贷：零余额账户用款额度——机构运行 　　　　零余额账户用款额度——提租补贴 　　　　零余额账户用款额度——购房补贴 　　　　银行存款——基本户银行存款
预算会计分录	借：事业支出——基本支出——工资福利支出——基本工资——岗位工资 　　　事业支出——基本支出——工资福利支出——基本工资——薪级工资 　　　事业支出——基本支出——工资福利支出——津贴工资——其他津贴工资 　　　事业支出——基本支出——工资福利支出——津贴工资——物业补贴 　　　事业支出——基本支出——工资福利支出——津贴工资——提租补贴 　　　事业支出——基本支出——工资福利支出——津贴工资——购房补贴 　　　事业支出——基本支出——工资福利支出——绩效工资 　　　事业支出——基本支出——工资福利支出——伙食补助费 　　贷：资金结存——零余额账户用款额度——基本支出用款额度 　　　　资金结存——货币资金——基本户银行存款

（六）应付票据

1-6-1	账务处理

单位用商业承兑汇票购置原材料和固定资产

财务会计分录	借：库存物品——原材料 　　　固定资产 　　贷：应付票据
预算会计分录	无

1-6-2	账务处理
单位支付到期的商业承兑汇票	
财务会计 分录	借：应付票据 　　贷：银行存款——基本户银行存款
预算会计 分录	借：事业支出——基本支出——商品和服务支出——专用材料支出 　　事业支出——基本支出——其他资本性支出——固定资产购置支出 　　贷：资金结存——货币资金——基本户银行存款

1-6-3	账务处理
单位无力支付到期的商业承兑汇票	
财务会计 分录	借：应付票据 　　贷：应付账款
预算会计 分录	无

1-6-4	账务处理
单位无力支付到期的银行承兑汇票，向银行借款	
财务会计 分录	借：应付票据 　　贷：短期借款
预算会计 分录	无

（七）应付账款

1-7-1	账务处理
单位购买货物，或固定资产，未付款	
财务会计 分录	借：库存物品 　　固定资产 　　贷：应付账款
预算会计 分录	无

1-7-2		账务处理
单位偿还应付账款		
财务会计分录	借：应付账款 　　贷：银行存款——基本户银行存款	
预算会计分录	借：事业支出——基本支出——商品和服务支出——专用材料支出 　　事业支出——基本支出——其他资本性支出——固定资产购置支出 　　贷：资金结存——货币资金——基本户银行存款	

1-7-3 应付账款涉及项目，不做预算分录		账务处理
单位 ×× 其他委托项目购买货物，开票未付款		
财务会计分录	借：库存物品 　　应交增值税——进项税 　　贷：应付账款 借：业务活动费用——商品和服务费用——专用材料费——原材料（×× 其他委托项目） 借：库存物品	
预算会计分录	无	

1-7-4		账务处理
单位用商业承兑汇票偿还应付账款		
财务会计分录	借：应付票据 　　贷：应付账款	
预算会计分录	无	

1-7-5		账务处理
单位无法偿付应付账款或债权人豁免的应付账款		
财务会计分录	借：其他收入 　　贷：应付账款	
预算会计分录	无	

（八）应付利息

1-8-1		账务处理
单位向银行借款用于日常业务发展，按年利率计提利息费用		
财务会计 分录	借：银行存款——基本户银行存款 　　其他费用——利息 　　贷：短期借款/长期借款 　　　　应付利息	
预算会计 分录	无	

1-8-2		账务处理
单位向银行借款用于办公用房改造，按年利率计提利息费用		
财务会计 分录	借：在建工程 　　贷：应付利息	
预算会计 分录	无	

1-8-3		账务处理
单位支付银行利息费用		
财务会计 分录	借：应付利息 　　贷：银行存款——基本户银行存款	
预算会计 分录	借：其他支出——利息支出 　　贷：资金结存——货币资金——基本户银行存款	

（九）预收账款

1. 政府专项

1-9-1-1		账务处理
单位收到××政府专项科研经费		
财务会计 分录	借：银行存款——基本户银行存款 　　贷：预收账款——政府专项（××政府专项）	
预算会计 分录	借：资金结存——货币资金——基本户银行存款 　　贷：事业预算收入——科研经费预算收入（××政府专项）	

续表

1-9-1-2		账务处理

期末结转收入，××政府专项按实际支付金额确认收入

财务会计分录	借：预收账款——政府专项（××政府专项） 贷：事业收入——科研经费收入
预算会计分录	无

2. 其他委托

1-9-2-1		账务处理

单位收到××其他项目委托科研经费（含税），按比例上交间接费或管理费

财务会计分录	借：银行存款——基本户银行存款 贷：预收账款——其他委托（××其他委托项目） 预提费用——项目间接费或管理费 应交增值税——销项税
预算会计分录	借：资金结存——货币资金——基本户银行存款 贷：事业预算收入——科研经费预算收入（××其他委托项目） 事业预算收入——项目间接费或管理费预算收入（含税）

（十）其他应付款

1. 科研经费暂存

1-10-1-1		账务处理

单位收到科研经费，但未立项

财务会计分录	借：银行存款——基本户银行存款 贷：其他应付款——科研经费暂存
预算会计分录	借：资金结存——货币资金——基本户银行存款 贷：事业预算收入——科研经费预算收入——科研经费暂存预算收入

1-10-1-2		账务处理

单位收到科研经费，立××专项经费

财务会计分录	借：其他应收款——科研经费暂存 贷：预收账款——政府专项（××政府专项）
预算会计分录	贷：事业预算收入——科研经费预算收入——科研经费暂存预算收入（红字） 贷：事业预算收入——科研经费预算收入（××政府专项）

2. 工会经费暂存

1-10-2-1		账务处理
单位在工资里扣缴的工会经费		
财务会计 分录	借：应付职工薪酬 　　贷：其他应付款——工会经费暂存	
预算会计 分录	借：事业支出——基本支出——工资和福利支出 　　贷：资金结存——待处理支出——其他应付款——工会经费暂存	

1-10-2-2		账务处理
单位把工资扣的工会经费，转入工会账户		
财务会计 分录	借：其他应付款——工会经费暂存 　　贷：银行存款——基本户银行存款	
预算会计 分录	借：资金结存——待处理支出——其他应付款——工会经费暂存 　　贷：资金结存——货币资金——基本户银行存款	

1-10-2-3		账务处理
期末，根据工资总额提取 2% 的工会经费，转入工会账户		
财务会计 分录	借：单位管理费用——商品和服务费用——工会经费（公务费） 　　贷：银行存款——基本户银行存款	
预算会计 分录	借：事业支出——基本支出——商品和服务支出——工会经费支出（公务费） 　　贷：资金结存——零余额账户用款额度——基本支出用款额度	

3. 党费暂存

1-10-3-1		账务处理
单位收取党员党费，并上缴上级党组织（收取经费的 1/2）		
财务会计 分录	借：银行存款——基本户银行存款 　　贷：其他应付款——党费暂存 借：其他应付款——党费暂存（1/2 经费） 　　贷：银行存款——基本户银行存款（1/2 经费）	
预算会计 分录	借：资金结存——货币资金——基本户银行存款 　　贷：事业预算收入——党费预算收入	

1-10-3-2		账务处理

用党员活动费支付党员培训费

财务会计 分录	借：其他应付款——党费暂存 　　贷：银行存款——基本户银行存款
预算会计 分录	借：事业支出——基本支出——商品和服务支出——培训费支出（党费） 　　贷：资金结存——货币资金——基本户银行存款

1-10-3-3		账务处理

单位党员活动费超过了党费收入，超过部分用公务费支出

财务会计 分录	借：其他应付款——党费暂存 　　单位管理费用（公务费） 　　贷：银行存款——基本户银行存款
预算会计 分录	借：事业支出——基本支出——商品和服务支出——培训费支出（党费） 　　事业支出——基本支出——商品和服务支出——培训费支出（公务费） 　　贷：资金结存——货币资金——基本户银行存款

1-10-3-4		账务处理

年末，党费收入大于党费支出，余额结转下一年

财务会计 分录	无
预算会计 分录	借：事业预算收入——党费预算收入（余额） 　　贷：非财政拨款结转——累计结转——党费暂存

4. 医疗费暂存

1-10-4-1		账务处理

单位收到公费医疗拨款，年末以支定收结转公费医疗拨款

财务会计 分录	借：银行存款——基本户银行存款 　　贷：其他应付款——医疗费暂存 借：其他应付款——医疗费暂存 　　贷：非同级财政拨款收入——公费医疗拨款
预算会计 分录	借：资金结存——货币资金——基本户银行存款 　　贷：非同级财政拨款预算收入——公费医疗拨款

1-10-4-2		账务处理
单位报销医疗费		
财务会计分录	借：业务活动费用——工资福利费用——医疗费 　　单位管理费用——工资福利费用——医疗费 　　贷：银行存款——基本户银行存款	
预算会计分录	借：事业支出——基本支出——工资和福利支出——医疗费支出 　　贷：资金结存——货币资金——基本户银行存款	

1-10-4-3		账务处理
单位报销医疗费，年末公费医疗拨款数小于报销医药费		
财务会计分录	借：业务活动费用——工资福利费用——医疗费 　　单位管理费用——工资福利费用——医疗费 　　其他应付款——医疗费暂存 　　贷：银行存款——基本户银行存款	
预算会计分录	借：事业支出——基本支出——工资和福利支出——医疗费支出 　　贷：资金结存——货币资金——基本户银行存款	

1-10-4-4		账务处理
单位报销医疗费，年末公费医疗拨款数大于报销医药费		
财务会计分录	借：非同级财政拨款收入——公费医疗拨款 　　贷：其他应付款——医疗费暂存	
预算会计分录	借：事业支出——基本支出——工资和福利支出——医疗费支出 　　贷：资金结存——货币资金——基本户银行存款	

5. 助学金暂存

1-10-5-1		账务处理
单位收到助学金拨款，年末以支定收结转助学金		
财务会计分录	借：银行存款——基本户银行存款 　　贷：其他应付款——助学金暂存 借：其他应付款——助学金暂存 　　贷：非同级财政拨款收入——助学金拨款	
预算会计分录	借：资金结存——货币资金——基本户银行存款 　　贷：非同级财政拨款预算收入——助学金拨款	

1-10-5-2		账务处理
单位支付助学金		
财务会计 分录	借：单位管理费用——对个人和家庭补助费——助学金 　　贷：银行存款——基本户银行存款	
预算会计 分录	借：事业支出——基本支出——对个人和家庭补助支出——助学金 　　贷：资金结存——货币资金——基本户银行存款	

6. 住房公积金个人扣款

1-10-6-1		账务处理
单位在工资里扣住房公积金个人部分		
财务会计 分录	借：应付职工薪酬 　　贷：其他应付款——住房公积金个人扣款	
预算会计 分录	借：事业支出——基本支出——工资和福利支出 　　贷：资金结存——待处理支出——其他应付款——住房公积金个人扣款	

1-10-6-2		账务处理
单位上交住房公积金		
财务会计 分录	借：业务活动费用——工资和福利费用——住房公积金 　　　单位管理费用——工资和福利费用——住房公积金 　　　经营费用——住房公积金 　　　其他应付款——住房公积金个人扣款 　　贷：零余额账户用款额度——住房公积金 　　　　银行存款——基本户银行存款	
预算会计 分录	借：事业支出——基本支出——工资和福利支出——住房公积金支出 　　　经营支出——住房公积金 　　　资金结存——待处理支出——其他应付款——住房公积金个人扣款 　　贷：资金结存——零余额账户用款额度——基本支出用款额度 　　　　资金结存——货币资金——基本户银行存款	

7. 机关事业单位基本养老保险缴费个人扣款

1-10-7-1		账务处理
单位在工资里扣机关事业单位基本养老保险个人部分		
财务会计 分录	借：应付职工薪酬 　　贷：其他应付款——机关事业基本养老保险缴费个人扣款	

续表

	单位在工资里扣机关事业单位基本养老保险个人部分

预算会计
分录
	借：事业支出——基本支出——工资和福利支出——工资
	    贷：资金结存——待处理支出——其他应付款——机关事业单位基本养
	    老保险缴费个人扣款

1-10-7-2　　　　　　　　　　　　　　　　　　　　　　　　　　　　　　　　**账务处理**

	单位上交机关事业单位基本养老保险单位部分与个人部分

财务会计
分录
	借：其他应付款——机关事业单位基本养老保险缴费个人扣款
	    业务活动费用——工资和福利费用——社会保障缴费——机关事业单位
	    基本养老保险缴费
	    单位管理费用——工资和福利费用——社会保障缴费——机关事业单位
	    基本养老保险缴费
	    贷：零余额账户用款额度——机关事业单位基本养老保险缴费
	        银行存款——基本户银行存款

预算会计
分录
	借：事业支出——基本支出——工资和福利支出——社会保障缴费支出——
	    机关事业单位基本养老保险缴费
	    资金结存——待处理支出——其他应付款——机关事业单位基本养老保
	    险缴费个人扣款
	    贷：资金结存——零余额账户用款额度——基本支出用款度
	        资金结存——货币资金——基本户银行存款

8.机关事业单位职业年金个人扣款

1-10-8-1　　　　　　　　　　　　　　　　　　　　　　　　　　　　　　　　**账务处理**

	单位在工资里扣机关事业单位职业年金个人部分
财务会计 分录	借：应付职工薪酬 贷：其他应付款——机关事业单位职业年金缴费个人扣款

预算会计
分录
	借：事业支出——基本支出——工资和福利支出——工资
	    贷：资金结存——待处理支出——其他应付款——机关事业单位职业年
	    金缴费个人扣款

1-10-8-2		账务处理
单位上交机关事业单位职业年金个人部分与单位部分		
财务会计分录	借：其他应付款——机关事业单位职业年金缴费个人扣款 业务活动费用——工资和福利费用——社会保障缴费——机关事业单位职业年金缴费 单位管理费用——工资和福利费用——社会保障缴费——机关事业单位职业年金缴费 贷：零余额账户用款额度——机关事业单位职业年金缴费 银行存款——基本户银行存款	
预算会计分录	借：事业支出——基本支出——工资和福利支出——社会保障缴费支出——机关事业单位职业年金缴费 资金结存——待处理支出——其他应付款——机关事业单位职业年金缴费个人扣款 贷：资金结存——零余额账户用款额度——基本支出用款度 资金结存——货币资金——基本户银行存款	

9. 北京市基本养老保险缴费个人扣款

1-10-9-1		账务处理
单位在工资里扣北京市基本养老保险缴费个人部分		
财务会计分录	借：应付职工薪酬 贷：其他应付款——北京市基本养老保险缴费个人扣款	
预算会计分录	借：事业支出——基本支出——工资和福利支出——工资经营支出——经营人员薪酬 贷：资金结存——待处理支出——其他应付款——北京市基本养老保险缴费个人扣款	

1-10-9-2		账务处理
单位上交北京市基本养老保险费		
财务会计分录	借：其他应付款——北京市基本养老保险缴费个人扣款 业务活动费用——工资和福利费用——社会保障缴费——其他社会保障缴费——北京市基本养老保险缴费 单位管理费用——工资和福利费用——社会保障缴费——其他社会保障缴费——北京市基本养老保险缴费 经营费用——经营人员薪酬——北京市基本养老保险缴费 贷：银行存款——基本户银行存款	

续表

	单位上交北京市基本养老保险费
预算会计 分录	借：事业支出——基本支出——工资和福利支出——社会保障缴费支出——其他社会保障缴费支出——北京市基本养老保险 经营支出——经营人员薪酬支出——北京市基本养老保险缴费 资金结存——待处理支出——其他应付款——北京市基本养老保险缴费个人扣款 贷：资金结存——货币资金——基本户银行存款

10. 北京市基本医疗保险缴费个人扣款

1-10-10-1		账务处理
单位在工资里扣北京市基本医疗保险缴费个人部分		

财务会计 分录	借：应付职工薪酬 贷：其他应付款——北京市基本医疗保险缴费个人扣款
预算会计 分录	借：事业支出——基本支出——工资和福利支出——工资经营支出——经营人员薪酬支出 贷：资金结存——待处理支出——其他应付款——北京市基本医疗保险缴费个人扣款

1-10-10-2		账务处理
单位上交北京市基本医疗保险缴费		

财务会计 分录	借：其他应付款——北京市基本医疗保险缴费个人扣款 业务活动费用——工资和福利费用——社会保障缴费——其他社会保障缴费——北京市基本医疗保险缴费 单位管理费用——工资和福利费用——社会保障缴费——其他社会保障缴费——北京市基本医疗保险缴费 经营费用——经营人员薪酬——北京市基本医疗保险缴费 贷：银行存款——基本户银行存款
预算会计 分录	借：事业支出——基本支出——工资和福利支出——社会保障缴费支出——其他社会保障缴费支出——北京市基本医疗保险缴费 经营支出——经营人员薪酬支出——北京市基本医疗保险缴费 资金结存——待处理支出——其他应付款——北京市基本医疗保险个人扣款 贷：资金结存——货币资金——基本户银行存款

11. 北京市失业险缴费个人扣款

1-10-11-1		账务处理
单位在工资里扣北京市失业险缴费个人部分		
财务会计分录	借：应付职工薪酬 　　贷：其他应付款——北京市失业险缴费个人扣款	
预算会计分录	借：事业支出——基本支出——工资和福利支出——工资 　　经营支出——经营人员薪酬支出 　　贷：资金结存——待处理支出——其他应付款——北京市失业险缴费个人扣款资金结存——货币资金——基本户银行存款	

1-10-11-2		账务处理
单位上交北京市失业险		
财务会计分录	借：其他应付款——北京市失业险缴费个人扣款 　　业务活动费用——工资和福利费用——社会保障缴费——其他社会保障缴费——北京市失业险缴费 　　单位管理费用——工资和福利费用——社会保障缴费——其他社会保障缴费——北京市失业险缴费 　　经营费用——经营人员薪酬——北京市失业险缴费 　　贷：银行存款——基本户银行存款	
预算会计分录	借：事业支出——基本支出——工资和福利支出——社会保障缴费支出——其他社会保障缴费支出——北京市失业险缴费 　　经营支出——经营人员薪酬支出——北京市失业险缴费 　　资金结存——待处理支出——其他应付款——北京市失业险缴费个人扣款 　　贷：资金结存——货币资金——基本户银行存款	

12. 其他

1-10-12-1		账务处理
单位公务卡未偿还公务卡报销		
财务会计分录	借：业务活动费用——商品和服务费用 　　单位管理费用——商品和服务费用 　　经营费用 　　贷：其他应付款——其他——公务卡	
预算会计分录	无	

1-10-12-2		账务处理
单位偿还公务卡报销		
财务会计 分录	借：其他应付款——其他——公务卡 　　贷：银行存款——基本户银行存款	
预算会计 分录	借：事业支出——基本支出——商品和服务支出 　　贷：资金结存——货币资金——基本户银行存款	

1-10-12-3		账务处理
单位无法偿还或债权人豁免的其他应付款		
财务会计 分录	借：其他应付款 　　贷：其他收入	
预算会计 分录	无	

（十一）预提费用

1. 预提项目间接费或管理费

1-11-1-1		账务处理
单位收到 ×× 政府专项经费，课题预算间接经费及管理补助		
财务会计 分录	借：银行存款——基本户银行存款 　　贷：预收账款——政府专项（×× 政府专项） 借：业务活动费用——商品和服务费用——其他商品和服务费用——间接费 　　用——间接费或管理费（×× 政府专项） 　　贷：预提费用——项目间接费或管理费	
预算会计 分录	借：资金结存——货币资金——基本户银行存款 　　贷：事业预算收入——科研经费预算收入（×× 政府专项） 借：事业支出——基本支出——商品和服务支出——其他商品和服务支 　　出——间接费用——间接费或管理费（×× 政府专项） 　　贷：事业预算收入——项目间接费或管理费预算收入	

1-11-1-2		账务处理
单位收到 ×× 其他委托项目经费，并开发票，按比例上缴间接经费及管理补助		
财务会计 分录	借：银行存款——基本户银行存款 　　贷：预收账款——其他委托（×× 其他委托项目） 　　　　应交增值税——销项税 　　　　预提费用——项目间接费或管理费	

续表

单位收到 ×× 其他委托项目经费，并开发票，按比例上缴接经费及管理补助	
预算会计分录	借：资金结存——货币资金——基本户银行存款 贷：事业预算收入——科研经费预算收入（×× 其他委托项目） 事业预算收入——项目间接费或管理费预算收入（含税）

2. 预提项目管理人员绩效

1-11-2-1	账务处理
单位预提 ×× 政府专项，按预算预提管理人员绩效	
财务会计分录	借：银行存款——基本户银行存款 贷：预收账款——政府专项（×× 政府专项） 借：业务活动费用——商品和服务费用——其他商品和服务费用——间接费用——项目管理人员绩效（×× 政府专项） 贷：预提费用——项目管理人员绩效
预算会计分录	借：资金结存——货币资金——基本户银行存款 贷：事业预算收入——科研经费预算收入（×× 政府专项） 借：事业支出——基本支出——商品和服务支出——其他商品和服务支出——间接费用——项目管理人员绩效（×× 政府专项） 贷：资金结存——待处理支出——预提费用——项目管理人员绩效

1-11-2-2	账务处理
支付 ×× 政府专项管理人员绩效	
财务会计分录	借：预提费用——项目管理人员绩效 贷：银行存款——基本户银行存款
预算会计分录	借：资金结存——待处理支出——预提费用——项目管理人员绩效 贷：资金结存——货币资金——基本户银行存款

二、非流动负债

（一）长期借款

2-1-1	账务处理
单位长期借款，应付利息	
财务会计分录	借：银行存款——基本户银行存款 贷：长期借款 借：其他费用——利息 贷：应付利息

续表

单位长期借款，应付利息	
预算会计 分录	借：资金结存——货币资金——基本户银行存款 　　贷：债务预算收入

2-1-2 账务处理

单位到期偿还借款及利息	
财务会计 分录	借：长期借款 　　应付利息 　　贷：银行存款——基本户银行存款
预算会计 分录	借：债务还本支出 　　其他支出——利息 　　贷：资金结存——货币资金——基本户银行存款

（二）长期应付款

2-2-1 账务处理

单位在建工程，发生长期应付款	
财务会计 分录	借：在建工程 　　贷：长期应付款
预算会计 分录	无

2-2-2 账务处理

单位支付长期应付款（在建工程）	
财务会计 分录	借：长期应付款 　　贷：银行存款——基本户银行存款
预算会计 分录	借：事业支出——基本支出——其他资本性支出 　　贷：资金结存——货币资金——基本户银行存款

2-2-3 账务处理

单位无法支付或债权人豁免的长期应付款	
财务会计 分录	借：长期应付款 　　贷：其他收入
预算会计 分录	无

（三）预计负债 – 对未决诉讼等确认负债

2-3-1		账务处理
单位确认预计负债		
财务会计 分录	借：业务活动费用 / 经营费用 / 其他费用 　　贷：预计负债	
预算会计 分录	无	

2-3-2		账务处理
单位根据确凿证据对预计负债进行调整		
财务会计 分录	借：业务活动费用 / 经营费用 / 其他费用 　　贷：预计负债（预计负债增加） 或 借：业务活动费用 / 经营费用 / 其他费用（红字） 　　贷：预计负债（红字）（预计负债减少）	
预算会计 分录	无	

2-3-3		账务处理
单位实际偿还预计负债		
财务会计 分录	借：预计负债 　　贷：银行存款——基本户银行存款	
预算会计 分录	借：事业支出 / 经营支出 / 其他支出 　　贷：资金结存——货币资金——基本户银行存款	

（四）受托代理负债

1. 受托转赠物资

2-4-1-1		账务处理
单位收到受托转赠物资		
财务会计 分录	借：受托代理资产——受托转赠物资 　　贷：受托代理负债	
预算会计 分录	无	

2.转赠受托物资

2-4-2-1		账务处理
单位已转赠了受托物资		
财务会计 分录	借：受托代理负债 　　贷：受托代理资产	
预算会计 分录	无	

3.罚没物资

2-4-3-1		账务处理
单位受托保管罚没物资		
财务会计 分录	借：受托代理资产——罚没物资 　　贷：受托代理负债	
预算会计 分录	无	

2-4-3-2		账务处理
单位拍卖罚没物资，并将拍卖金额上缴		
财务会计 分录	借：受托代理负债 　　贷：受托代理资产——罚没物资 借：银行存款——基本户银行存款 　　贷：应缴财政款 借：应缴财政款 　　贷：银行存款——基本户银行存款	
预算会计 分录	借：资金结存——货币资金——基本户银行存款 　　贷：资金结存——待处理支出——应缴财政款 －借：资金结存——待处理支出——应缴财政款 　　贷：资金结存——货币资金——基本户银行存款	

第四章
收入——预算收入

▶▶▶ **第一节　收入类概述**

一、收入的概念

收入是财务会计要素，《基本准则》第四十二条规定，收入是指报告期内导致政府会计主体净资产增加、含有服务潜力或者经济利益的经济资源的流入。

收入是在以权责发生制为基础，对政府会计主体财务执行过程中发生的全部收入进行财务会计核算，主要反映和监督收入情况。

二、收入的确认和计量

收入确认的核心原则是权责发生制，除财政拨款及专项拨款外，单位应当在履行各种经济合同中的义务，即在客户取得相关产品或服务的控制权时确认收入。

收入的确认和计量应遵循实质性原则，以下步骤可以确认并计量收入：

①与客户订立的合同；②合同中履行了一项义务；③确定交易价格，将交易价格分摊至各履约义务；④履行每一单项义务时确认收入。

三、收入分类及概述

（一）财政拨款收入

是指财政部门核拨给单位的财政预算资金，财政拨款资金来源一般为本级政府财政收入，包括财政基本支出拨款和财政专项经费拨款。

（二）事业收入

是指事业单位开展专业业务活动及辅助活动所取得的收入。

（三）上级补助收入

事业单位从上级主管部门和上级单位取得的非财政拨款收入，用于补助事业单位的日常业务支出的收入。

（四）附属单位上缴收入

是指事业单位附属独立核算单位按照有关规定上缴的收入，包括附属事业单位上缴的收入和附属企业上缴的利润等。

（五）经营收入

经营收入是指商品生产经营者在生产经营和管理活动中所获得的一种收益。有广义和狭义之分。本书所说经营收入是狭义的经营收入，指商品生产经营者按照商品经济的要求安排单位各项微观经济活动，改善经营管理，提高经济效益所获得的经营性劳动收入。

（六）非同级财政拨款收入

是指事业单位获得不是由本级财政下拨的资金。一般来说，事业单位取得的非同级财政拨款收入的方式有两种，一种是通过同级财政机构之外的同级政府部门获得，通常属于横向转拨财政款；另一种是通过上级政府或下级政府取得的。

（七）投资收益

对外投资所得的收入（所发生的损失为负数），如单位对外投资取得股利收入、债券利息收入以及与其他单位联营所分得的利润等。

（八）捐赠收入

是指单位接受的来自其他企业、组织或者个人无偿给予的货币性资产、非货币性资产。

（九）利息收入

是指单位将资金提供给他人使用但不构成权益性投资，或者因他人占用本单位资金取得的收入，包括存款利息、贷款利息、债券利息、欠款利息等收入。利息收入，按照合同约定的债务人应付利息的日期确认收入的实现。

（十）租金收入

是单位出租固定资产、包装物以及其他财产而取得的租金收入，租赁经营国有资产的单位按租赁合同规定向国家缴纳的租金。

（十一）其他收入

是指单位取得的除财政拨款收入、事业收入、上级补助收入、附属单位上缴收入、经营收入、非同级财政拨款收入、投资收益、捐赠收入、利息收入、租金收入以外的收入，包括盘盈资产，无法偿付的应付、预收等债务，资产评估增值确认的收入。

四、科研单位收入明细科目设置及注解

（一）财政拨款收入

从同级政府财政部门取得各类财政拨款，以单位收到财政到账通知书确认收入。按以下科目设置明细账。

1. 机构运行拨款收入：属于基本支出类财政拨款。

（1）人员经费：用于财政补助人员工资，属于人员经费。

（2）日常经费：用于支付日常办公运行经费，属于日常经费。

2. 住房改革支出拨款收入：属于基本支出类财政拨款，住房改革支出。

（1）住房公积金：是指同级政府财政部门对国家机关和事业单位财政补助人员对等缴存的长期住房储蓄拨款。

（2）提租补贴：按照中央在京行政事业单位在职在编职工人数和离退休人数以及相应职级的补贴标准发放的一项缓解大家租房压力的补贴，每月70～240元。

（3）购房补贴：国家为职工解决住房问题而给予的补贴资助，向职工发放的住房补贴额等于每平方米建筑面积补贴额与该职工的住房补贴面积（按规定住房面积减实际住房面积差额）的乘积。无房职工的补贴面积，按规定的住房补贴面积的乘积。

①一次性补贴方式，主要针对无房的老职工（1998 年之前参加工作），一次性发放。

②基本补贴加一次性补贴方式，按一般职工住房面积标准，逐步发放。

③按月补贴方式，主要针对新职工（1998 年以后参加工作的），在住房补贴发放年限内，按月计发。

3. 专项经费拨款收入：从同级政府财政部门取得财政专项拨款，属于项目支出类财政拨款。

（1）社会公益专项：是国家科技计划体系的重要组成部分，是国家财政支持社会公益领域科技工作的重要举措。社会公益研究专项根据国家和社会需求，以解决国家战略性公益事业发展的共性科技问题为目标，促进社会公益研究网络和一批社会公益研究基地的形成，提高社会公益研究的可持续创新能力和政府与社会公益事业的服务水平。按项目名称设置项目辅助账。

（2）科技条件专项：由科技部、财政部共同组织实施，主要面向研究实验基地和大型科学仪器设备、自然科技资源、科学数据、科技文献、网络科技环境等国家科技基础条件资源的整合共享，促进全社会科技资源高效配置和综合利用。

按项目名称设置项目辅助账。

4. 机关事业单位基本养老保险缴费拨款收入：属于基本支出类财政拨款，用于财政补助人员基本养老保险缴费补助经费。

5. 机关事业单位职业年金缴费拨款收入：属于基本支出类财政拨款，用于财政补助人员职业年金缴费补助经费。

（二）事业收入

以权责发生制为基础进行会计核算。

1. 科研经费收入：采用"预收账款"科目核算，收到科研经费时，按经费来源分别计入"预收账款——政府专项""预收账款——其他委托"，政府专项以项目支出金额来确定收入，即以支定收，其他委托项目可以采用项目完成进度或项目支出金额来确认收入。年终将本科目余额全数转入"本期盈余"科目，年末本科目无余额。

2. 项目间接费或管理费收入：收到科研经费，按预算或规定比例向单位交间接费或管理费，年终将本科目余额全数转入"本期盈余"科目，年末本科目无余额。

（1）政府项目以预算的间接成本及管理费用确定收入。

（2）其他委托项目以单位规定上缴比例确认收入。

3.技术服务收入：指单位按要求为承担项目的技术指导、咨询，提供设计文件、技术资料，进行可行性研究，传授技术，参与管理等，并按合同或协议规定收取技术服务费，属于劳务服务收入。年终将本科目余额全数转入"本期盈余"科目，年末本科目无余额。

4.会议收入：单位为科研事业发展，促进学术交流，自筹会议收取的款项，以开出发票确认收入。年终将本科目余额全数转入"本期盈余"科目，年末本科目无余额。

5.科研成果转化收入：科学研究与技术开发所产生的具有实用价值的科技成果所进行的试验、开发、应用、推广直至形成新产品、新工艺、新材料，发展新产业等活动转化的收入。年终将本科目余额全数转入"本期盈余"科目，年末本科目无余额。

（三）上级补助收入

事业单位从上级主管部门和上级单位取得的非财政拨款收入。收到上级补助收入时，借记"银行存款"科目，贷记本科目，年终将本科目余额全数转入"本期盈余"科目，年末本科目无余额。

（四）附属单位上缴收入

收到附属独立核算单位宣告按规定上缴的款项通知书确认收入。收到附属单位上缴收入时，借记银行存款，贷记本科目，年末将本科目余额全数转入"本期盈余"科目，年末本科目无余额。

（五）经营收入

取得价款凭据或发票确认收入。收到经营收入时，借记"银行存款"科目，贷记本科目及"应交增值税"科目，年末将本科目余额全数转入"本期盈余"科目，年末本科目无余额。

（六）非同级财政拨款收入

收到非同级政府财政部门及同级政府其他部门转拨拨款通知书确认收入。

1. 设置"助学金拨款收入"科目，年终将本科目余额全数转入"本期盈余"科目，年末本科目无余额。

2. 公费医疗拨款收入：设置"公费医疗拨款收入"科目。年终公费医疗拨款收入减去医药费支出，余额转入负债类科目"其他应付款——医药费暂存"。如果公费医疗拨款收入小于医药费支出，则用自有资金支出，年末本科目无余额。

（七）投资收益

包括存续期间的持有收益和转让或兑付时的收益。出售交易性金融资产等发生的投资损失计入"其他费用"借方，投资利得计入投资收益的贷方。持有交易性金融资产期间，取得了现金股利，也需要计入投资收益。应当在期末结转入"本期盈余"科目，结转后期末余额为零。按以下科目设置明细账：

1. 短期投资收益：指单位通过对持有时间不准备超过 1 年（含 1 年）的股票、债券、基金等，进行处置时按账面价值与实际取得价款的差额确认的投资损益。短期投资收益在收到股利和利息时，确认投资收益实现。也就是说，持有投资期间的收益在未实现之前不进行预计。

2. 长期债券投资收益：属于债权性质的投资，利息收入 + 资本利得，其投资收益的大小与持有时间长短有直接的关系。由于长期债券投资投资企业持有债券的时间较长，在存续期内，要按期预计本期已实现的投资收益。也就是说，长期债券投资的投资收益必须在债券存续期内按照一定的标准在各期予以确认。当转让 (或出售) 长期债券时，应在转让时确认投资收益或投资损失。

3. 长期股权投资收益：具有长期持有、利险并存、禁止出售、风险较大的特点。有两种核算方法，即权益法和成本法。一般来说，能够控制被投资单位的长期股权投资采用成本法。对于合资、联营公司，一般采用权益法。

（八）捐赠收入

按照实际收到捐赠资产的日期确认收入的实现，借记"货币资金"或"原材料""固定资产"等 (按确认的捐赠货物的账面价值)，贷：本科目，期末结转入"本期盈余"科目，结转后期末无余额。捐赠收入不交增值税，合并缴纳企业所得税。按以下内容设置明细账。

1. 接受货币资金捐赠，按收到实际金额确认收入。

2. 接受物品捐赠，按账面金额减去捐赠过程发生的费用差额确认收入。

（九）利息收入

收到银行利息确认收入，年终将本科目余额全数转入"本期盈余"科目，年末本科目无余额。

（十）租金收入

取得租金凭据或发票确认收入，借记"银行存款 / 库存现金 / 应收账款"，贷记本科目，同时贷"应交增值税"，期末将本科目贷方余额转入"本期盈余"科目，结转后期末无余额。

（十一）其他收入

以单位实际收到数额予以确认。取得收入时，贷记本科目，期末将本科目贷方余额全数转入"本期盈余"科目，结转后，本科目无余额。

▶▶▶ 第二节 科研事业单位收入类会计核算

一、财政拨款收入

（一）财政基本支出拨款

1–1–1 基本支出——机构运行拨款收入 / 住房改革支出拨款收入 / 事业单位基本养老保险缴费拨款收入 / 事业单位职业年金缴费拨款收入　　　　　　　　财务会计分录

单位收到基本支出财政拨款（人员费和公务费）	借：零余额账户用款额度——机构运行
	零余额账户用款额度——住房公积金
	零余额账户用款额度——提租补贴
	零余额账户用款额度——购房补贴
	零余额账户用款额度——机关事业单位基本养老保险缴费
	零余额账户用款额度——机关事业单位职业年金缴费
	贷：财政拨款收入——机构运行拨款
	财政拨款收入——住房改革支出拨款——住房公积金
	财政拨款收入——住房改革支出拨款——提租补贴
	财政拨款收入——住房改革支出拨款——购房补贴
	财政拨款收入——机关事业单位基本养老保险缴费拨款
	财政拨款收入——机关事业单位职业年金缴费拨款

（二）财政项目支出拨款

1. 社会公益专项

1-2-1-1	财务会计分录
单位收到专项拨款——社会公益专项	借：零余额账户用款额度——社会公益专项——当年预算 　　贷：财政拨款收入——专项经费拨款——社会公益专项——当年预算

2. 科技条件专项

1-2-2-1	财务会计分录
单位收到专项拨款——科技条件专项	借：零余额账户用款额度——社会公益专项——当年预算 　　贷：财政拨款收入——专项经费拨款——社会公益专项——当年预算

二、事业收入

（一）科研经费收入

1. 政府专项

2-1-1-1	财务会计分录
单位收到政府专项科研经费	借：银行存款——基本户银行存款 　　贷：预收账款——政府专项（××政府项目）

2-1-1-2	财务会计分录
期末按项目支出金额确认收入	借：预收账款——政府专项（××政府项目） 　　贷：事业收入——科研经费收入

2. 其他委托

2-1-2-1	财务会计分录
单位收到企业专项科研经费，开税票，按规定比例上交管理费	借：银行存款——基本户银行存款 　　贷：预收账款——其他委托（××其他项目） 　　　　预提费用——项目间接费或管理费 　　　　应交增值税——销项税

2-1-2-2	财务会计分录
期末按项目支出或完成进度确认收入	借：预收账款——其他委托（×× 其他项目） 　　贷：事业收入——科研经费收入

（二）项目间接费或管理费收入

1. 政府专项按预算提项目间接费或管理费

2-2-1-1	财务会计分录
单位收到政府专项科研经费，按预算提项目间接费或管理费	借：银行存款——基本户银行存款 　　贷：预收账款——政府专项（×× 政府专项） 借：业务活动费用——商品和服务费用——其他商品和服务费——间接费——项目间接费或管理费（×× 政府专项） 　　贷：预提费用——项目间接费或管理费

2. 其他委托项目按规定按比例提项目间接费或管理费

2-2-2-1	财务会计分录
单位收到企业委托科研经费，开发票，并按规定按比例上缴单位管理费	借：银行存款——基本户银行存款 　　贷：预收账款——其他委托（×× 其他委托项目） 　　　　应交增值税——销项税 　　　　预提费用——项目间接费或管理费

2-2-2-2	财务会计分录
期末结转预提费用——项目间接费或管理费收入	借：预提费用——项目间接费或管理费 　　贷：事业收入——项目间接费或管理费收入

（三）技术服务收入

2-3-1	财务会计分录
单位收到技术服务收入并开发票	借：银行存款——基本户银行存款 / 应收账款 　　贷：事业收入——技术服务收入 　　　　应交增值税——销项税

（四）会议收入

2-4-1	财务会计分录
单位收到会议收入，并开发票	借：银行存款——基本户银行存款/应收账款 　贷：事业收入——会议收入 　　　应交增值税——销项税

（五）科研成果转化收入

2-5-1	财务会计分录
单位收到成果转化资金	借：银行存款——基本户银行存款/应收账款 　贷：事业收入——科研成果转化收入 　　　应交增值税——销项税

三、上级补助收入

3-1-1	财务会计分录
单位收到上级经费通知单	借：银行存款——基本户银行存款/应收账款 　贷：上级补助收入

四、附属单位上缴收入

4-1-1	财务会计分录
单位收到下级单位上缴收入	借：银行存款——基本户银行存款/应收账款 　贷：附属单位上缴收入——××单位

五、经营收入

5-1-1	财务会计分录
单位收到经营收入，并开发票	借：银行存款——基本户银行存款/应收账款 　贷：经营收入 　　　应交增值税——销项税

六、非同级财政拨款收入

（一）助学金

6-1-1	财务会计分录
单位收到研究生助学金，年末以支定收结转助学金	借：银行存款——基本户银行存款 　　贷：其他应付款——助学金暂存 借：其他应付款——助学金暂存 　　贷：非同级财政拨款收入——助学金

（二）公费医疗拨款

6-2-1	财务会计分录
单位收到公费医疗拨款，年末以支定收结转医疗费收入	借：银行存款——基本户银行存款 　　贷：其他应付款——医疗费暂存 借：其他应付款——医疗费暂存 　　贷：非同级财政拨款收入——医疗费

七、投资收益

（一）债券投资收益

1. 短期债券投资收益

7-1-1-1	财务会计分录
单位卖出短期债券	借：银行存款——基本户银行存款 　　贷：短期投资——短期债券投资（成本） 　　　　投资收益——××债券

2. 长期债券投资收益

7-1-2-1	财务会计分录
单位卖出持有利息的长期债券	借：银行存款——基本户银行存款 　　贷：应收利息

续表

单位卖出持有利息的长期债券	投资收益——长期债券投资收益 长期债券投资

（二）股权投资收益

1. 股权投资收益——成本法

7-2-1-1   财务会计分录

单位收到被投资单位分派的股利通知	借：应收股利（被投资企业股利） 　　贷：投资收益（被投资企业股利）

7-2-1-2   财务会计分录

单位收到被投资单位分派的股利	借：银行存款——基本户银行存款 　　贷：应收股利——（被投资企业股利）

7-2-1-3   财务会计分录

单位出售股权投资	借：银行存款——基本户银行存款 　　贷：长期股权投资——××公司股权 　　　　投资收益（溢价部分）

2. 股权投资收益——权益法

7-2-2-1   财务会计分录

单位按享有的投资股票所实现的净损益调整	借：长期股权投资——损益调整（增加额） 　　贷：投资收益——××股票股利（投资股票实现的净利润） 或 借：长期股权投资——损益调整（红字） 　　贷：投资收益——××股票股利（投资股票发生的净亏损）（红字）

7-2-2-2   财务会计分录

单位出售股票或收回股权	借：银行存款——基本户银行存款 　　贷：长期股权投资——××股票（损益调整后）

7-2-2-3   财务会计分录

年底结转投资收益	借：投资收益 　　贷：本期盈余

八、捐赠收入

（一）收到货币资金捐赠

8-1-1	财务会计分录
单位收到捐赠的货币资金	借：银行存款——基本户银行存款 　　贷：捐赠收入

（二）收到货物捐赠

8-2-1	财务会计分录
单位收到捐赠的物品，并付运输费用	借：库存商品——××物品 　　　其他费用——运费 　　　贷：捐赠收入 　　　银行存款——基本户银行存款（运费）

（三）收到固定资产捐赠

8-3-1	财务会计分录
单位收到捐赠的固定资产，并付运输费用	借：固定资产 　　　其他费用——运费 　　　贷：捐赠收入 　　　银行存款——基本户银行存款（运费）

九、利息收入

9-1-1	财务会计分录
单位取得银行利息	借：银行存款——基本户银行存款 　　贷：利息收入

十、租金收入

10-1-1	财务会计分录
单位取得租金收入	借：银行存款——基本户银行存款 　　贷：租金收入 　　　应交增值税——销项税

十一、其他收入

（一）盘盈的现金

11-1-1	财务会计分录
单位取得盘盈的现金	借：现金 　　贷：其他收入

（二）收回已核销的其他应收款

11-2-1	财务会计分录
单位收回已核销的其他应收款	借：银行存款——基本户银行存款 　　贷：坏账准备

（三）无法偿付的应付及预收款项

11-3-1	财务会计分录
单位无法偿付的应付款或预收款项	借：应付账款／预收账款 　　贷：其他收入

▶▶▶ 第三节　预算收入类概述

一、预算收入的概念

预算收入是预算会计要素，指政府会计主体在预算年度内依法取得的并纳入预算管理的现金流入。

预算收入是在以收付实现制为基础，对政府会计主体预算执行过程中发生的全部收入进行预算会计核算，主要反映和监督预算收入情况。

二、预算收入的确认和计量

预算会计中收入确认和计量以收付实现制为基础，对政府会计主体发生的各项经济业务或者事项的预算收入进行确认、计量和会计核算。

《基本准则》第四十三条规定：预算收入的确认应当同时满足以下条件。

1.与收入相关的含有服务潜力或者经济利益的经济资源流入政府会计主体。

2.含有服务潜力或者经济利益的经济资源流入导致政府会计主体资产的增加或者负债减少。

3.流入金额能够可靠地计量。

4.在实际收到时予以确认，以实际收到的金额计量。

三、科研事业单位预算收入分类及概述

1.财政拨款预算收入：财政部门拨给单位的财政预算资金，即单位从同级政府财政部门取得的各类财政预算拨款。

2.事业预算收入：在预算会计下，事业单位开展专业业务活动及其辅助活动实现的预算收入，不包括从同级政府财政部门取得的各类财政预算拨款。

3.上级补助预算收入：事业单位从上级主管部门和上级单位取得的非财政补助现金。

4.附属单位上缴预算收入：指事业单位附属独立核算单位按照有关规定上缴的现金。包括附属事业单位上缴的预算收入和附属企业上缴的利润等纳入预算的收入。

5.经营预算收入：经营预算收入是指商品生产经营者在生产经营和管理活动中所获得的一种收益。有广义和狭义之分。本书经营预算收入是狭义的纳入预算的经营预算收入，指商品生产经营者按照商品经济的要求安排企业各项微观经济活动，改善经营管理，提高经济效益所获得的经营性劳动预算收入。

6.债务预算收入：根据《预算法》的规定，允许单位通过向银行和金融机构借款方式，筹措资金并纳入部门预算管理的，不以财政资金偿还的债务本金所形成的预算收入。

7.非同级财政拨款预算收入：指不是由本级财政下拨的预算收入。单位取得的非同级财政拨款预算收入包括两大类，一类是从同级财政以外的同级政府部门取得的横向转拨财政款预算收入，另一类是从上级或下级政府包括政府财政和政府部门取得的各类财政款预算收入。

8.投资预算收益：事业单位取得的按照规定纳入部门预算管理的属于投资

收益性质的现金流入，包括股权投资预算收益、出售或收回债券投资所取得的预算收益和债券投资利息预算收入。

9. 其他预算收入：指单位取得的除财政拨款预算收入、事业预算收入、上级补助预算收入、附属单位上缴预算收入、经营预算收入、非同级财政拨款预算收入、投资预算收益、债务预算收入以外的收入，包括捐赠预算收入、利息预算收入、租金预算收入等。

四、科研事业单位明细科目设置及注解

（一）财政拨款预算收入

1. 机构运行拨款预算收入：属于基本支出类，按预算单位根据收到财政授权支付额度到账通知书，借记"资金结存——零余额账户用款额度"，贷记本科目，按人员经费和日常公用经费设置明细账。

（1）人员经费：按预算下拨的财政补助人员工资。

（2）日常公用经费：按预算下拨的维护日常运营的办公经费。

2. 住房改革支出拨款预算收入：属于基本支出类，按预算单位根据收到财政授权支付额度，借记"资金结存——零余额账户用款额度"，贷记本科目，按以下设置明细账。

（1）住房公积金。

（2）提租补贴。

（3）购房补贴。

3. 机关事业单位基本养老保险缴费拨款预算收入：属于基本支出类，按预算单位根据收到财政授权支付额度，借记"资金结存——零余额账户用款额度"，贷记本科目。

4. 机关事业单位职业年金缴费拨款预算收入：属于基本支出类，按预算单位根据收到财政授权支付额度，借记"资金结存——零余额账户用款额度"，贷记本科目。

5. 专项经费拨款预算收入：属于项目支出类，按预算单位根据收到财政授权支付额度，借记"资金结存——零余额账户用款额度"，贷记本科目，按"支出功能分类科目"的项级科目进行明细核算，"社会公益专项""科技条件专项"，按以下科目设置明细账。

（1）社会公益专项：①上年结转，②当年预算。

（2）科技条件专项：

①上年结转（财政授权支付、财政直接支付），②当年预算（财政授权支付、财政直接支付）。

（二）事业预算收入：确认和计量核算遵循发生收付实现制原则

1. 科研经费预算收入：包括不同来源渠道的用于科学研究的经费，可以是申请的专项经费和自筹经费，与财务会计中的核算"科研经费收入"不同，它以实际收到的金额确定收入。设置"科研经费预算收入"及"科研经费暂存预算收入"科目，年终将本科目余额全数转入"非财政拨款结转——本年收支结转"科目，年末如果仍有未立项的科研经费，则贷方余额结转至"非财政拨款结转——累计结转——科研经费暂存"科目。

（1）科研经费预算收入：收到并且立项的科研经费。

（2）科研经费暂存预算收入：收到但未立项的科研经费。

2. 项目间接费或管理费预算收入：收到科研经费，按预算或规定比例向单位交间接费或管理费，确认预算收入。设置"项目间接费或管理费预算收入"科目，年终将本科目余额全数转入"非财政拨款结转——本年收支结转"科目，年末本科目无余额。

3. 技术服务预算收入：是指执行技术服务合同过程中，按合同规定向单位办理技术服务项目价款结算所取得的预算收入。设置"技术服务预算收入"科目，年终将本科目余额全数转入"非财政拨款结转——本年收支结转"科目，年末本科目无余额。

4. 会议预算收入：单位为科研事业发展，促进学术交流，自筹会议，收取预算收入。设置"会议预算收入"科目，年终将本科目余额全数转入"非财政拨款结转——本年收支结转"科目，年末本科目无余额。

5. 科研成果转化预算收入：科学研究与技术开发所产生的具有实用价值的科技成果所进行的试验、开发、应用、推广直至形成新产品、新工艺、新材料，发展新产业等活动转化的预算收入。设置"科研成果转化预算收入"科目，年终将本科目余额全数转入"非财政拨款结转——本年收支结转"科目，年末本科目无余额。

6、党费预算收入：按工资比例收取党员党费，设置"党费预算收入"科目。年终将贷方余额转入"非财政拨款结转——本年收支结转"。如果党费预算收入小于党费支出，则用上年结转额或公务费支出补足；如果党费预算收入大于党费支出，则贷方余额结转至"非财政拨款结转——累计结转——党费暂存"科目。

（三）上级补助预算收入

本科目应当按照发放补助单位、补助项目等进行明细核算。上级补助预算收入中如有专项资金收入，还应按照具体项目进行明细核算。借记"资金结存——货币资金"科目，贷记本科目。年终，将本科贷方额转入"非财政拨款结转——本年收支结转"科目，年末无余额。

（四）附属单位上缴预算收入

本科目应当按照附属单位、缴款项目等进行明细核算。附属单位上缴预算收入中如有专项资金收入，还应按照具体项目进行明细核算。收到附属单位缴来款项时，按照实际收到的金额，借记"资金结存——货币资金"科目，贷记本科目。年终，将本科贷方额转入"非财政拨款结转——本年收支结转"科目，年末无余额。

（五）经营预算收入

本科目应当按照经营活动类别、项目等进行明细核算。取得经营预算收入时，按照实际收到的金额，借记"资金结存——货币资金"科目，贷记本科目。年终，将本科目贷方额转入"经营结余"科目，年末结转后，本科目应无余额。

（六）债务预算收入

本科目应当按照贷款单位、贷款种类等进行明细核算。债务预算收入中如有专项资金收入，还应按照具体项目进行辅助核算。借入各项短期或长期借款时，按照实际借入的金额，借记"资金结存——货币资金"科目，贷记本科目；年末，将本科目贷方余额转入"非财政拨款结转——本年收支结转"科目，年末结转后，本科目应无余额。

（七）非同级财政拨款预算收入

本科目应当按照非同级财政拨款预算收入的类别、来源等进行明细核算。非同级财政拨款预算收入中如有专项资金收入，还应按照具体项目进行辅助核算。按以下设置明细账。

1. 助学金拨款预算收入：取得非同级财政拨款预算收入时，按照实际收到的金额，借记"资金结存——货币资金"科目，贷记本科目。年末，将本科目贷方余额转入"非财政拨款结转——本年收支结转"科目。如果助学金拨款预算收入大于助学金支出，则贷方余额结转至"非财政拨款结转——累计结转——助学金暂存"科目。

2. 公费医疗拨款预算收入：取得非同级财政拨款预算收入时，按照实际收到的金额，借记"资金结存——货币资金"科目，贷记本科目。年终贷方余额转入"非财政拨款结转——本年收支结转"科目。如果公费医疗拨款预算收入小于医疗费支出，则用上年结转额或自有资金支出；如果公费医疗拨款预算收入大于医疗费支出，则贷方余额结转至"非财政拨款结转——累计结转——医疗费暂存"科目。

（八）投资预算收益

年末将本科目贷方余额转入"非财政拨款结转——本年收支结转"科目，年末结转后，本科目应无余额。

1. 出售或到期收回本年度取得的短期、长期债券，按照实际取得的价款或实际收到的本息金额，借记"资金结存——货币资金"科目，贷记本科目。

2. 持有长期股权投资取得被投资单位分派的现金股利或利润时，按照实际收到的金额，借记"资金结存——货币资金"科目，贷记本科目。

3. 出售长期股权投资时，按照 实际取得的价款（按照规定纳入单位预算管理的），借记"资金结存——货币资金"科目，贷记本科目。

（九）其他预算收入

本科目应当按照其他预算收入类别等进行明细核算。接受捐赠现金资产、收到银行存款利息、收到资产承租人支付的租金时，按照实际收到的金额，借记"资金结存——货币资金"科目，贷记本科目；年末，将本科目贷方余额转入"其他结余"科目，年末结转后，本科目应无余额。按以下科目设置明细账。

1. 捐赠预算收入。

2. 利息预算收入。

3. 租金预算收入。

4. 现金盘盈收入。

▶▶▶ 第四节 科研事业单位预算收入类会计核算

一、财政拨款预算收入

（一）财政基本支出拨款——机构运行拨款预算收入／住房改革支拨款预算收入／机关事业单位基本养老保险缴费拨款预算收入／机关事业单位职业年金缴拨款预算收入

1-1-1	预算会计分录
单位收到基本支出财政预算拨款（人员费、公务费、基本养老保险、职业年金）	借：资金结存——零余额账户用款额度——基本支出用款额度 　　贷：财政拨款预算收入——机构运行拨款 　　　　财政拨款预算收入——住房改革支出拨款——住房公积金 　　　　财政拨款预算收入——住房改革支出拨款——提租补贴 　　　　财政拨款预算收入——住房改革支出拨款——购房补贴 　　　　财政拨款预算收入——机关事业单位基本养老保险缴费拨款 　　　　财政拨款预算收入——机关事业单位职业年金缴费拨款

（二）财政项目支出拨款

1. 社会公益专项

1-2-1-1	预算会计分录
单位收到财政项目拨款——社会公益专项	借：资金结存——零余额账户用款额度——项目支出用款额度 　　贷：财政拨款预算收入——专项经费拨款预算收入——社会公益——当年预算（财政项目）

2. 科技条件专项

1-2-2-1	预算会计分录
单位收到财政项目拨款——科技条件专项	借：资金结存——零余额账户用款额度——项目支出用款额度 　　贷：财政拨款预算收入——专项经费拨款预算收入——科技条件专项——当年预算（财政项目）

二、事业预算收入

（一）科研经费预算收入

1. 政府专项科研经费

2-1-1-1 收到科研经费，未立项，也确认收入	预算会计分录
单位收到未立项 ×× 政府专项科研经费	借：资金结存——货币资金——基本户银行存款 　　贷：事业预算收入——科研经费预算收入——科研经费暂存预算收入

2-1-1-2	预算会计分录
单位收到立项通知书	贷：事业预算收入——科研经费预算收入——科研经费暂存预算收入（红字） 贷：事业预算收入——科研经费预算收入（×× 政府专项）

2. 其他委托科研经费

2-1-2-1 收到企业转来科研经费，立项	预算会计分录
单位收到 ×× 其他委托科研经费，立项，开发票，并按比例上交单位管理费	借：资金结存——货币资金——基本户银行存款 　　贷：事业预算收入——科研经费预算收入（×× 其他委托项目） 　　　　事业预算收入——项目间接费或管理费预算收入（含税）

（二）项目间接费或管理费预算收入

1. 政府专项 - 间接费或管理费

2-2-1-1 收到政府专项科研经费，并已立项	预算会计分录
单位收到政府专项科研经费，按预算交间接费或管理费	借：资金结存——货币资金——基本户银行存款 　　贷：事业预算收入——科研经费预算收入（×× 政府专项项目） 借：事业支出——基本支出——其他商品服务费用支出——间接费用——间接成本及管理补助（×× 政府项目） 　　事业预算收入——项目间接费或管理费预算收入

2. 其他委托 – 间接费或管理费

2-2-2-1 收到企业转来科研经费	预算会计分录
单位收到企业科研经费，立项，开发票，按比例上缴单位管理费	借：资金结存——货币资金——基本户银行存款 　　贷：事业预算收入——科研经费预算收入（××其他委托项目） 　　　　事业预算收入——项目间接费或管理费预算收入（含税）

（三）技术服务预算收入

2-3-1	预算会计分录
单位实际收到技术服务收入	借：资金结存——货币资金——基本户银行存款 　　贷：事业预算收入——技术服务预算收入（含税）

（四）会议预算收入：以收到的会议收入确认预算收入

2-4-1	预算会计分录
单位收到会议收入，开发票	借：资金结存——货币资金——基本户银行存款 　　贷：事业预算收入——会议预算收入（含税）

（五）科研成果转化预算收入

2-5-1	预算会计分录
单位收到成果转化资金	借：资金结存——货币资金——基本户银行存款 　　贷：事业预算收入——科研成果转化预算收入

（六）党费预算收入

2-6-1	预算会计分录
单位收到党费，一半上交，一半自留	借：资金结存——货币资金——基本户银行存款 　　贷：事业预算收入——党费预算收入

2-6-2	预算会计分录
单位党员报销党员培训费	借：事业支出——基本支出——商品和服务支出——培训费支出（党费） 　　贷：资金结存——货币资金——基本户银行存款

三、上级补助预算收入

3-1-1	预算会计分录
单位收到上级补助经费	借：资金结存——货币资金——基本户银行存款 　　贷：上级补助预算收入

四、附属单位上缴预算收入

4-1-1	预算会计分录
单位收到附属单位上缴收入	借：资金结存——货币资金——基本户银行存款 　　贷：附属单位上缴预算收入——××单位

五、经营预算收入

5-1-1	预算会计分录
单位收到收入，并开票	借：资金结存——货币资金——基本户银行存款 　　贷：经营预算收入（含税）

六、债务预算收入

6-1-1	预算会计分录
单位向银行或金融机构借款	借：资金结存——货币资金——基本户银行存款 　　贷：债务预算收入——××银行

七、非同级财政拨款预算收入

（一）助学金

7-1-1	预算会计分录
单位收到研究生助学金	借：资金结存——货币资金——基本户银行存款 　　贷：非同级财政拨款预算收入——助学金

（二）公费医疗拨款

7-2-1	预算会计分录
单位收到下拨的医疗费	借：资金结存——货币资金——基本户银行存款 　　贷：非同级财政拨款预算收入——医疗费

八、投资预算收益

（一）债券投资预算收益

1. 短期债券投资

8-1-1-1	预算会计分录
单位购买短期债券，到期出售短期债券	借：投资支出——××短期债券 　　贷：资金结存——货币资金——基本户银行存款 借：资金结存——货币资金——基本户银行存款 　　贷：投资预算收益——××短期债券

2. 长期债券投资

8-1-2-1	预算会计分录
单位购买长期债券	借：投资支出——××长期债券投资 　　贷：资金结存——货币资金——基本户银行存款

8-1-2-2	预算会计分录
单位收到分期的债券利息	借：资金结存——货币资金——基本户银行存款 　　贷：投资预算收益——债券利息

8-1-2-3	预算会计分录
单位长期债券投资到期卖出	借：资金结存——货币资金——基本户银行存款 　　贷：投资预算收益——××长期债券

（二）股权投资预算收益

8-2-1		预算会计分录
单位收到被投资单位分派的利润	借：资金结存——货币资金——基本户银行存款 　　贷：投资预算收益——××公司利润	

8-2-2		预算会计分录
单位购买股票，收到股息	借：投资支出——××股票 　　贷：资金结存——货币资金——基本户银行存款 借：资金结存——货币资金——基本户银行存款 　　贷：投资预算收益——××股息（××公司股票）	

8-2-3		预算会计分录
单位卖出股票	借：资金结存——货币资金——基本户银行存款 　　贷：投资预算收益——××股票（××公司股票）	

九、其他预算收入

（一）收到捐赠现金预算收入

9-1-1		预算会计分录
单位收到货币资金捐赠收入	借：资金结存——货币资金——基本户银行存款 　　贷：其他预算收入——捐赠现金预算收入	

（二）利息预算收入

9-2-1		预算会计分录
单位收到银行利息	借：资金结存——货币资金——基本户银行存款 　　贷：其他预算收入——利息预算收入	

（三）租金预算收入

9-3-1		预算会计分录
单位取得银行利息	借：资金结存——货币资金——基本户银行存款 　　贷：其他预算收入——租金预算收入	

（四）现金盘盈预算收入

9-4-1	预算会计分录
单位盘盈现金	借：资金结存——货币资金——基本户银行存款 贷：其他预算收入——现金盘盈预算收入

第五章
费用——预算支出

▶▶▶ ## 第一节　费用类概述

一、费用概念

《基本准则》第四十五条规定：费用是指报告期内导致政府会计主体净资产减少的，含有服务潜力或者经济利益的经济资源的流出。

二、费用确认

《基本准则》第四十六条规定：费用确认应当同时满足以下条件：

1. 与费用相关的含有服务潜力或者经济利益的经济资源很可能的流出政府会计主体。

2. 含有服务潜力或者经济利益的经济资源的流出会导致政府会计主体资产减少或者负债增加。

3. 流出金额能够可靠地计量。

三、费用分类及概述

（一）业务活动费用

单位为实现其职能目标，依法履职或开展专业业务活动及其辅助活动所发生的各项费用。

（1）工资福利费用：依法履职和开展专业业务活动及其辅助活动的专业人员计提的薪酬，包括业务人员工资及单位承担的业务人员的社会保障缴费、住房公积金、医疗费。

（2）商品和服务费用：单位为完成工作任务和事业发展目标，依法履职和开展专业业务活动及其辅助活动发生的费用。

（3）折旧及摊销费：2019年1月1日后为完成专业业务活动购入固定资产及无形资产提取的折旧及摊销费。

（二）单位管理费用

事业单位本级行政及后勤管理部门开展管理活动发生的各项费用。

1.工资福利费用：单位行政及后勤管理人员计提的薪酬，包括行政后勤人员工资及单位承担的行政后勤人员的社会保障缴费、住房公积金、医疗费。

2.商品和服务费用：行政及后勤管理部门围绕单位事业发展及任务开展而付出服务及后勤保障发生的公用经费。

3.折旧及摊销费：2018年12月31日前为完成管理活动购入固定资产及无形资产提取的折旧及摊销费。

4.对个人和家庭补助费：围绕单位事业发展及任务开展而付出服务及后勤保障发生公用经费之外的费用，包括离退休经费、生活救济费、助学金、抚恤金等。

（三）经营费用

在专业业务活动及其辅助活动之外开展非独立核算经营活动发生的各项费用，即单位利用自身技术优势和资源为发展事业、扩大服务而展开经营活动所产生的资产、资金消耗，且财务非独立核算。

（四）资产处置费用

单位经批准处置资产（2019年1月1日后购入固定资产、无形资产）时发生的费用，包括转销的被处置资产价值，以及在处置过程中发生的相关费用或者处置收入小于相关费用形成的净支出。资产处置的形式按照规定包括无偿调拨、出售、出让、转让、置换、对外捐赠、报废、毁损以及资产损失核销等。单位在资产清查中查明的资产盘亏、毁损以及资产报废等，应当先通过"待处理财产损溢"科目进行核算，再将处理资产价值和处理净支出计入本科目。

（五）上缴上级费用

单位按照财政部门和主管部门规定上缴上级单位款项发生的费用。实行上缴上级费用要符合 4 个条件。

1. 单位非财政补助收入超过其正常支出很多。
2. 上缴上级款项必须事先制定相关的管理规定，要有依据。
3. 上缴上级款项的资金来源是除财政补助收入以外的款项。
4. 上缴上级费用并非正常费用，而是具有调剂性质的费用。

（六）对附属单位补助费用

单位用财政拨款以外的收入对附属单位进行补助的费用。要符合以下 3 个条件。

1. 这个附属单位是独立核算的事业或企业单位。
2. 补助附属单位的资金不得使用财政拨款收入。
3. 对附属单位补助费用并非正常费用，而是具有调剂性质的费用。

（七）所得税费

事业单位核算的理想状态为实行各项收入、各项费用统一核算、统一管理，按照非应税收入与非应税费用计算结余是事业结余，按照权责发生制原则及配比原则计算的应税收入和应税费用结余是经营结余，其中对于业务活动费和单位管理费，需科学选择分配标准，进行合理分摊，分清应税收支和非应税收支尤为重要，如果会计核算准确，根据国税发〔1999〕65 号规定，事业结余就是非应税结余，经营结余就是应税结余，可以按照企业所得税率，计算缴纳事业单位所得税，但实际情况是不能严格划分应税收支和非应税收支，事业单位的各项收入全部纳入单位预算，统一核算、统一管理，但成本、费用无法严格地配比，为了体现税法公平性和合理性，在现行会计制度下实行比例分摊与查账征收综合方法计算事业单位所得税。

（八）其他费用

发生的除业务活动费用、单位管理费用、经营费用、资产处置费用、上缴上级费用、附属单位补助费用、所得税费用以外的各项费用，包括利息费用、坏账损失、罚没支出、现金捐赠支出及相关税费等。

四、科研事业单位明细科目设置及注解

（一）业务活动费用

用来核算事业单位为实现其职能目标，依法履职或开展专业活动及辅助活动所发生的各项费用，借记本科目，贷记"零余额账户用款额度""银行存款""应付账款"，年终将本科目借方余额全数转入"本期盈余"科目，年末本科目无余额。设置以下明细科目。

1. 工资福利费用

（1）工资。

① 基本工资：岗位工资、薪级工资。

② 津贴补贴：其他津贴补贴、提租补贴、购房补贴、物业补贴。

③ 绩效工资。

④ 伙食补助。

（2）社会保障缴费。

① 机关事业单位基本养老保险缴费。

② 机关事业单位职业年金缴费。

③ 其他社会保障缴费：北京市基本养老保险缴费、北京市基本医疗保险缴费、北京市失业险缴费、北京市工伤险缴费、北京市生育险缴费。

（3）医疗费。

（4）住房公积金。

2. 商品和服务费用：单位为完成工作任务和事业发展目标，依法履职和开展专业业务活动及其辅助活动发生的费用。

（1）印刷费：包括印刷费、版面费、资料费。

（2）专家咨询费。

（3）邮电费：包括邮寄费、电话费、网络服务费。

（4）差旅费：包括外埠差旅费、本市差旅费、会议费。

（5）国际合作交流费用。

（6）维修费：包括设备维修费、办公用房维修费。

（7）租赁费。

（8）会议费：包括房租场租费、会议餐费、会议杂项

（9）培训费：项目培训费。

（10）专用材料费：包括原材料、低值易耗品、实验动物费。

（11）劳务费。

（12）委托业务费：包括科研项目费、测试费、平台及软件开发费、技术服务费、伦理审查费、专利技术申请及维护费。

（13）其他交通费用：租车费。

（14）燃料动力费。

（15）税金及附加费用。

（16）其他商品和服务费用：

① 间接费用：项目间接费或管理费、项目承担人员绩效、项目管理人员绩效、其他

② 项目评审费

③ 其他商品和服务费用

3.折旧费及摊销费：2019 年 1 月 1 日后为完成专业业务活动购入固定资产及无形资产提取的折旧及摊销费。

（1）固定资产折旧费。

（2）无形资产摊销费。

（二）单位管理费用

事业单位本级行政及后勤管理部门开展管理活动发生的各项费用。借记本科目，贷记"零余额账户用款额度""银行存款""应付账款"，年终将本科目借方余额全数转入"本期盈余"科目，年末本科目无余额。设置以下明细科目：

1.工资福利费：单位行政及后勤管理人员计提的薪酬，包括行政后勤人员工资及单位承担的行政后勤人员的社会保障缴费、住房公积金、医疗费。

（1）工资。

① 基本工资：岗位工资、薪级工资

② 津贴补贴：其他津贴补贴、提租补贴、购房补贴、物业补贴

③绩效工资

④伙食补助

（2）社会保证缴费。

①机关事业单位基本养老金缴费

②机关事业单位职业年金缴费

③其他社会保障缴费：包括北京市基本养老保险缴费、北京市基本医疗保险缴费、北京市失业险缴费、北京市工伤险缴费、北京市生育险缴费、北京市残保金缴费

（3）住房公积金。

（4）医疗费。

2. 商品和服务费用：行政及后勤管理部门围绕单位事业发展及任务开展而付出服务及后勤保障发生的公用经费。

（1）办公费。

（2）印刷费：包括印刷费、版面费、资料费。

（3）专家咨询费。

（4）手续费。

（5）水费。

（6）电费。

（7）邮电费：包括邮寄费、电话费、网络服务费。

（8）取暖费：办公用房取暖费宿舍取暖费。

（9）物业管理费：办公用房物业管理费。

（10）差旅费：包括外埠差旅费、本市差旅费、会议费。

（11）维修费：包括办公设备维修费、办公用房维修费。

（12）租赁费。

（13）会议费：包括房租场租费、会议餐费、会议杂项。

（14）培训费：职工培训费。

（15）公务接待费：包括餐费、礼品、外宾招待费。

（16）专用材料费：低值易耗品。

（17）劳务费。

（18）公务用车运行维护费：包括车辆燃料费、车辆运行维护费。

（19）其他交通费用：租车费。

（20）工会经费。

（21）福利费。

（22）税金及附加费用。

（23）其他商品和服务费用。

3. 折旧及摊销费：2019 年 1 月 1 日后为完成管理活动购入固定资产及无形资产提取的折旧及摊销费。

（1）固定资产折旧费。

（2）无形资产摊销费。

4. 对个人和家庭补助费：围绕单位事业发展及任务开展服务及后勤保障发生公用经费之外的费用，包括离退休经费、生活救济费、助学金、抚恤金等。借记本科目，贷记"银行存款""其他应付款"，年终将本科目借方余额全数转入"本期盈余"科目，年末本科目无余额。设置以下明细科目。

（1）离休费。

（2）退休费。

（3）退职费。

（4）抚恤金。

（5）生活补助。

（6）救济费。

（7）医疗补助费。

（8）助学金。

（9）其他对个人和家庭的补助。

（三）经营费用

在专业业务活动及其辅助活动之外开展非独立核算经营活动发生的各项费用，即单位利用自身技术优势和资源为发展事业、扩大服务展开经营活动所产生的资产、资金消耗，且财务非独立核算。借记本科目，贷记"银行存款""应付账款"，年终将本科目借方余额全数转入"本期盈余"科目，年末本科目无余额。设置以下明细科目。

1. 经营人员薪酬费。

2. 经营活动费。

3. 经营活动折旧及摊销费。

4. 经营活动税费。

（四）资产处置费

经批准资产处置（包括无偿调拨、出售、出让、转让、置换、对外捐赠、报废、损毁）时资产处置费及发生的相关费用。借记本科目，贷记"待处理财产损溢""银行存款""其他应付款"，年终将本科目借方余额全数转入"本期盈余"科目，年末本科目无余额。按以下科目设置明细账。

1. 处置 2019 年 1 月 1 日后购置固定资产或存货，按照规定报经批准处置资产时，按照处置资产的账面净值，借记"待处理财产损溢"科目，如果处置固定资产、无形资产、公共基础设施、保障性住房的，还应借记"固定资产累计折旧""无形资产累计摊销""公共基础设施累计折旧（摊销）""保障性住房累计折旧"科目，按照处置资产原值，贷记"库存物品""固定资产""无形资产""公共基础设施""政府储备物资""文物文化资产""保障性住房"。处置资产过程中发生相关处置费用的，按照实际发生金额，借记本科目，贷记"银行存款""库存现金"等科目；处置完成后借记本科目，贷记"待处理财产损溢"科目。

2. 处置 2018 年 12 月 31 日前购置固定资产或存货按照规定报经批准处置资产时，按照处置资产的账面净值，借记"累计盈余——非流动资产基金"科目或"无偿调拨净资产"，如果处置固定资产、无形资产、公共基础设施、保障性住房的，还应借记"固定资产累计折旧""无形资产累计摊销""公共基础设施累计折旧（摊销）""保障性住房累计折旧"科目，按照处置资产原值，贷记"库存物品""固定资产""无形资产""公共基础设施""政府储备物资""文物文化资产""保障性住房"。如果是无偿调拨资产，则处置完成后，借记"累计盈余非流动资产基金"科目，贷记"无偿调拨净资产"科目。处置资产过程中发生相关处置费用的，按照实际发生金额，借记本科目，贷记"银行存款""库存现金"等科目。

3. 处置资产过程中取得收入的，按照取得的价款，借记"库存现金""银行存款"等科目，按照处置资产过程中发生的相关费用，贷记"银行存款""库存现金"等科目，按照其差额，借记本科目或贷记"应缴财政款"等科目。涉及增值税业务的，贷记"应交增值税"科目。

（五）上缴上级费用

本科目按收缴款项单位、缴款项目等进行明细核算。按照实际上缴的金额，借记本科目，贷记"银行存款""应付账款"等科目。期末，将本科目借方发生额转入"本期盈余"科目，本科目无余额。

（六）对附属单位补助费用

本科目核算事业单位用非财政预算资金对附属单位补助发生的费用，本科目应按接受补助的附属单位名称设置明细账。借记本科目，贷记"银行存款"科目；年终将本科目的借方余额转入"本期盈余"科目，结转后本科目无余额。

（七）所得税费用

事业单位应税收支和非应税收支难以划分清楚，但事业单位的各项收入全部纳入单位预算，统一核算、统一管理，应税收入和非应税收入是可以核算清楚的，则按比例分摊法和查账征收法综合计算企业所得税，即以应税收入占全部总收入比重作为分摊比例，计算出应税费用，当年提取，次年进行汇算清缴。借记本科目，贷记"其他应交税费——企业所得税"科目，年终将本科目的借方余额转入"本期盈余"科目，结转后本科目无余额。

计算公式：

（1）应税收入 = 总收入 - 非应税收入

（2）应税费用 = 总费用 × 应税收入 / 总收入

（3）应纳企业所得税额 = （应税收入 - 应税费用）× 税率

（八）其他费用

包括利息费用、坏账损失、罚没支出、现金捐赠支出及相关税费等费用核算。借记本科目，贷记"银行存款""应付账款"等科目，期末，将本科目借方发生额转入"本期盈余"科目，本科目无余额。设置以下明细科目。

（1）利息费用。

（2）坏账损失。

（3）罚没费用。

（4）捐赠非现金资产发生费用。

▶▶▶ 第二节　科研事业单位费用类会计核算

一、业务活动费用

（一）工资和福利费用

1. 工资

1-1-1-1 工资	财务会计分录
单位发放业务人员工资及津贴，扣社会保险	借：业务活动费用——工资福利费用——工资 　　贷：应付职工薪酬——基本工资——岗位工资 　　　　应付职工薪酬——基本工资——薪级工资 　　　　应付职工薪酬——津贴补贴——其他津贴补贴 　　　　应付职工薪酬——津贴补贴——物业补贴 　　　　应付职工薪酬——津贴补贴——提租补贴 　　　　应付职工薪酬——津贴补贴——购房补贴 　　　　应付职工薪酬——绩效工资 　　　　应付职工薪酬——伙食补助费 借：应付职工薪酬——基本工资——岗位工资 　　应付职工薪酬——基本工资——薪级工资 　　应付职工薪酬——津贴补贴——其他津贴补贴 　　应付职工薪酬——津贴补贴——物业补贴 　　应付职工薪酬——津贴补贴——提租补贴 　　应付职工薪酬——津贴补贴——购房补贴 　　应付职工薪酬——绩效工资 　　应付职工薪酬——伙食补助费 　　贷：零余额账户用款额度——机构运行 　　　　零余额账户用款额度——提租补贴 　　　　零余额账户用款额度——购房补贴 　　　　银行存款——基本户银行存款

2. 社会保障缴费

（1）机关事业单位基本养老保险缴费 / 机关事业单位职业年金缴费。

1-1-2-1-1	财务会计分录
交中央单位养老金及年金	借：其他应付款——机关事业单位基本养老保险缴费个人扣款 　　其他应付款——机关事业单位职业年金缴费个人扣款 　　业务活动费用——工资福利费用——社会保障缴费——机关事业单位基本养老保险缴费 　　业务活动费用——工资福利费用——社会保障缴费——机关事业单位职业年金缴费 　贷：银行存款——基本户银行存款 　　零余额账户用款额度——机关事业单位基本养老保险缴费 　　零余额账户用款额度——机关事业单位职业年金缴费

（2）其他社会保障缴费——北京市基本养老保险缴费 / 北京市基本医疗保险缴费 / 北京市失业险缴费 / 北京市工伤险缴费 / 北京市生育险缴费。

1-1-2-2-1	财务会计分录
交北京市养老保险、医疗保险、失业保险、工伤险、生育险	借：其他应付款——北京市基本养老保险缴费个人扣款 　　其他应付款——北京市基本医疗保险缴费个人扣款 　　其他应付款——北京市失业险缴费个人扣款 　　业务活动费用——工资福利费用——社会保障缴费——其他社会保障缴费——北京市基本养老保险缴费 　　业务活动费用——工资福利费用——社会保障缴费——其他社会保障缴费——北京市基本医疗保险缴费 　　业务活动费用——工资福利费用——社会保障缴费——其他社会保障缴费——北京市失业险缴费 　　业务活动费用——工资福利费用——社会保障缴费——其他社会保障缴费——北京市工伤险缴费 　　业务活动费用——工资福利费用——社会保障缴费——其他社会保障缴费——北京市生育险缴费 　贷：银行存款——基本户银行存款

3. 医疗费

1-1-3-1	财务会计分录
单位报销业务人员医疗费，上年有结余，拨款数<报销数	借：业务活动费用——工资福利费用——医疗费 　　其他应付款——医疗费暂存 　贷：银行存款——基本户银行存款

4. 住房公积金

1-1-4-1	财务会计分录
单位上交公积金	借：其他应付款——住房公积金个人扣款 　　业务活动费用——工资福利费用——住房公积金 贷：零余额账户用款额度——住房公积金 　　银行存款——基本户银行存款

（二）商品和服务费用

1. 印刷费

1-2-1-1	财务会计分录
业务人员报销××项目印刷费、版面费和资料费	借：业务活动费用——商品和服务费用——印刷费——印刷费（××项目） 　　业务活动费用——商品和服务费用——印刷费——版面费（××项目） 　　业务活动费用——商品和服务费用——印刷费——资料费（××项目） 贷：银行存款——基本户银行存款

2. 专家咨询费

1-2-2-1	财务会计分录
业务人员付××项目专家咨询费	借：业务活动费用——商品和服务费用——专家咨询费（××项目） 贷：其他应交税费——个人所得税 　　银行存款——基本户银行存款

3. 邮电费——邮寄费／电话费／网络服务费

1-2-3-1	财务会计分录
业务人员××项目付邮电费	借：业务活动费用——商品和服务费用——邮电费——邮寄费（××项目） 　　业务活动费用——商品和服务费用——邮电费——电话费（××项目）

续表

业务人员××项目付邮电费	业务活动费用——商品和服务费用——邮电费——网络服务费（××项目） 贷：银行存款——基本户银行存款

4. 差旅费——外埠差旅费／本市差旅费／会议费

1-2-4-1	财务会计分录
单位业务人员报销××项目差旅费，及参加会议费	借：业务活动费用——商品和服务费用——差旅费——外埠差旅费（××项目） 业务活动费用——商品和服务费用——差旅费——本市差旅费（××项目） 业务活动费用——商品和服务费用——差旅费——会议费（××项目） 贷：银行存款——基本户银行存款

5. 国际合作交流费用

1-2-5-1	财务会计分录
单位业务人员报销××项目因公国际交流费	借：业务活动费用——商品和服务费用——国际合作交流费（××项目） 贷：银行存款——基本户银行存款

6. 维修费——办公设备维修费

1-2-6-1	财务会计分录
单位业务人员报销××项目办公设备维修费	借：业务活动费用——商品和服务费用——维修费——办公设备维修费（××项目） 贷：银行存款——基本户银行存款

7. 租赁费

1-2-7-1	财务会计分录
单位业务人员报销××项目租赁费	借：业务活动费用——商品和服务费用——租赁费（××项目） 贷：银行存款——基本户银行存款

8. 会议费——房租场租费 / 会议餐费 / 会议杂项

1-2-8-1	财务会计分录
单位业务人员报销××项目组织的会议费	借：业务活动费用——商品和服务费用——会议费——房租场租费（××项目） 业务活动费用——商品和服务费用——会议费——会议餐费（××项目） 业务活动费用——商品和服务费用——会议费——会议杂项（××项目） 　贷：银行存款——基本户银行存款

9. 培训费——项目培训费

1-2-9-1	财务会计分录
单位业务人员报销××项目培训费	借：业务活动费用——商品和服务费用——培训费——项目培训费（××项目） 　贷：银行存款——基本户银行存款

10. 专用材料费——原材料 / 低值易耗品 / 实验动物费

1-2-10-1	财务会计分录
单位业务人员报销政府专项专用材料费	借：业务活动费用——商品和服务费用——专用材料费——原材料（××政府专项） 业务活动费用——商品和服务费用——专用材料费——低值易耗品（××政府专项） 业务活动费用——商品和服务费用——专用材料费——实验动物费（××政府专项） 　贷：银行存款——基本户银行存款

1-2-10-2	财务会计分录
单位业务人员报销××其他委托项目专用材料费	借：业务活动费用——商品和服务费用——专用材料费——原材料（××其他委托项目） 业务活动费用——商品和服务费用——专用材料费——低值易耗品（××其他委托项目） 业务活动费用——商品和服务费用——专用材料费——实验动物费（××其他委托项目） 应交增值税——进项税 　贷：银行存款——基本户银行存款

11. 劳务费

1-2-11-1	财务会计分录
单位业务人员付××项目劳务费（含税）	借：业务活动费用——商品和服务费用——劳务费（××项目） 　　贷：其他应交税费——个人所得税 　　　　银行存款——基本户银行存款

12. 委托业务费——科研项目费/测试费/平台及软件开发费/技术服务费/伦理审查费/专利技术申请及维护费

1-2-12-1	财务会计分录
单位业务人员付××政府专项委托业务费	借：业务活动费用——商品和服务费用——委托业务费——科研项目费（××政府专项） 　　业务活动费用——商品和服务费用——委托业务费——测试费（××政府专项） 　　业务活动费用——商品和服务费用——委托业务费——平台及软件开发费（××政府专项） 　　业务活动费用——商品和服务费用——委托业务费——技术服务费（××政府专项） 　　业务活动费用——商品和服务费用——委托业务费——伦理审查费（××政府专项） 　　业务活动费用——商品和服务费用——委托业务费——专利技术申请及维护费（××政府专项） 　　贷：银行存款——基本户银行存款

13. 租车费

1-2-13-1	财务会计分录
单位业务人员付××项目租车费	借：业务活动费用——商品和服务费用——其他交通费用——租车费（××项目） 　　贷：银行存款——基本户银行存款

14. 燃料动力费

1-2-14-1	财务会计分录
单位业务人员付××项目燃料动力费	借：业务活动费用——商品和服务费用——燃料动力费（××项目） 　　贷：预提费用——项目间接费或管理费

15.其他商品和服务费用

（1）间接费用——项目间接费或管理费 / 项目承担人员绩效 / 项目管理人员绩效 / 其他

1-2-15-1-1	财务会计分录
单位业务人员付××政府委托项目的间接费用	借：业务活动费用——商品和服务费用——其他商品和服务费用——间接费用——项目间接费或管理费（××政府专项） 业务活动费用——商品和服务费用——其他商品和服务费用——间接费用——项目承担人员绩效（××政府专项）
单位业务人员付××政府委托项目的间接费用	业务活动费用——商品和服务费用——其他商品和服务费用——间接费用——项目管理人员绩效（××政府专项） 业务活动费用——商品和服务费用——其他商品和服务费用——间接费用——间接费——其他（××政府专项） 贷：预提费用——项目间接费或管理费 预提费用——项目管理人员绩效 银行存款——基本户银行存款

（2）项目评审费

1-2-15-2-1	财务会计分录
单位业务人员付××项目评审费	借：业务活动费用——商品和服务费用——其他商品和服务费用——项目评审费（××政府专项） 贷：银行存款——基本户银行存款

（三）折旧费及摊销费

1.固定资产折旧费

（1）一般通用设备折旧费

1-3-1-1-1　2018年12月31日前购入一般通用设备	财务会计分录
单位提业务人员一般通用设备折旧费	借：累计盈余——非流动资产基金 贷：固定资产累计折旧——一般通用设备累计折旧

1-3-1-1-2　2019年1月1日前购入一般通用设备	财务会计分录
单位提业务人员专用设备折旧费	借：业务活动费用——折旧费及摊销费——固定资产折旧费——一般通用设备折旧费 贷：固定资产累计折旧——一般通用设备累计折旧

（2）专用设备折旧费

1-3-1-2-1　2018 年 12 月 31 日前购入专用设备	财务会计分录
单位提业务人员 专用设备折旧费	借：累计盈余——非流动资产基金 　　贷：固定资产累计折旧——专用设备累计折旧

1-3-1-2-2　2019 年 1 月 1 日前购入专用设备	财务会计分录
单位提业务人员 专用设备折旧费	借：业务活动费用——折旧费及摊销费——固定资产折旧费——专用设备折旧费 　　贷：固定资产累计折旧——专用设备累计折旧

（3）家具折旧费

1-3-1-3-1　2018 年 12 月 31 日前购入家具	财务会计分录
单位提业务人员 家具折旧费	借：累计盈余——非流动资产基金 　　贷：固定资产累计折旧——家具累计折旧

1-3-1-3-2　2019 年 1 月 1 日前购入家具	财务会计分录
单位提业务人员 家具折旧费	借：业务活动费用——折旧费及摊销费——固定资产折旧费——家具折旧费 　　贷：固定资产累计折旧——家具累计折旧

（4）图书折旧费

1-3-1-4-1　2018 年 12 月 31 日前购入图书	财务会计分录
单位提业务人员 图书折旧费	借：累计盈余——非流动资产基金 　　贷：固定资产累计折旧——图书累计折旧

1-3-1-4-2　2019 年 1 月 1 日前购入图书	财务会计分录
单位提业务人员 图书折旧费	借：业务活动费用——折旧费及摊销费——固定资产折旧费——图书折旧费 　　贷：固定资产累计折旧——图书累计折旧

2. 无形资产摊销费

（1）专利权摊销费

1-3-2-1-1　2018 年 12 月 31 日前购入专利权	财务会计分录
单位提业务人员 专利权摊销费	借：累计盈余——非流动资产基金 　　贷：无形资产累计摊销——专利权累计摊销

1-3-2-1-2 2019 年 1 月 1 日前购入专利权 　　　　　　　　　**财务会计分录**

单位提业务人员专利权摊销费	借：业务活动费用——折旧费及摊销费——无形资产摊销费——专利权摊销费 　贷：无形资产累计摊销——专利权累计摊销

（2）非专利权技术累计摊销

1-3-2-2-1 2018 年 12 月 31 日前购入非专利权技术 　　　　　　**财务会计分录**

单位提业务人员非专利权技术摊销费	借：累计盈余——非流动资产基金 　贷：无形资产累计摊销——非专利权技术累计摊销

1-3-2-2-2 2019 年 1 月 1 日前购入非专利权技术 　　　　　　　**财务会计分录**

单位提业务人员非专利权摊销费	借：业务活动费用——折旧费及摊销费——无形资产摊销费——非专利权技术摊销费 　贷：无形资产累计摊销——非专利权技术累计摊销

（3）土地使用权累计摊销

1-3-2-3-1 2018 年 12 月 31 日前购入土地使用权 　　　　　　**财务会计分录**

单位提业务人员土地使用权摊销费	借：累计盈余——非流动资产基金 　贷：无形资产累计摊销——土地使用权累计摊销

1-3-2-3-2 2019 年 1 月 1 日前购入土地使用权 　　　　　　　**财务会计分录**

单位提业务人员土地使用权摊销费	借：业务活动费用——折旧费及摊销费——无形资产摊销费——土地使用权摊销费 　贷：无形资产累计摊销——土地使用权累计摊销

（4）软件累计摊销

1-3-2-4-1 2018 年 12 月 31 日前购入软件 　　　　　　　　**财务会计分录**

单位提业务人员软件摊销费	借：累计盈余——非流动资产基金 　贷：无形资产累计摊销——软件累计摊销

1-3-2-4-2 2019 年 1 月 1 日前购入软件 　　　　　　　　　**财务会计分录**

单位提业务人员软件摊销费	借：业务活动费用——折旧费及摊销费——无形资产摊销费——软件摊销费 　贷：无形资产累计摊销——软件累计摊销

（5）商标权摊销费

1-3-2-5-1　2018 年 12 月 31 日前购入商标权	财务会计分录
单位提业务人员商标权摊销费	借：累计盈余——非流动资产基金 　　贷：无形资产累计摊销——商标权累计摊销

1-3-2-5-2　2019 年 1 月 1 日前购入商标权	财务会计分录
单位提业务人员商标权摊销费	借：业务活动费用——折旧费及摊销费——无形资产摊销费——商标权摊销费 　　贷：无形资产累计摊销——商标权累计摊销

（6）其他无形资产累计摊销

1-3-2-6-1　2018 年 12 月 31 日前购入其他无形资产	财务会计分录
单位提业务人员其他无形资产摊销费	借：累计盈余——非流动资产基金 　　贷：无形资产累计摊销——其他无形资产累计摊销

1-3-2-6-2　2019 年 1 月 1 日前购入其他无形资产	财务会计分录
单位提业务人员其他无形资产摊销费	借：业务活动费用——折旧费及摊销费——无形资产摊销费——其他无形资产摊销费 　　贷：无形资产累计摊销——其他无形资产累计摊销

二、单位管理费用

（一）工资和福利费用

1. 工资

2-1-1-1	财务会计分录
单位发放管理人员工资及津贴	借：单位管理费用——工资福利费用——工资 　　贷：应付职工薪酬——基本工资——岗位工资 　　　　应付职工薪酬——基本工资——薪级工资 　　　　应付职工薪酬——津贴补贴——其他津贴补贴 　　　　应付职工薪酬——津贴补贴——物业补贴 　　　　应付职工薪酬——津贴补贴——提租补贴 　　　　应付职工薪酬——津贴补贴——购房补贴 　　　　应付职工薪酬——绩效工资 　　　　应付职工薪酬——伙食补助费

续表

单位发放管理人员 工资及津贴	借：应付职工薪酬——基本工资——岗位工资 应付职工薪酬——基本工资——薪级工资 应付职工薪酬——津贴补贴——其他津贴补贴 应付职工薪酬——津贴补贴——物业补贴 应付职工薪酬——津贴补贴——提租补贴 应付职工薪酬——津贴补贴——购房补贴 应付职工薪酬——绩效工资 应付职工薪酬——伙食补助费 贷：零余额账户用款额度——机构运行 零余额账户用款额度——提租补贴
单位发放管理人员 工资及津贴	零余额账户用款额度——购房补贴 银行存款——基本户银行存款

2. 社会保障缴费

（1）机关事业单位基本养老保险缴费 / 机关事业单位职业年金缴费

2-1-2-1-1	财务会计分录
交中央单位管理人 员养老金及年金	借：其他应付款——机关事业单位基本养老保险缴费个人扣款 其他应付款——机关事业单位职业年金缴费扣款 单位管理费用——工资福利费用——社会保障缴费——机关事 业单位基本养老保险缴费 单位管理费用——工资福利费用——社会保障缴费——机关事 业单位职业年金缴费 贷：银行存款——基本户银行存款 零余额账户用款额度——事业单位基本养老保险缴费 零余额账户用款额度——事业单位职业年金缴费

（2）其他社会保障缴费——北京市基本养老保险缴费 / 北京市基本医疗保险缴费 / 北京市失业险缴费 / 北京市工伤险缴费 / 北京市生育险缴费 / 北京市残保金缴费

2-1-2-2-1	财务会计分录
交管理人员北京市 基本养老保险、北 京市基本医疗保 险、北京市失业 险、北京市生育 险、北京市残保金	借：其他应付款——北京市基本养老保险缴费个人扣款 其他应付款——北京市基本医疗保险缴费个人扣款 其他应付款——北京市失业险缴费个人扣款 单位管理费用——工资福利费用——社会保障缴费——其他社 会保障缴费——北京市基本养老保险缴费 单位管理费用——工资福利费用——社会保障缴费——其他社

续表

交管理人员北京市基本养老保险、北京市基本医疗保险、北京市失业险、北京市生育险、北京市残保金	会保障缴费——北京市基本养老保险缴费 单位管理费用——工资福利费用——社会保障缴费——其他社会保障缴费——北京市基本医疗保险缴费 单位管理费用——工资福利费用——社会保障缴费——其他社会保障缴费——北京市失业险缴费 单位管理费用——工资福利费用——社会保障缴费——其他社会保障缴费——北京市工伤险缴费 单位管理费用——工资福利费用——社会保障缴费——其他社会保障缴费——北京市生育险缴费 位管理费用——工资福利费用——社会保障缴费——其他社会保障缴费——北京市残保金缴费 贷：银行存款——基本户银行存款

3. 医疗费

2-1-3-1	财务会计分录
单位报销管理人员医疗费，如果拨款＜报销数	借：单位管理费用——工资福利费用——医疗费 　　其他应付款——医疗费 　贷：银行存款——基本户银行存款

4. 住房公积金

2-1-4-1	财务会计分录
单位交管理人员住房公积金	借：其他应付款——住房公积金个人扣款 　　单位管理费用——工资福利费用——住房公积金 　贷：零余额账户用款额度——住房公积金 　　银行存款——基本户银行存款

（二）商品和服务费用

1. 办公费

2-2-1-1	财务会计分录
单位管理人员报销办公费	借：单位管理费用——商品和服务费用——办公费（公务费） 　贷：零余额账户用款额度——机构运行

2. 印刷费

2-2-2-1	财务会计分录
单位管理人员报销印刷费、版面费和资料费	借：单位管理费用——商品和服务费用——印刷费——印刷费（公务费） 单位管理费用——商品和服务费用——印刷费——版面费（公务费） 单位管理费用——商品和服务费用——印刷费——资料费（公务费） 贷：零余额账户用款额度——机构运行

3. 专家咨询费

2-2-3-1	财务会计分录
单位付专家咨询费（含税）	借：单位管理费用——商品和服务费用——专家咨询费（公务费） 贷：其他应交税费——个人所得税 零余额账户用款额度——机构运行

4. 水费

2-2-4-1	财务会计分录
单位付单位水费	借：单位管理费用——商品和服务费用——水费（公务费） 贷：零余额账户用款额度——机构运行

5. 电费

2-2-5-1	财务会计分录
单位付单位电费	借：单位管理费用——商品和服务费用——电费（公务费） 贷：零余额账户用款额度——机构运行

6. 邮电费／电话费／网络服务费

2-2-6-1	财务会计分录
单位付单位邮电费	借：单位管理费用——商品和服务费用——邮电费——邮寄费（公务费） 单位管理费用——商品和服务费用——邮电费——电话费（公务费）

续表

单位付单位邮电费	借：单位管理费用——商品和服务费用——邮电费——网络服务费（公务费） 贷：零余额账户用款额度——机构运行

7. 取暖费——办公用房取暖费 / 宿舍取暖费

2-2-7-1	财务会计分录
单位付单位办公用房取暖费和宿舍取暖费	借：单位管理费用——商品和服务费用——取暖费——办公用房取暖费（公务费） 单位管理费用——商品和服务费用——取暖费——宿舍取暖费（公务费） 贷：零余额账户用款额度——机构运行

8. 物业管理费

2-2-8-1	财务会计分录
单位付物业管理费	借：单位管理费用——商品和服务费用——物业管理费（公务费） 贷：零余额账户用款额度——机构运行

9. 差旅费——外埠差旅费 / 本市差旅费 / 会议费

2-2-9-1	财务会计分录
单位管理人员报销差旅费，及参加会议费	借：单位管理费用——商品和服务费用——差旅费——外埠差旅费（公务费） 单位管理费用——商品和服务费用——差旅费——本市差旅费（公务费） 单位管理费用——商品和服务费用——差旅费——会议费（公务费） 贷：零余额账户用款额度——机构运行

10. 维修费

2-2-10-1 维修费——办公设备维修费 / 办公用房维修费	财务会计分录
单位付办公设备维修费和办公用房维修费	借：单位管理费用——商品和服务费用——维修费——办公设备维修费（公务费）

续表

单位付办公设备维修费和办公用房维修费	单位管理费用——商品和服务费用——维修费——办公用房维修费（公务费） 贷：零余额账户用款额度——机构运行

11. 租赁费

2-2-11-1 财务会计分录

单位付租赁费	借：单位管理费用——商品和服务费用——租赁费（公务费） 贷：零余额账户用款额度——机构运行

12. 会议费——房租场租费／会议餐费／会议杂项

2-2-12-1 财务会计分录

单位管理人员付组织会议费	借：单位管理费用——商品和服务费用——会议费——房租场租费（自有资金） 单位管理费用——商品和服务费用——会议费——会议餐费（自有资金） 单位管理费用——商品和服务费用——会议费——会议杂项（自有资金） 贷：银行存款——基本户银行存款

13. 培训费——职工培训费

2-2-13-1 财务会计分录

单位管理人员报销培训费	借：单位管理费用——商品和服务费用——培训费——职工培训费（公务费） 贷：零余额账户用款额度——机构运行

14. 公务接待费——餐费／礼品／外宾招待费

2-2-14-1 财务会计分录

单位付公务接待费	借：单位管理费用——商品和服务费用——公务接待费——餐费（自有资金） 单位管理费用——商品和服务费用——公务接待费——礼品（自有资金）

续表

单位付公务接待费	单位管理费用——商品和服务费用——公务接待费——外宾招待费（自有资金） 贷：银行存款——基本户银行存款

15. 专用材料费——低值易耗品

2-2-15-1	财务会计分录
单位管理人员购买办公用品	借：单位管理费用——商品和服务费用——专用材料费——低值易耗品（公务费） 贷：零余额账户用款额度——机构运行

16. 劳务费

2-2-16-1	财务会计分录
单位付劳务费（含税）	借：单位管理费用——商品和服务费用——劳务费（公务费） 贷：其他应交税费——个人所得税 零余额账户用款额度——机构运行

17. 公务用车运行维护费——车辆燃料/车辆运行维护费

2-2-17-1	财务会计分录
单位付公务用车运行费	借：单位管理费用——商品和服务费用——公务用车运行维护费——车辆燃料（自有资金） 单位管理费用——商品和服务费用——公务用车运行维护费——车辆运行维护费（自有资金） 贷：银行存款——基本户银行存款

18. 其他交通费用——租车费

2-2-18-1	财务会计分录
单位管理人员报销租车费	借：单位管理费用——商品和服务费用——其他交通费用——租车费（公务费） 贷：零余额账户用款额度——机构运行

19. 工会经费

2-2-19-1	财务会计分录
单位期末按工资总额2%提取工会经费，并转入工会账户	借：单位管理费用——商品和服务费用——工会经费（公务费） 　　贷：银行存款——基本户银行存款

20. 福利费

2-2-20-1	财务会计分录
单位付职工福利费	借：单位管理费用——商品和服务费用——福利费（公务费） 　　贷：银行存款——基本户银行存款

21. 税金及附加

2-2-21-1	财务会计分录
单位月末提税金及附加	借：单位管理费用——商品和服务费用——税金及附加（自有资金） 　　贷：其他应交税费——城建税 　　　　其他应交税费——教育附加费

2-2-21-2	财务会计分录
单位交上缴税金及附加	借：其他应交税费——城建税 　　　　其他应交税费——教育附加费 　　贷：银行存款——基本户银行存款

22. 其他商品和服务费用——项目评审费

2-2-22-1	财务会计分录
单位付评审费	借：单位管理费用——商品和服务费用——其他商品和服务费用——项目评审费（公务费） 　　贷：零余额账户用款额度——机构运行

（三）折旧费及摊销费

1. 固定资产折旧费

（1）房屋及建筑物折旧费（2018年12月31日前购入的房屋及建筑物）

2-3-1-1-1	财务会计分录
单位提房屋及建筑 物折旧费	借：累计盈余非流动资产基金——固定基金 　贷：费用——折旧费及摊销费——房屋及建筑物折旧费

（2）通用设备折旧费

① 一般通用设备折旧费

2-3-1-2-1　2018 年 12 月 31 日前购入一般通用设备	财务会计分录
单位提管理人员一 般通用设备折旧费	借：累计盈余——非流动资产基金 　贷：固定资产累计折旧——一般通用设备累计折旧

2-3-1-2-2　2019 年 1 月 1 日前购入一般通用设备	财务会计分录
单位提管理人员一 般通用设备折旧费	借：单位管理费用——折旧费及摊销——固定资产折旧费——一 　　般通用设备折旧费 　贷：固定资产累计折旧——一般通用设备累计折旧

② 交通运输设备折旧

2-3-1-2-3　2018 年 12 月 31 日前购入交通运输设备	财务会计分录
单位提管理人员交 通运输设备折旧费	借：累计盈余——非流动资产基金 　贷：固定资产累计折旧——交通运输设备累计折旧

2-3-1-2-4　2019 年 1 月 1 日前购入交通运输设备	财务会计分录
单位提管理人员交 通运输设备折旧费	借：单位管理费用——折旧费及摊销——固定资产折旧费——交 　　通运输设备折旧费 　贷：固定资产累计折旧——交通运输设备累计折旧

（3）家具折旧费

2-3-1-3-1　2018 年 12 月 31 日前购入家具	财务会计分录
单位提管理人员 家具折旧费	借：累计盈余——非流动资产基金 　贷：固定资产累计折旧——家具累计折旧

2-3-1-3-2　2019 年 1 月 1 日前购入专用设备	财务会计分录
单位提管理人员 家具折旧费	借：单位管理费用——折旧费及摊销——固定资产折旧费——家 　　具折旧费 　贷：固定资产累计折旧——家具累计折旧

（4）图书折旧费

2-3-1-4-1 2018 年 12 月 31 日前购入图书　　　　　　　　　　　财务会计分录

单位提管理人员图书折旧费	借：累计盈余——非流动资产基金 　　贷：固定资产累计折旧——图书累计折旧

2-3-1-4-2 2019 年 1 月 1 日前购入图书　　　　　　　　　　　财务会计分录

单位提管理人员图书折旧费	借：单位管理费用——折旧费及摊销费——固定资产折旧费——图书折旧费 　　贷：固定资产累计折旧——图书累计折旧

2. 无形资产摊销费

（1）土地使用权累计摊销

2-3-2-1-1 2018 年 12 月 31 日前购入土地使用权　　　　　　　财务会计分录

单位提管理人员土地使用权摊销费	借：累计盈余——非流动资产基金 　　贷：无形资产累计摊销——土地使用权累计摊销

2-3-2-1-2 2019 年 1 月 1 日前购入土地使用权　　　　　　　　财务会计分录

单位提管理人员土地使用权摊销费	借：单位管理费用——折旧费及摊销费——无形资产摊销费——土地使用权摊销费 　　贷：无形资产累计摊销——土地使用权累计摊销

（2）软件累计摊销

2-3-2-2-1 2018 年 12 月 31 日前购入软件　　　　　　　　　　财务会计分录

单位提管理人员软件摊销费	借：累计盈余——非流动资产基金 　　贷：无形资产累计摊销——软件累计摊销

2-3-2-2-2 2019 年 1 月 1 日前购入软件　　　　　　　　　　　财务会计分录

单位提管理人员软件摊销费	借：单位管理费用——折旧费及摊销费——无形资产摊销费——软件摊销费 　　贷：无形资产累计摊销——软件累计摊销

（3）其他无形资产累计摊销

2-3-2-3-1　2018 年 12 月 31 日前购入其他无形资产	财务会计分录
单位提管理人员其他无形资产摊销费	借：累计盈余——非流动资产基金 　　贷：无形资产累计摊销——其他无形资产累计摊销

2-3-2-3-2　2019 年 1 月 1 日前购入其他无形资产	财务会计分录
单位提管理人员其他无形资产摊销费	借：单位管理费用——折旧费及摊销费——无形资产摊销费——其他无形资产摊销费 　　贷：无形资产累计摊销——其他无形资产累计摊销

（四）个人和家庭补助费——离休费 / 退休费 / 退职费

1. 离休费 / 退休费 / 退职

2-4-1-1	财务会计分录
单位付离休费、退休费、退职费	借：单位管理费用——对个人和家庭补助费——离休费 　　单位管理费用——对个人和家庭补助费——退休费 　　单位管理费用——对个人和家庭补助费——退职费 　　贷：零余额账户用款额度——机构运行

2. 抚恤金

2-4-2-1	财务会计分录
单位付去世职工抚恤金	借：单位管理费用——对个人和家庭补助费——抚恤金 　　贷：银行存款——基本户银行存款

3. 生活补助费 / 救济费

2-4-3-1	财务会计分录
单位付职工生活补助或救济费	借：单位管理费用——对个人和家庭补助费——生活补助费 　　单位管理费用——对个人和家庭补助费——救济费 　　贷：银行存款——基本户银行存款

4. 助学金

2-4-4-1	财务会计分录
单位付学生助学金	借：单位管理费用——对个人和家庭补助费——助学金 　　贷：银行存款——基本户银行存款

三、经营费用

（一）经营人员薪酬费

1. 工资

3-1-1-1	财务会计分录
单位支付经营人员工资	借：经营费用——经营人员薪酬费——工资 　　贷：应付职工薪酬 借：应付职工薪酬 　　贷：银行存款——基本户银行存款

2. 社会保障缴费——北京市基本养老保险缴费 / 北京市基本医疗保险缴费 / 北京市失业险缴费 / 北京市工伤险缴费

3-1-2-1	财务会计分录
单位实际支付经营人员养老保险、养老保险、失业险、工伤险	借：经营费用——经营人员薪酬费——社会保障缴费——北京市基本养老保险缴费 　　经营费用——经营人员薪酬费——社会保障缴费——北京市基本医疗保险缴费 　　经营费用——经营人员薪酬费——社会保障缴费——北京市失业险缴费 　　经营费用——经营人员薪酬费——社会保障缴费——北京市工伤险缴费 　　贷：其他应付款——北京市基本养老保险缴费个人扣款 　　　　其他应付款——北京市基本医疗保险缴费个人扣款 　　　　其他应付款——北京市失业险缴费个人扣款 　　　　银行存款——基本户银行存款

（二）经营活动费

3-2-1	财务会计分录
经营人员领用单位办公用品	借：经营费用——经营活动费 　　贷：库存商品——低值易耗品

3-2-2	财务会计分录
经营人员付经营活动费用	借：经营费用——经营活动费用 　　贷：银行存款——基本户银行存款

（三）经营活动折旧费及摊销费——固定资产折旧费/无形资产摊销费

3-3	财务会计分录
单位提固定资产或无形资产折旧及摊销费	借：经营费用——经营活动折旧费及摊销费——固定资产折旧费 　　经营费用——经营活动折旧费及摊销费——无形资产摊销费 　　贷：固定资产累计折旧 　　　　无形资产累计摊销

（四）经营活动税费

3-4-1	财务会计分录
提经营活动费税费	借：经营费用——经营活动税费 　　贷：其他应交税费——城建税 　　　　其他应交税费——教育费附加

四、资产处置费用

（一）单位无偿调拨固定资产

4-1-1	财务会计分录
单位无偿调拨 2019 年 1 月 1 日后购入的固定资产给下属单位	借：待处理财产损溢（固定资产净值） 　　固定资产累计折旧 　　贷：固定资产（原值） 借：资产处置费用 　　贷：待处理财产损溢（固定资产净值）

4-1-2	财务会计分录
单位无偿调拨 2018 年 12 月 31 日前购入的固定资产给下属单位，并付运费	借：无偿调拨净资产（固定资产净值） 　　　固定资产累计折旧 　　　其他费用——运费 　　　贷：固定资产（原值） 　　　　　银行存款——基本户银行存款（运费） 借：累计盈余——非流动资产基金 　　　贷：无偿调拨净资产

（二）对报废、对外捐赠、损毁的固定资产进行处置

4-2-1	财务会计分录
单位对 2019 年 1 月 1 日后购置固定资产进行报废、捐赠、损毁的处置	借：待处理财产损溢（固定资产净值） 　　　固定资产累计折旧 　　　贷：固定资产（原值） 借：资产处置费用（固定资产净值） 　　　贷：待处理财产损溢（固定资产净值）

4-2-2	财务会计分录
单位对 2018 年 12 月 31 日前购置固定资产进行报废、捐赠、损毁	借：累计盈余——非流动资产基金（固定资产净值） 　　　固定资产累计折旧 　　　贷：固定资产（原值）

4-2-3	财务会计分录
单位对购置库存物品进行报废、捐赠、损毁的处置	借：待处理财产损溢——库存物品 　　　贷：库存物品 借：资产处置费用 　　　贷：待处理财产损溢

（三）出售、出让、转让闲置固定资产

4-3-1	财务会计分录
单位出售、出让、转让 2019 年 1 月日后购入固定资产，取得银行存款支付税款	借：银行存款（出售、转让款） 　　待处理财产损溢（固定资产净值） 　　固定资产累计折旧 　　贷：固定资产（原值） 　　　　应缴财政款 　　　　应交增值税——销项税 借：资产处置费用 　　贷：待处理财产损溢

4-3-2	财务会计分录
单位出售、出让、转让 2018 年 12 月 31 日前购入固定资产，取得银行存款 支付税款	借：银行存款（出售、转让款） 　　累计盈余——非流动资产基金（固定资产净值） 　　固定资产累计折旧 　　贷：固定资产（原值） 　　　　应缴财政款 　　　　应交增值税——销项税

五、上缴上级费用

5-1	财务会计分录
单位实际上缴上级金额	借：上缴上级费用 　　贷：其他应付款 借：其他应付款 　　贷：银行存款——基本户银行存款

六、对附属单位补助费用

6-1	财务会计分录
单位对辅助单位进行补助	借：对附属单位补助费用 　　贷：其他应付款

续表

单位对辅助单位进行补助	借：其他应付款 　　贷：银行存款——基本户银行存款

七、所得税费用：季度预缴企业所得税，年终汇算清缴企业所得税

（一）期末提企业所得税

7-1-1　　　　　　　　　　　　　　　　　　　　　　　财务会计分录

单位提企业所得税	借：所得税费用 　　贷：应交所得税——企业所得税

（二）上缴上期企业所得税

7-2-1　　　　　　　　　　　　　　　　　　　　　　　财务会计分录

单位汇算清缴上年企业所得税	借：应交所得税——企业所得税 　　贷：银行存款——基本户银行存款

八、其他费用

（一）其他费用——利息费用

8-1-1　　　　　　　　　　　　　　　　　　　　　　　财务会计分录

单位付短期和长期借款利息	借：其他费用——利息费用 　　贷：银行存款——基本户银行存款

（二）其他费用——坏账损失

8-2-1　　　　　　　　　　　　　　　　　　　　　　　财务会计分录

单位提坏账准备	借：其他费用——坏账损失 　　贷：坏账准备——应收账款/其他应收款

（三）其他费用——罚没费用

8-3-1	财务会计分录
单位缴纳罚没费用	借：其他费用——罚没费用 　　贷：银行存款——基本户银行存款

（四）其他费用——接受捐赠固定资产或存货发生的安装费及运费

8-4-1	财务会计分录
单位接受捐赠物品，并付发生的安装、运输费用	借：固定资产/库存商品（账面净值） 　　其他费用（安装费、运费） 　　贷：捐赠收入 　　　　银行存款——基本户银行存款（安装费、运费）

（五）其他费用——对外捐赠货资金

8-5-1	财务会计分录
单位对外捐赠货币资金	借：其他费用——捐赠货币资金 　　贷：银行存款——基本户银行存款

▶▶▶ 第三节　预算支出类概述

一、预算支出概念

《基本准则》第二十一条：预算支出是指政府会计主体在预算年度内依法发生并纳入预算管理的现金流出，预算支出是单位对预算收入有计划地分配和使用而安排的支出。

二、预算支出确认

根据《基本准则》第二十一条对预算支出定义：①纳入预算管理，②现金流出，符合条件之一确认预算支出，以支付金额计量。

（1）纳入预算管理，但还没有现金流出的，即凡是跟科研项目有关的业务全部纳入预算管理，全部支出都作为预算支出，比如：付劳务费、专家咨询费中含应扣个人所得税及预提项目预算中的间接费或管理费用，都确认预算支出。

（2）有现金流出的，比如借款，虽然没有经济事项发生，但货币资金变动也确认预算支出。

三、预算支出分类及概述

（一）事业支出

开展专业业务活动及其辅助活动实际发生的各项现金流出及预算支出。

（1）基本支出：除财政部门资助项目以外的专业业务活动、管理活动所耗费的现金流出及预算支出。

①工资福利支出：为专业业务活动、管理活动所支付的人工费用支出，

②商品和服务支出：单位为完成工作任务和事业发展目标，依法履职和开展专业业务活动、辅助活动及管理活动发生的费用支出。

③对个人和家庭补助支出：围绕单位事业发展及任务开展的服务及后勤保障发生的公用经费以外的补充费用，包括离退休经费、生活救济费、助学金、抚恤金等支出。

④其他资本性支出：用于购买固定资产、无形资产、基础设施建设支出、大型修缮支出、信息网络及软件购置更新支出等。

（2）项目支出：财政直接资助项目的专业业务活动所耗费的现金流出及预算支出，不能用于职工薪酬、住房改革支出，按政府专项预算管理。

①商品和服务项目支出：单位为完成财政直接资助项目的工作任务和目标，开展专业业务活发生的费用支出。

②其他资本性项目支出：按预算用于购买固定资产、无形资产、大型修缮支出。

（二）经营支出

指在专业业务活动及其附属活动之外开展非独立核算经营活动实际发生的各项现金流出。

（三）上缴上级支出

指实行收入上缴办法的事业单位按规定的定额或者比例上缴上级单位的支出。根据我国事业单位财务规则规定，非财政补助收入超出其正常支出较多的事业单位的上级单位可会同同级财政部门，根据该事业单位的具体情况，确定对这些事业单位实行收入上缴的办法。收入上缴主要有两种形式，一是定额上缴，即在核定预算时，确定一个上缴的绝对数额；二是按比例上缴，即根据收支情况，确定按收入的一定比例上缴。事业单位按已确定的定额或比例上缴的收入即为上缴上级支出。

（四）对附属单位补助支出

单位用财政拨款以外的收入对附属单位进行补助的资金流出。对附属单位补助的特点是具有调剂性质的支出。如果上级事业单位对附属单位的非财政资金补助限定用于特殊业务活动或某项专门活动，且要求附属单位单独核算单独报账，则属于专项拨款，不属于此支出。

（五）投资支出

单位以货币资金对外投资发生的现金流出，不包括非货币资金对外投资。

（六）债务还本支出

单位偿还自身承担的纳入预算管理的从金融机构举借的债务本金的现金流出。

（七）其他支出

指单位除事业支出、经营支出、上缴上级支出、对附属单位补助支出、投资支出、债务还本支出以外的各项现金流出，包括利息支出、对外捐赠货币资金支出、现金盘亏损失、接受捐赠（调入）和对外捐赠（调出）非现金资产发生各种税费、运费支出、资产置换过程中发生的相关费用支出、罚没支出等。

四、科研事业单位预算支出明细科目设置及注解

（一）事业支出

1.基本支出：除财政直接资助项目以外的专业业务活动、管理活动所耗费

的现金流出。包括：工资福利支出、商品和服务支出、对个人和家庭补助费支出、其他资本性支出。

（1）工资福利支出：包括职工薪酬、单位应承担的社会保障缴费、住房公积金、医疗费等。借记本科目，贷记"零余额账户用款额度——基本支出用款额度""货币资金"，年终将本科目借方余额全数转入"非财政拨款结转——本年收支结转"科目，年末本科目无余额。按以下科目设置明细账。

① 工资支出：包括基本工资、津贴补贴、绩效工资、伙食补助费。其中，基本工资又分为岗位工资、薪级工资。岗位津贴又分为保健津贴、书报费、交通补贴、防暑降温费、洗理费、职务补贴、通讯补贴、物业补贴、取暖补贴、提租补贴、购房补贴。

② 社会保险缴费支出：包括机关事业单位基本养老保险缴费、机关事业单位职业年金缴费、其他社会保障缴费。其中，其他社会保障缴费又分为北京市基本养老保险缴费、北京市基本医疗保险缴费、北京市失业险缴费、北京市生育险缴费、北京市工伤险缴费、北京市残保金缴费。

③ 住房公积金支出。

④ 医疗费支出。

（2）商品和服务支出：借记本科目，贷记"零余额账户用款额度——基本支出用款额度""货币资金"，年终将本科目借方余额全数转入"非财政拨款结转——本年收支结转"科目，年末本科目无余额，按以下科目设置明细账。

① 办公费支出

② 印刷费支出：印刷费、版面费、资料费

③ 专家咨询费支出

④ 手续费支出

⑤ 水费支出

⑥ 电费支出

⑦ 邮电费支出：邮寄费、电话费、网络服务费

⑧ 取暖费支出：办公用房取暖费

⑨ 物业管理费支出：办公用房物业管理费

⑩ 差旅费支出：外埠差旅费、本市差旅费、会议费

⑪ 国际合作交流费用支出

⑫ 维修费支出：办公设备维修费、办公用房维修费

⑬ 租赁费支出

⑭ 会议费支出：房租场租费、会议餐费、会议杂项

⑮ 培训费支出：项目培训费、职工培训费

⑯ 公务接待费支出：餐费、礼品、外宾招待费

⑰ 专用材料费支出：原材料、低值易耗品、动物费

⑱ 劳务费支出

⑲ 委托业务费支出：科研项目费、测试费、平台及软件开发技术服务费、伦理审查费、专利技术申请及维护费

⑳ 公务用车运行维护费支出：车辆燃料、车辆运行维护费

㉑ 其他交通费用支出：租车费

㉒ 燃料动力费支出

㉓ 工会经费支出

㉔ 福利费支出

㉕ 税金及附加支出

㉖ 其他商品和服务支出：

a. 间接经费：项目间接费或管理费、项目承担人员绩效、项目管理人员绩效、其他

b. 项目评审

c. 其他商品和服务费用

（3）对个人和家庭补助费支出：围绕单位事业发展及任务开展的服务及后勤保障发生公用经费以外的补充费用。借记本科目，贷记"零余额账户用款额度——基本支出用款额度""货币资金"，年终将本科目借方余额全数转入"非财政拨款结转——本年收支结转"科目，年末本科目无余额。按以下科目设置明细账

① 离休费支出

② 退休费支出

③ 退职费支出

④ 抚恤金支出

⑤ 生活补助支出

⑥ 救济费支出

⑦ 医疗补助费支出

⑧ 助学金支出

⑨ 奖励金支出

⑩ 其他对个人和家庭的补助支出

（4）其他资本性支出：用于购买固定资产、无形资产以及大型修缮支出。借记本科目，贷记"零余额账户用款额度——基本支出用款额度""货币资金"，年终将本科目借方余额全数转入"非财政拨款结转——本年收支结转"科目，年末本科目无余额。

按以下科目设置明细账。

① 房屋建筑物构建支出

② 办公设备购置支出：a.办公家具购置，b.办公设备购置

③ 专用设备构置支出

④ 基础设施建设支出

⑤ 大型修缮支出

⑥ 信息网络及软件购置更新支出

⑦ 公务用车购置支出

⑧ 其他交通工具购置支出

⑨ 文物和陈列品购置支出

⑩ 无形资产支出

2. 项目支出：财政资助项目的专业业务活动所耗费的现金流出，不能用于职工薪酬、住房改革支出，按政府专项预算管理。

（1）商品服务项目支出：单位为完成财政资助项目的工作任务和目标，开展专业业务活发生的费用支出。借记本科目，贷记"零余额账户用款额度——项目支出用款额度"，年终将本科目借方余额全数转入"非财政拨款结转——本年收支结转"科目，年末本科目无余额。按以下科目设置明细账。

① 印刷费项目支出：印刷费、版面费、资料费

② 专家咨询费项目支出

③ 邮电费项目支出：邮寄费、电话费、网络服务费

④ 差旅费项目支出：外埠差旅费、本市差旅费、会议费

⑤ 维修费项目支出：办公设备维修费、办公用房维修费

⑥ 租赁费项目支出

⑦ 培训费项目支出：项目培训费、职工培训费

⑧ 专用材料费项目支出：原材料、低值易耗品、实验动物费

⑨ 劳务费项目支出

⑩ 委托业务业务费项目支出：科研项目费、测试费、平台及软件开发、

技术服务费、伦理审查费、专利技术申请及维护费

⑪ 其他交通费用项目支出：租车费

⑫ 其他商品和服务费用项目支出：项目评审、其他商品和服务费用

（2）其他资本性项目支出：财政资助项目按预算用于购买固定资产、无形资产、大型修缮支。借记本科目，贷记"零余额账户用款额度——项目支出用款额度"，年终将本科目借方余额全数转入"非财政拨款结转——本年收支结转"科目，年末本科目无余额。按以下科目设置明细账。

① 房屋建筑物构建项目支出

② 办公设备购置项目支出：a. 办公家具购置；b. 办公设备购置

③ 专用设备构置项目支出

④ 基础设施建设项目支出

⑤ 大型修缮项目支出

⑥ 信息网络及软件购置更新项目支出

⑦ 文物和陈列品购置项目支出

⑧ 无形资产项目支出

（二）经营支出

指在专业业务活动及其附属活动之外开展非独立核算经营活动实际发生的各项现金流出，借记本科目，贷记"货币资金"，年终将本科目借方余额全数转入"非财政拨款结转——本年收支结转"科目，年末本科目无余额。按以下科目设置明细账。

（1）经营人员薪酬支出。

（2）经营活动支出。

（3）经营活动税费支出。

（三）上缴上级支出

借记本科目，贷记"货币资金"，年终将本科目借方余额全数转入"非财政拨款结转——本年收支结转"科目，年末本科目无余额。

（四）对附属单位补助支出

借记本科目，贷记"货币资金"，年终将本科目借方余额全数转入"非财政拨款结转 – 本年收支结转"科目，年末本科目无余额。

（五）投资支出

单位以货币资金对外投资发生的现金流出，不包括非货币资金对外投资。借记本科目，贷记"货币资金"，年终将本科目借方余额全数转入"非财政拨款结转——本年收支结转"科目，年末本科目无余额。

（六）债务还本支出

单位偿还自身承担的纳入预算管理的从金融机构举借的债务本金的现金流出。借记本科目，贷记"货币资金"，年终将本科目借方余额全数转入"非财政拨款结转——本年收支结转"科目，年末本科目无余额。

（七）其他支出

借记本科目，贷记"货币资金"，年终将本科目借方余额全数转入"非财政拨款结转——本年收支结转"科目，年末本科目无余额。按以下科目设置明细账。

（1）利息支出。
（2）罚没支出。
（3）对外捐赠现金支出。
（4）对外捐赠（调入、调出）非现金资产时发生现金支出。

▶▶▶ 第四节 科研事业单位预算支出类会计核算

一、事业支出

（一）基本支出

1. 工资福利支出

（1）工资——基本工资 / 津贴补贴 / 绩效工资 / 伙食补助

1-1-1-1-1	预算会计分录
单位发放职工工资（业务人员、管理人员）	借：事业支出——基本支出——工资福利支出——工资——基本工资——岗位工资 　　事业支出——基本支出——工资福利支出——工资——基本工资——薪级工资

续表

单位发放职工工资（业务人员、管理人员）	事业支出——基本支出——工资福利支出——工资——津贴工资——其他津贴补贴 事业支出——基本支出——工资福利支出——工资——津贴工资——物业补贴 事业支出——基本支出——工资福利支出——工资——津贴工资——提租补贴
单位发放职工工资（业务人员、管理人员）	事业支出——基本支出——工资福利支出——工资——津贴工资——购房补贴 事业支出——基本支出——工资福利支出——工资——绩效工资 事业支出——基本支出——工资福利支出——工资——伙食补助费 贷：资金结存——待处理支出——其他应付款——住房公积金个人扣款 资金结存——待处理支出——其他应付款——机关事业单位基本养老保险缴费个人扣款 资金结存——待处理支出——其他应付款——机关事业单位职业年金缴费个人扣款 资金结存——待处理支出——其他应付款——北京市基本养老保险缴费个人扣款 资金结存——待处理支出——其他应付款——北京市基本医疗保险缴费个人扣款 资金结存——待处理支出——其他应付款——北京市失业险缴费个人扣款 资金结存——待处理支出——应交税费——个人所得税 资金结存——待处理支出——其他应付款——工会经费暂存 资金结存——零余额账户用款额度——基本支出用款额度 资金结存——货币资金——基本户银行存款

（2）社会保险缴费——机关事业单位基本养老保险缴费／机关事业单位职业年金缴费／其他社会保险缴费

1-1-1-2-1	预算会计分录
单位社会保险缴费	借：资金结存——待处理支出——其他应付款——机关事业单位基本养老保险缴费个人扣款 资金结存——待处理支出——其他应付款——机关事业单位职业年金缴费个人扣款 事业支出——基本支出——工资福利支出——社会保险缴费支出——机关事业单位基本养老保险缴费

续表

单位社会保险缴费	事业支出——基本支出——工资福利支出——社会保险缴费支出——机关事业单位职业年金缴费 　贷：资金结存——零余额账户用款额度——基本支出用款额度 　　　资金结存——货币资金——基本户银行存款 借：资金结存——待处理支出——其他应付款——北京市基本养老保险缴费个人扣款
单位社会保险缴费	资金结存——待处理支出——其他应付款——北京市基本医疗保险缴费个人扣款 资金结存——待处理支出——其他应付款——北京市失业险缴费个人扣款 事业支出——基本支出——工资福利支出——社会保险缴费支出——其他社会保险缴费支出——北京市基本养老保险缴费 事业支出——基本支出——工资福利支出——社会保险缴费支出——其他社会保险缴费支出——北京市基本医疗保险缴费 事业支出——基本支出——工资福利支出——社会保险缴费支出——其他社会保险缴费支出——北京市失业保险缴费 事业支出——基本支出——工资福利支出——社会保险缴费支出——其他社会保险缴费支出——北京市工伤保险缴费 事业支出——基本支出——工资福利支出——社会保险缴费支出——其他社会保险缴费支出——北京市生育保险缴费 事业支出——基本支出——工资福利支出——社会保险缴费支出——其他社会保险缴费支出——北京市残保金缴费 　贷：资金结存——货币资金——基本户银行存款

（3）住房公积金支出

1-1-1-3-1	**预算会计分录**
单位上交公积金	借：资金结存——待处理支出——其他应付款——住房公积金个人扣款 　　　事业支出——基本支出——工资福利支出——住房公积金 　贷：资金结存——零余额账户用款额度——基本支出用款额度 　　　资金结存——货币资金——基本户银行存款

（4）医疗费支出

1-1-1-4-1	**预算会计分录**
单位报销医疗费	借：事业支出——基本支出——工资福利支出——医疗费支出 　贷：资金结存——货币资金——基本户银行存款

2. 商品服务支出

（1）办公费支出

1-1-2-1-1	预算会计分录
单位管理人员报销办公费	借：事业支出——基本支出——商品服务支出——办公费支出（公务费） 贷：资金结存——零余额账户用款额度——基本支出用款额度

（2）印刷费支出

1-1-2-2-1 印刷费支出——印刷费 / 版面费 / 资料费	预算会计分录
单位 ×× 项目人员报销印刷费、版面费和资料费	借：事业支出——基本支出——商品服务支出——印刷费支出——印刷费（×× 项目） 　　事业支出——基本支出——商品服务支出——印刷费支出——版面费（×× 项目） 　　事业支出——基本支出——商品服务支出——印刷费支出——资料费（×× 项目） 贷：资金结存——货币资金——基本户银行存款

（3）专家咨询费支出

1-1-2-3-1	预算会计分录
单位 ×× 项目人员付专家咨询费（含税）	借：事业支出——基本支出——商品服务支出——专家咨询费支出（×× 项目） 贷：资金结存——待处理支出——应交税费——个人所得税 　　资金结存——货币资金——基本户银行存款

（4）手续费支出

1-1-2-4-1	预算会计分录
单位财务人员付银行手续费	借：事业支出——基本支出——商品服务支出——手续费支出（公务费） 贷：资金结存——零余额账户用款额度——基本支出用款额度

（5）水费支出

1-1-2-5-1	预算会计分录
单位管理人员付单位水费	借：事业支出——基本支出——商品服务支出——水费支出（公务费） 贷：资金结存——零余额账户用款额度——基本支出用款额度

（6）电费支出

1-1-2-6-1	预算会计分录
单位管理人员付单位电费	借：事业支出——基本支出——商品服务支出电费支出（公务费） 贷：资金结存——零余额账户用款额度——基本支出用款额度

（7）邮电费支出

1-1-2-7-1 邮电费支出——邮寄费/电话费/网络服务费	预算会计分录
单位管理人员付单位邮电费	借：事业支出——基本支出——商品服务支出——邮电费支出——邮寄（公务费）
单位管理人员付单位邮电费	事业支出——基本支出——商品服务支出——邮电费支出——电话费（公务费） 事业支出——基本支出——商品服务支出——邮电费支出——网络服务费（公务费） 贷：资金结存——零余额账户用款额度——基本支出用款额度

（8）取暖费支出

1-1-2-8-1 取暖费支出——办公用房取暖费	预算会计分录
单位管理人员付单位办公取暖费	借：事业支出——基本支出——商品服务支出——取暖费支出——办公用房取暖费（公务费） 贷：资金结存——零余额账户用款额度——基本支出用款额度

（9）物业管理费支出

1-1-2-9-1 物业管理费支出——办公用房物业管理费	预算会计分录
单位管理人员付单位物业管理费	借：事业支出——基本支出——商品服务支出——物业管理支出——办公用房物业管理费（公务费） 贷：资金结存——零余额账户用款额度——基本支出用款额度

（10）差旅费支出

1-1-2-10-1 差旅费支出——外埠差旅费/本市差旅费/会议费	预算会计分录
单位业务人员报销××项目差旅费	借：事业支出——基本支出——商品服务支出——差旅费支出——外埠差旅费（××项目） 事业支出——基本支出——商品服务支出——差旅费支出——本市差旅费（××项目） 事业支出——基本支出——商品服务支出——差旅费支出——会议费（××项目） 贷：资金结存——货币资金——基本户银行存款

1-1-2-10-2	预算会计分录
单位管理人员报销差旅费	借：事业支出——基本支出——商品服务支出——差旅费支出——外埠差旅费（公务费） 事业支出——基本支出——商品服务支出——差旅费支出——本市差旅费（公务费） 事业支出——基本支出——商品服务支出——差旅费支出——会议费（公务费） 贷：资金结存——零余额账户用款额度——基本支出用款额度

（11）国际合作交流支出

1-1-2-11-1	预算会计分录
单位业务人员报销××项目国际交流出国费用	借：事业支出——基本支出——商品服务支出——国际合作交流支出（××项目） 贷：资金结存——货币资金——基本户银行存款

（12）维修费支出——办公设备维修费／办公用房维修费

1-1-2-12-1	预算会计分录
单位管理人员付单位维修费	借：事业支出——基本支出——商品服务支出——维修费支出——办公设备维修费（公务费） 事业支出——基本支出——商品服务支出——维修费支出——办公用房维修费（公务费） 贷：资金结存——零余额账户用款额度——基本支出用款额度

（13）租赁费支出

1-1-2-13-1	预算会计分录
单位管理人员付单位租赁费	借：事业支出——基本支出——商品服务支出——租赁费支出（公务费） 贷：资金结存——零余额账户用款额度——基本支出用款额度

（14）会议费支出——房租场租费／会议餐费／会议杂项

1-1-2-14-1	预算会计分录
单位业务人员付××项目会议费	借：事业支出——基本支出——商品服务支出——会议费支出——房租场租费（××项目） 事业支出——基本支出——商品服务支出——会议费支出——会议餐费（××项目） 事业支出——基本支出——商品服务支出——会议费支出——会议杂项（××项目） 贷：资金结存——货币资金——基本户银行存款

1-1-2-14-2	预算会计分录
单位管理人员付组织会议费	借：事业支出——基本支出——商品服务支出——会议费支出——房租场租费（自有资金） 事业支出——基本支出——商品服务支出——会议费支出——会议餐费（自有资金） 事业支出——基本支出——商品服务支出——会议费支出——会议杂项（自有资金） 事业支出——基本支出——商品服务支出——会议费支出——会务费（自有资金） 贷：银行存款——基本户银行存款

（15）培训费支出——项目培训费/职工培训费

1-1-2-15-1	预算会计分录
单位付 ×× 项目培训费	借：事业支出——基本支出——商品服务支出——培训费支出——项目培训费（×× 项目） 事业支出——基本支出——商品服务支出——培训费支出——职工培训费（×× 项目） 贷：资金结存——货币资金——基本户银行存款

（16）公务接待费支出——餐费/礼品/外宾招待费

1-1-2-16-1	预算会计分录
单位付公务接待费	借：事业支出——基本支出——商品服务支出——公务接待费支出——餐费（自有资金） 事业支出——基本支出——商品服务支出——公务接待费支出——礼品（自有资金） 事业支出——基本支出——商品服务支出——公务接待费支出——外宾招待费（自有资金） 贷：资金结存——货币资金——基本户银行存款

（17）专用材料费支出——原材料/低值易耗品/动物费

1-1-2-17-1	预算会计分录
单位 ×× 政府专项付专用材料费	借：事业支出——基本支出——商品服务支出——专用材料费支出——原材料（×× 政府专项） 事业支出——基本支出——商品服务支出——专用材料费支出——低值易耗品（×× 政府专项） 事业支出——基本支出——商品服务支出——专用材料费支出——动物费（×× 政府专项） 贷：资金结存——货币资金——基本户银行存款

1-1-2-17-2	预算会计分录
单位××其他委托项目付专用材料费（含税）	借：事业支出——基本支出——商品服务支出——专用材料费支出——原材料（××其他委托项目） 事业支出——基本支出——商品服务支出——专用材料费支出——低值易耗品（××其他委托项目） 事业支出——基本支出——商品服务支出——专用材料费支出——动物费（××其他委托项目） 事业支出——基本支出——业务活动费支出——税金及附加支出（自有资金） 贷：资金结存——货币资金——基本户银行存款

（18）劳务费支出

1-1-2-18-1	预算会计分录
单位××项目付劳务费（含税）	借：事业支出——基本支出——商品服务支出——劳务费支出（××项目） 贷：资金结存——待结支出——应交税费——个人所得税 资金结存——货币资金——基本户银行存款

（19）委托业务费支出——科研项目费/测试费/平台及软件开发/技术服务费/伦理审查费/专利技术申请及维护费

1-1-2-19-1	预算会计分录
单位××政府项目付委托业务费	借：事业支出——基本支出——商品服务支出——委托业务费支出——科研项目费（××政府项目） 事业支出——基本支出——商品服务支出——委托业务费支出——测试费（××政府项目） 事业支出——基本支出——商品服务支出——委托业务费支出——平台及软件开发（××政府项目） 事业支出——基本支出——商品服务支出——委托业务费支出——技术服务费（××政府项目） 事业支出——基本支出——商品服务支出——委托业务费支出——伦理审查费（××政府项目） 事业支出——基本支出——商品服务支出——委托业务费支出——专利技术申请及维护费（××政府项目） 贷：资金结存——货币资金——基本户银行存款

1-1-2-19-2	预算会计分录
单位××其他委托项目付委托业务费	借：事业支出——基本支出——商品服务支出——委托业务费支出——科研项目费（××其他委托项目） 事业支出——基本支出——商品服务支出——委托业务费支出——测试费（××其他委托项目） 事业支出——基本支出——商品服务支出——委托业务费支出——平台及软件开发（××其他委托项目） 事业支出——基本支出——商品服务支出——委托业务费支出——技术服务费（××其他委托项目） 事业支出——基本支出——商品服务支出——委托业务费支出——伦理审查费（××其他委托项目） 事业支出——基本支出——商品服务支出——委托业务费支出——专利技术申请及维护费（××其他委托项目） 事业支出——基本支出——业务活动费支出——税金及附加支出（自有资金） 贷：资金结存——货币资金——基本户银行存款

（20）公务用车运行维护费支出——车辆燃料 / 车辆运行维护费

1-1-2-20-1	预算会计分录
单位管理人员付公车运行维护费	借：事业支出——基本支出——商品服务支出——公务用车运行维护费支出——车辆燃料（自有资金） 事业支出——基本支出——商品服务支出——公务用车运行维护费支出——车辆运行维护费（自有资金） 贷：资金结存——货币资金——基本户银行存款

（21）其他交通费用支出：租车费

1-1-2-21-1	预算会计分录
单位××项目人员报销租车费	借：事业支出——基本支出——商品服务支出——其他交通费用支出——租车费（××项目） 贷：资金结存——货币资金——基本户银行存款

（22）燃料动力费支出

1-1-2-22-1	预算会计分录
单位××项目预提燃料动力费用	借：事业支出——基本支出——商品服务支出——燃料动力费（××项目） 贷：事业预算收入——项目间接费或管理费预算收入

（23）工会经费支出

1-1-2-23-1	预算会计分录
单位期末按工资总额 2% 提工会经费转工会账户	借：事业支出——基本支出——商品服务支出——工会经费支出（公务费） 　　贷：资金结存——零余额账户用款额度——基本支出用款额度

（24）福利费支出

1-1-2-24-1	预算会计分录
单位支付福利费用	借：事业支出——基本支出——商品服务支出——福利费支出（公务费） 　　贷：资金结存——零余额账户用款额度——基本支出用款额度

（25）税金及附加支出

1-1-2-25-1	预算会计分录
单位缴纳增值税，税金及附加	借：事业支出——基本支出——商品服务支出——税金及附加支出（增值税、城建税、教育附加费用） 　　贷：资金结存——货币资金——基本户银行存款

（26）其他商品和服务费用支出

① 间接费用——项目间间接费或管理费 / 项目承担人员绩效、项目管理人员绩效 / 其他

1-1-2-26-1	预算会计分录
单位 ×× 政府项目付间接费用	借：事业支出——基本支出——商品服务支出——其他商品服务费用支出——间接费用——项目间接费管理费（×× 政府项目） 　　事业支出——基本支出——商品服务支出——其他商品服务费用支出——间接费用——项目承担人员绩效（×× 政府项目） 　　事业支出——基本支出——商品服务支出——其他商品服务费用支出——间接费用——项目管理人员绩效（×× 政府项目） 　　事业支出——基本支出——商品服务支出——其他商品服务费用支出——间接费用——其他（×× 政府项目） 　　贷：事业预算收入——项目间接费或管理费预算收入 　　　　资金结存——待处理支出——预提费用——项目管理人员绩效 　　　　资金结存——货币资金——基本户银行存款

1-1-2-26-2	预算会计分录
单位实际付管理人员绩效	借：资金结存——待处理支出——预提费用——项目管理人员绩效 　　贷：资金结存——货币资金——基本户银行存款

② 项目评审费

1-1-2-26-3	预算会计分录
单位××政府项目付项目评审费	借：事业支出——基本支出——商品服务支出——其他商品服务费用支出——项目评审费（××政府项目） 　　贷：资金结存——货币资金——基本户银行存款

3. 对个人和家庭补助费支出

（1）离休费支出／退休费支出

1-1-3-1-1	预算会计分录
单位付离退人员离退休费	借：事业支出——基本支出——对个人和家庭补助费支出——离休费支出 　　事业支出——基本支出——对个人和家庭补助费支出——退休费支出 　　贷：资金结存——零余额账户用款额度——基本支出用款额度

（2）抚恤金支出

1-1-3-2-1	预算会计分录
单位付去世人员抚恤金	借：事业支出——基本支出——对个人和家庭补助费支出——抚恤金支出 　　贷：资金结存——货币资金——基本户银行存款

（3）救济费支出

1-1-3-3-1	预算会计分录
单位付困难员工救济金	借：事业支出——基本支出——对个人和家庭补助费支出—救济费支出 　　贷：资金结存——货币资金——基本户银行存款

（4）助学金支出

1-1-3-4-1	预算会计分录
单位付研究生助学金	借：事业支出——基本支出——对个人和家庭补助费支出—助学金支出 　　贷：资金结存——货币资金——基本户银行存款

4. 其他资本性支出

（1）办公设备购置支——办公家具购置／办公设备购置

1-1-4-1-1	预算会计分录
单位付管理人员办公设备	借：事业支出——基本支出——其他资本性支出——办公设备购置支出——办公家具购置（公务费） 事业支出——基本支出——其他资本性支出——办公设备购置支出——办公设备购置（公务费） 贷：资金结存——零余额账户用款额度——基本支出用款额度

（2）专用设备购置支出

1-1-4-2-1	预算会计分录
单位××政府委托项目购专用设备（含税）	借：事业支出——基本支出——其他资本性支出—专用设备购置支出（××政府项目） 贷：资金结存——货币资金——基本户银行存款

1-1-4-2-2	预算会计分录
单位××其他委托项目购专用设备（含税）	借：事业支出——基本支出——其他资本性支出——专用设备购置支出（××其他委托项目） 事业支出——基本支出——商品和服务支出——税金及附加支出（自有资金） 贷：资金结存——货币资金——基本户银行存款

（3）大型修缮支出

1-1-4-3-1	预算会计分录
单位付大型修缮费	借：事业支出——基本支出——其他资本性支出——大型修缮支出（自有资金） 贷：资金结存——货币资金——基本户银行存款

（4）信息网络及软件购置更新支出

1-1-4-4-1	预算会计分录
单位××项目付信息网络及软件购置更新费	借：事业支出——基本支出——其他资本性支出——信息网络及软件购置更新支出（××项目） 贷：资金结存——货币资金——基本户银行存款

（二）项目支出

1.商品服务项目支出

（1）印刷费项目支出——印刷费 / 版面费 / 资料费

1-2-1-1-1	预算会计分录
单位 ×× 财政项目付印刷费	借：事业支出——项目支出——商品服务项目支出——印刷费项目支出——印刷费（×× 财政项目） 事业支出——项目支出——商品服务项目支出——印刷费项目支出——版面费（×× 财政项目） 事业支出——项目支出——商品服务项目支出——印刷费项目支出——资料费（×× 财政项目） 贷：资金结存——零余额账户用款额度——项目支出用款额度

（2）专家咨询费项目支出

1-2-1-2-1	预算会计分录
单位 ×× 财政项目付专家咨询费	借：事业支出——项目支出——商品服务项目支出——专家咨询费（×× 财政项目） 贷：资金结存——待处理支出——应交税费暂存——个人所得税 资金结存——零余额账户用款额度——项目支出用款额度

（3）邮电费项目支出——邮寄费 / 电话费 / 网络服务费

1-2-1-3-1	预算会计分录
单位 ×× 财政项目付邮电费	借：事业支出——项目支出——商品服务项目支出——邮电费项目支出——邮寄费（×× 财政项目） 事业支出——项目支出——商品服务项目支出——邮电费项目支出——电话费（×× 财政项目） 事业支出——项目支出——商品服务项目支出——邮电费项目支出——网络服务费（×× 财政项目） 贷：资金结存——零余额账户用款额度——项目支出用款额度

（4）差旅费项目支出——外埠差旅费 / 本市差旅费

1-2-1-4-1	预算会计分录
单位报销 ×× 财政项目的职工差旅费	借：事业支出——项目支出——商品服务项目支出——差旅费项目支出——外埠差旅费（×× 财政项目）

	事业支出——项目支出——商品服务项目支出——差旅费项目支出——本市差旅费（××财政项目） 贷：资金结存——零余额账户用款额度——项目支出用款额度

（5）维修费项目支出——办公设备维修费／办公用房维修费

1-2-1-5-1	预算会计分录
单位××财政项目付办公维修费	借：事业支出——项目支出——商品服务项目支出—维修费项目支出—办公设备维修费（××财政项目） 事业支出——项目支出——商品服务项目支出—维修费项目支出—办公用房维修费（××财政项目） 贷：资金结存————零余额账户用款额度————项目支出用款额度

（6）租赁费项目支出

1-2-1-6-1	预算会计分录
单位××财政项目付租赁费	借：事业支出——项目支出——商品服务项目支出——租赁费项目支出（××财政项目） 贷：资金结存——零余额账户用款额度——项目支出用款额度

（7）培训费项目支出

1-2-1-7-1	预算会计分录
单位××财政项目付职工培训费	借：事业支出——项目支出——商品服务项目支出——培训费项目支出——项目培训费（××财政项目） 贷：资金结存——零余额账户用款额度——项目支出用款额度

（8）专用材料费项目支出——原材料／低值易耗品／动物费

1-2-1-8-1	预算会计分录
单位××财政项目付专用材料费	借：事业支出——项目支出——商品服务项目支出——专用材料费项目支出——原材料（××财政项目） 事业支出——项目支出——商品服务项目支出——专用材料费项目支出——低值易耗品（××财政项目） 事业支出——项目支出——商品服务项目支出——专用材料费项目支出——动物费（××财政项目） 贷：资金结存——零余额账户用款额度——项目支出用款额度

（9）劳务费项目支出

1-2-1-9-1	预算会计分录
单位 ×× 财政项目付劳务费	借：事业支出——项目支出——商品服务项目支出——劳务费项目支出（×× 财政项目） 贷：资金结存——待处理支出——应交税费暂存——个人所得税 　　资金结存——零余额账户用款额度——项目支出用款额度

（10）委托业务费项目支出——科研项目费 / 测试费 / 平台及软件开发 / 技术服务费 / 伦理审查费 / 专利技术申请及维护费

1-2-1-10-1	预算会计分录
单位 ×× 财政项目付委托业务费	借：事业支出——项目支出——商品服务项目支出——委托业务费项目支出——科研项目费（×× 财政项目） 　　事业支出——项目支出——商品服务项目支出——委托业务费项目支出——测试费（×× 财政项目） 　　事业支出——项目支出——商品服务项目支出——委托业务费项目支出——平台及软件开发（×× 财政项目） 　　事业支出——项目支出——商品服务项目支出——委托业务费项目支出——技术服务费（×× 财政项目） 　　事业支出——项目支出——商品服务项目支出——委托业务费项目支出——伦理审查费（×× 财政项目） 　　事业支出——项目支出——商品服务项目支出——委托业务费项目支出——专利技术申请及维护费（×× 财政项目） 贷：资金结存——零余额账户用款额度——项目支出用款额度

（11）其他交通费用项目支出——租车费

1-2-1-11-1	预算会计分录
单位 ×× 财政项目付租车费	借：事业支出——项目支出——商品服务项目支出——其他交通费用项目支出——租车费（×× 财政项目） 贷：资金结存——零余额账户用款额度——项目支出用款额度

（12）其他商品和服务费用项目支出——项目评审费

1-2-1-12-1	预算会计分录
单位 ×× 财政项目付间接费用	借：事业支出——项目支出——商品服务项目支出——其他商品服务费用项目支出——项目评审费（×× 财政项目） 贷：资金结存——零余额账户用款额度——项目支出用款额度

2. 其他资本性项目支出

（1）办公设备购置项目支——办公家具购置／办公设备购置

1-2-2-1-1	预算会计分录
单位××财政项目付办公设备购置费	借：事业支出——项目支出——其他资本性项目支出——办公设备购置项目支出——办公家具购置费（××财政项目） 事业支出——项目支出——其他资本性项目支出——办公设备购置项目支出——办公设备购置费（××财政项目） 贷：资金结存——零余额账户用款额度——项目支出用款额度

（2）专用设备购置项目支出

1-2-2-2-1	预算会计分录
单位××财政项目付专用设备购置费	借：事业支出——项目支出——其他资本性项目支出——专用设备购置项目支出（××财政项目） 贷：资金结存——零余额账户用款额度——项目支出用款额度

（3）大型修缮项目支出

1-2-2-3-1	预算会计分录
单位××财政项目付大型修缮项目费	借：事业支出——项目支出——其他资本性项目支出——大型修缮项目支出（××财政项目） 贷：资金结存——零余额账户用款额度——项目支出用款额度

（4）信息网络及软件购置更新项目支出

1-2-2-4-1	预算会计分录
单位××财政项目付信息网络及软件购置及更新费	借：事业支出——项目支出——其他资本性项目支出——信息网络及软件购置更新项目支出（××财政项目） 贷：资金结存——零余额账户用款额度——项目支出用款额度

二、经营支出

（一）经营部门人员薪酬支出

1. 工资

2-1-1-1	预算会计分录
单位发放经营活动人员工资，并缴纳社保公积金（含税）	借：经营支出——经营部门人员薪酬支出——工资 贷：资金结存——待处理支出——其他应付款——北京市基本养老保险缴费个人扣款

续表

	资金结存——待处理支出——其他应付款——北京市基本医疗保险缴费个人扣款
单位发放经营活动人员工资，并缴纳社保公积金（含税）	资金结存——待处理支出——其他应付款——北京市失业险缴费个人扣款
	资金结存——待处理支出——其他应付款——住房公积金个人扣款
	资金结存——待处理支出——应交税费——个人所得税
	贷：资金结存——货币资金——基本户银行存款

2. 社会保险缴费——北京市基本养老保险缴费 / 北京市基本医疗保险缴费 / 北京市失业险缴费 / 北京市工伤险缴费

2-1-2-1 预算会计分录

单位缴纳经营人员社保	借：经营支出——经营部门人员薪酬支出——社会保险缴费——北京市基本养老保险缴费
	经营支出——经营部门人员薪酬支出——社会保险缴费——北京市基本医疗保险缴费
	经营支出——经营部门人员薪酬支出——社会保险缴费——北京市失业险缴费
单位缴纳经营人员社保	借：经营支出——经营部门人员薪酬支出——社会保险缴费——北京市基本养老保险缴费
	经营支出——经营部门人员薪酬支出——社会保险缴费——北京市基本医疗保险缴费
	经营支出——经营部门人员薪酬支出——社会保险缴费——北京市失业险缴费

3. 住房公积金

2-1-3-1 预算会计分录

单位交经营人员住房公积金	借：经营支出——经营部门人员薪酬支出——住房公积金
	资金结存——待处理支出——其他应付款——住房公积金个人扣款
	贷：资金结存——货币资金——基本户银行存款

（二）经营活动支出

2-2-1	预算会计分录
单位支付经营活动支出	借：经营支出——经营活动支出 　　贷：资金结存——货币资金——基本户银行存款

（三）经营活动税费支出

2-3-1	预算会计分录
单位支付上月经营活动发生的税金及附加	借：经营支出——税金及附加 　　贷：资金结存——货币资金——基本户银行存款

三、上缴上级支出

3-1-1	预算会计分录
单位付上级单位款项	借：上缴上级支出 　　贷：资金结存——货币资金——基本户银行存款

四、对附属单位补助支出

4-1-1	预算会计分录
单位对附属单位补助	借：对附属单位补助支出 　　贷：资金结存——货币资金——基本户银行存款

五、投资支出（成本法）

（一）短期投资

5-1-1	预算会计分录
单位短期投资	借：投资支出——短期投资 　　贷：资金结存——货币资金——基本户银行存款

（二）长期投资

1. 长期债券投资

5-2-1-1	预算会计分录
单位长期债券投资	借：投资支出——长期债券投资 　　贷：资金结存——货币资金——基本户银行存款

2. 长期股权投资

5-2-2-1	预算会计分录
单位长期股权投资	借：投资支出——长期股权投资 　　贷：资金结存——货币资金——基本户银行存款

六、债务还本支出

6-1-1	预算会计分录
单位金融机构借款本金及利息	借：债务还本支出 　　其他支出——利息支出 　　贷：资金结存——货币资金——基本户银行存款

七、其他支出

（一）利息支出

7-1-1	预算会计分录
单位还银行或金融机构借款产生的利息	借：其他支出——利息支出 　　贷：资金结存——货币资金——基本户银行存款

（二）罚没支出

7-2-1	预算会计分录
单位缴纳罚款	借：其他支出——罚没支出 　　贷：资金结存——货币资金——基本户银行存款

（三）对外捐赠现金支出

7-3	预算会计分录
单位对外货币捐赠	借：其他支出——对外捐赠现金支出 　　贷：资金结存——货币资金——基本户银行存款

（四）对外捐赠（调入、调出）非现金资产时发生处置费支出

7-4	预算会计分录
单位对外捐赠（调入、调出）物品或固定资产发生的支出	借：其他支出——处置费 　　贷：资金结存——货币资金——基本户银行存款

第六章
净资产——预算结余

▶▶▶ **第一节　净资产类概述**

一、净资产概述

《基本准则》第三十九条规定：净资产是指政府会计主体资产扣除负债后的净额。净资产是事业单位持有的资产净值及出资者所拥有的产权。

净资产表明事业单位的资产总额在抵偿了一切现存义务以后的差额部分，是反映事业单位持续、平稳发展的综合实力评价指标。

净资产还是一个体现存量、时间点的概念，即单位从设立到某个时间点所有的运营成果最终都将累积在净资产上，单个时间点的净资产本身并不反映资产的盈利状况。

二、净资产形成及计量

（一）净资产的形成

（1）是事业单位开办当初投入的资本，包括溢价部分。

（2）是单位在运营之中创造的，也包括接受捐赠的资产及政府划拨等。

（二）净资产计量原则：净资产为资产总额减去负债总额后的净额

净资产计量原则是成本原则，也是事业单位最基本和最普遍采用的原则，变化较小，它可提供相关、可靠而有用的会计信息。

三、净资产的分类及概述

（一）累计盈余

单位历年实现的盈余和扣除盈余分配后滚存的金额，以及无偿调入调出资产产生的净资产变动额。

（二）专用基金

单位按照规定提取或设置具有专门用途的净资产。

（三）权益法调整

单位持有的长期股权投资采用权益法核算时，按照被投资单位除净损益和利润分配以外的所有者权益变动份额，调整长期股权投资账面余额而计入净资产的余额。年末余额反映被投资单位除净损益和利润分配以外的所有者权益变动中累积享有或分担的权益份额。

（四）本期盈余

本期各项收入，各项费用相抵后余额。年末，本科目贷方余额，转入"累计盈余–财政拨款结转/财政拨款结余""本年盈余分配"科目，如果是借方余额（亏损），转入"累计盈余–事业基金"科目，用于弥补亏损，本科目无余额。

（五）本年盈余分配

指单位税后本期盈余的分配，即单位按规定比例分配盈余，以实现职工绩效奖励、职工福利、专用支出和单位留存发展之间的平衡，盈余分配实现职工的现实利益和长远利益的有机结合，表现为本年度盈余分配的情况和结果。

（六）无偿调拨净资产

单位无偿调入或调出非现金资产所引起的净资产变动额。

（七）以前年度盈余调整

单位本年度发生的调整以前年度盈余事项，包括本年度发生的重要前期差错更正涉及调整以前年度盈余的事项，年末结转后本科目无余额。

四、科研事业单位净资产明细科目设置及注解

（一）累计盈余

本科目用来核算按规定上缴、缴回、单位间调剂结转、结余财政资金，及盈余分配后净资产变动额和以前年度盈余调整，按以下科目设置明细账。

（1）财政拨款结转：

① 财政授权支付结转。

② 财政直接支付结转。

（2）财政拨款结余：

① 财政授权支付结余。

② 财政直接支付结余。

（3）事业基金：非财政拨款结余和经营结余及其他结余分配后滚存。主要有两个来源，一是从单位"本年盈余分配"转入；二是从"权益法调整""无偿调拨净资产""以前年度盈余调整"科目转入。

（4）非流动资产基金：2018年12月31日前购入固定资产、无形资产形成非流动资产基金，冲减固定资产折旧额、无形资产摊销额后的余额，以及用专用基金购入固定资产、无形资产形成非流动资产基金。

（二）专用基金

按以下内容设置明细账。

（1）职工福利基金：单位提取比例不超过40%。

（2）修购基金：用于固定资产维修和固定资产购置金。

（3）科技成果转化基金：在事业收入中提取或经营收支结余提取。

（4）奖励基金：用于职工绩效考核奖励金。

（5）其他专用基金。

（三）权益法调整

按被投资单位权益变动来调整本单位净资产，年末转入"投资收益"科

目，无余额。按以下内容设置明细账。

（1）权益法调增。

（2）权益法调减。

（四）本期盈余

期末，单位应当将各类收入本期发生额转入本期盈余，借记"财政拨款收入""事业收入""上级补助收入""附属单位上缴收入""经营收入""非同级财政拨款收入""投资收益""捐赠收入""利息收入""租金收入""其他收入"科目，贷记"本期盈余"科目；将各类费用科目本期发生额转入本期盈余，借记"本期盈余"科目，贷记"业务活动费用""单位管理费用""经营费用""所得税费用""资产处置费用""上缴上级费用""对附属单位补助费用""其他费用"科目，本科目无余额。

（五）本年盈余分配

本科目由"本年盈余"科目转入，按规定按比例分配至"累计盈余－事业基金"科目和"专用基金"科目，年末无余额。

（六）无偿调拨净资产

按以下内容设置明细账，期末结转到"累计盈余－事业基金""累计盈余－非流动资产基金"科目，年末无余额。

（1）无偿调入净资产：无偿调入存货、固定资产、无形资产、文物文化资产、长期股权投资。

（2）无偿调出净资产：无偿调出存货、固定资产、无形资产、文物文化资产、长期股权投资。

（七）以前年度盈余调整

结转至"累计盈余－事业基金"科目，年末无余额。按以下内容设置明细账。

（1）以前年度盈余调整增加。

（2）以前年度盈余调整减少。

▶▶▶ 第二节　科研事业单位净资产类财务会计核算

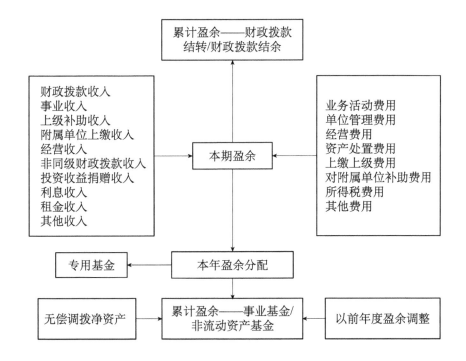

一、本期盈余

（一）结转收入和费用

单位结转收入和费用至"本期盈余"科目	借：财政拨款收入——机构运行拨款 　　财政拨款收入——住房改革支出拨款——住房公积金 　　财政拨款收入——住房改革支出拨款—— 提租补贴 　　财政拨款收入——住房改革支出拨款——购房补贴 　　财政拨款收入——机关事业单位基本养老保险缴费 　　财政拨款收入——机关事业单位职业年金缴费 　　财政拨款收入——专项经费拨款——社会公益专项——年预

单位结转收入和费用至"本期盈余"科目	（××财政专项） 财政拨款收入——专项经费拨款——科技条件专项——年预（××财政专项） 事业收入——科研经费收入 事业收入——项目间接费或管理费收入 事业收入——技术服务收入 事业收入——会议收入 事业收入——科研成果转化收入 上级补助收入 附属单位上缴收入 经营收入 投资收益 捐赠收入 利息收入 租金收入 其他收入 贷：本期盈余 借：本期盈余 贷：业务活动费用——工资福利费用——工资 业务活动费用——工资福利费用——社会保障缴费——机关事业单位基本养老保险缴费 业务活动费用——工资福利费用——社会保障缴费——机关事业单位职业年金缴费 业务活动费用——工资福利费用——住房公积金 业务活动费用——商品和服务费用——印刷费 业务活动费用——商品和服务费用专家咨询费 业务活动费用——商品和服务费用——邮电费 业务活动费用——商品和服务费用——差旅费 业务活动费用——商品和服务费用——维修费 业务活动费用——商品和服务费用——培训费 业务活动费用——商品和服务费用——专用材料费 业务活动费用——商品和服务费用——劳务费 业务活动费用——商品和服务费用——委托业务费 业务活动费用——商品和服务费用——税金及附加费 业务活动费用——商品和服务费用其他商品和服务费用——间接费/项目评审费/其他商品和服务费用

续表

单位结转收入和费用至"本期盈余"科目	单位管理费用——工资福利费用——工资
	单位管理费用——工资福利费用——社会保障缴费——机关事业单位基本养老保险缴费
	单位管理费用——工资福利费用——社会保障缴费机——关事业单位职业年金缴费
	单位管理费用——工资福利费用——住房公积金
	单位管理费用——商品和服务费用——办公费
	单位管理费用——商品和服务费用——印刷费
	单位管理费用——商品和服务费用——专家咨询费
	单位管理费用——商品和服务费用——水费
	单位管理费用——商品和服务费用——电费
	单位管理费用——商品和服务费用——邮电费
	单位管理费用——商品和服务费用——取暖费——办公用房取暖费
	单位管理费用——商品和服务费用——物业管理费
	单位管理费用——商品和服务费用——差旅费
	单位管理费用——商品和服务费用——维修费
	单位管理费用——商品和服务费用——租赁费
	单位管理费用——商品和服务费用——培训费
	单位管理费用——商品和服务费用——专用材料费
	单位管理费用——商品和服务费用——劳务费
	单位管理费用——商品和服务费用——其他交通费用——租车费
	单位管理费用——商品和服务费用——公务用车维护费
	单位管理费用——商品和服务费用——工会经费
	单位管理费用——商品和服务费用——福利费
	单位管理费用——商品和服务费用——税金及附加费
	单位管理费用——商品和服务费用——其他商品和服务费
	单位管理费用——对个人和家庭补助费
	经营费用
	资产处置费
	上缴上级费用
	对附属单位补助费用
	所得税费用
	其他费用

二、累计盈余

（一）财政拨款结转 / 财政拨款结余

2-1-1	财务会计分录
将"本期盈余"中财政拨款或结余，结转到"累计盈余——财政拨款结转 / 财政拨款结余"	借：本期盈余 　　贷：累计盈余——财政拨款结转 　　　　累计盈余——财政拨款结余

（二）事业基金

2-2-1	财务会计分录
单位按规定比例本年盈余分配转至"累计盈余——事业基金"科目	借：本年盈余分配（非财政拨款结余按比例分配） 　　贷：累计盈余——事业基金

2-2-2	财务会计分录
单位收到上级单位无偿调拨的长期股权投资	借：长期股权投资（账面价值） 　　贷：无偿调拨净资产 借：无偿调拨净资产 　　贷：累计盈余——事业基金

2-2-3	财务会计分录
单位调增以前年度收入	借：有关负债类科目 　　贷：以前年度盈余调整 借：以前年度盈余调整 　　贷：累计盈余——事业基金

（三）非流动资产基金

2-3-1	财务会计分录
2018 年 12 月 31 日前，单位购入固定资产及无形资产，提折旧及摊销额	借：累计盈余——非流动资产基金 　　贷：固定资产累计折旧——通用设备折旧 　　　　固定资产累计折旧——专用设备折旧 　　　　固定资产累计折旧——家具折旧

续表

2018 年 12 月 31 日前，单位购入固定资产及无形资产，提折旧及摊销额	固定资产累计折旧——图书折旧 无形资产累计摊销——专利权摊销 无形资产累计摊销——非专利权技术摊销
2018 年 12 月 31 日前，单位购入固定资产及无形资产，提折旧及摊销额	无形资产累计摊销——土地使用权摊销 无形资产累计摊销——软件累计摊销 无形资产累计摊销——商标权累计摊销 无形资产累计摊销——其他无形资产累计摊销

三、本年盈余分配

3-1	财务会计分录
将"本期盈余"（除财政拨款结转及财政拨款结余）结转到"本年盈余分配"科目	借：本期盈余 　　贷：本年盈余分配

3-2	财务会计分录
单位对本年盈余按规定比较进行分配	借：本年盈余分配 　　贷：累计盈余——事业基金 　　　　专用基金

四、专用基金

4-1	财务会计分录
单位按规定比例将"本年盈余分配"转至"专用基金"科目	借：本年盈余分配（非财政拨款结余按比例分配） 　　贷：专用基金

4-2	财务会计分录
单位用专用基金修缮食堂	借：专用基金——职工福利基金 　　贷：银行存款——基本户银行存款

4-3	财务会计分录
单位用专用基金购买固定资产	借：固定资产 　　贷：银行存款——基本户银行存款 借：专用基金——修购基金 　　贷：累计盈余——非流动资产基金

4-4	财务会计分录
单位用专用基金作为绩效奖励	借：应付职工薪酬 　　贷：银行存款——基本户银行存款 借：专用基金——奖励基金 　　贷：应付职工薪酬

五、无偿调拨净资产

（一）无偿调入净资产

1. 调入存货

5-1-1-1	财务会计分录
单位收到上级单位无偿调拨的库存物品	借：库存物品（账面价值） 　　贷：无偿调拨净资产 借：无偿调拨净资产 　　贷：累计盈余——事业基金

2. 调入固定资产／无形资产

5-1-2-1	财务会计分录
单位收到上级单位无偿调拨的固定资产和无形资产	借：固定资产（账面净值） 　　无形资产（账面净值） 　　贷：无偿调拨净资产 借：无偿调拨净资产 　　贷：累计盈余——非流动资产基金

3. 调入文物文化资产

5-1-3-1	财务会计分录
单位收到上级单位无偿调拨的文物文化资产	借：文物文化资产（账面价值） 　　贷：无偿调拨净资产 借：无偿调拨净资产 　　贷：累计盈余——事业基金

4. 长期股权投资

5-1-4-1	财务会计分录
单位收到上级单位无偿调拨的长期股权投资	借：长期股权投资（账面价值） 　　贷：无偿调拨净资产 借：无偿调拨净资产 　　贷：累计盈余——事业基金

（二）无偿调出净资产

1. 调出存货

5-2-1-1	财务会计分录
单位向下级无偿调拨库存商品	借：无偿调拨净资产 　　贷：库存商品（账面价值） 借：累计盈余——事业基金 　　贷：无偿调拨净资产

2. 调出固定资产、无形资产

5-2-2-1	财务会计分录
单位向下级无偿调拨 2018 年 12 月 31 日前购入固定资产和无形资产	借：无偿调拨净资产（固定资产和无形资产净值） 　　固定资产累计折旧／无形资产累计摊销 　　贷：固定资产／无形资产（原值） 借：累计盈余——非流动资产基金 　　贷：无偿调拨净资产

5-2-2-2	财务会计分录
单位向下级无偿调拨 2019 年 1 月 1 日后购入固定资产和无形资产	借：待处理财产损溢（固定资产和无形资产净值） 　固定资产累计折旧 / 无形资产累计摊销 　贷：固定资产 / 无形资产（原值） 借：资产处置费用 　贷：待处理财产损溢

3. 调出文物文化资产

5-2-3-1	财务会计分录
单位向下级无偿调出文物文化资产	借：无偿调拨净资产 　贷：文物文化资产（账面价值） 借：累计盈余——事业基金 　贷：无偿调拨净资产

4. 调出长期股权投资

5-2-4-1	财务会计分录
单位向下级无偿调拨长期股权投资	借：无偿调拨净资产 　贷：长期股权投资（账面价值） 借：累计盈余——事业基金 　贷：无偿调拨净资产

六．以前年度盈余调整

（一）以前年度盈余调增

1. 调增以前年度收入

6-1-1-1	财务会计分录
单位调增以前年度收入	借：有关负债类科目 　贷：以前年度盈余调整 借：以前年度盈余调整 　贷：累计盈余——事业基金

2.调减以前年度费用

6-1-2-1	财务会计分录
单位调减以前年度费用	借：有关资产类科目 　　贷：以前年度盈余调整 借：以前年度盈余调整 　　贷：累计盈余——事业基金

（二）以前年度盈余调减

1.调减以前年度收入

6-2-1-1	财务会计分录
单位调减以前年度收入	借：以前年度盈余调整 　　贷：有关负债类科目 借：累计盈余——事业基金 　　贷：以前年度盈余调整

2.调增以前年度费用

6-2-2-1	财务会计分录
单位调增以前年度费用	借：以前年度盈余调整 　　贷：有关资产类科目 借：累计盈余——事业基金 　　贷：以前年度盈余调整

3.盘亏固定资产

6-2-3-1	财务会计分录
单位盘亏2018年12月31日前购入固定资产	借：待处理财产损溢（固定资产净值） 　　固定资产累计折旧 　　贷：固定资产（原值） 借：以前年度盈余调整 　　贷：待处理财产损溢 借：累计盈余——非流动资产基金 　　贷：以前年度盈余调整

七、权益法调整

（一）权益法调增

7-1-1	财务会计分录
年末，被投资单位除净损溢和利润分配之外的所有者权益份额增加	借：长期股权投资——其他权益变动 　　贷：权益法调整 借：权益法调整 　　贷：投资收益

（二）权益法调减

7-2-1	财务会计分录
年末，被投资单位除净损溢和利润分配之外的所有者权益份额减少	借：权益法调整 　　贷：长期股权投资——其他权益变动 借：投资收益 　　贷：权益法调整

（三）处置增加的长期股权投资

7-3-1	财务会计分录
处置增加的长期股权投资	借：银行存款——基本户银行存款 　　贷：长期股权投资 借：权益法调整 　　贷：投资收益

（四）处置减少的长期股权投资

7-4-1	财务会计分录
处置减少的长期股权投资	借：长期股权投资 　　贷：银行存款——基本户银行存款 借：投资收益 　　贷：权益法调整

▶▶▶ 第三节 预算结余类概述

一、预算结余的概念

《基本准则》第二十三条规定：预算结余是指政府会计主体预算年度内预算收入扣除预算支出后的资金余额，以及历年滚存的资金余额。包括结余资金和结转资金。

二、预算结余的确认

（一）结余资金

指年度预算执行终了，预算收入实际完成数扣除预算支出和结转资金后剩余的资金。

（二）结转资金

指预算安排项目的支出年终尚未执行完毕或者因故未执行，且下年需要按原用途继续使用的资金。

三、预算结余分类及概述

（一）资金结存

单位纳入部门预算管理的资金的流入、流出、调整和滚存等情况。本科目年末借方余额反映单位预算资金的累计滚存数额。

（二）财政拨款结转

单位取得的同级财政拨款结转资金的调整、结转、滚存情况，本科目年末贷方余额反映单位财政拨款滚存的结转资金数额。

（三）财政拨款结余

单位取得的同级财政拨款结余资金的调整、结转、滚存情况，本科目年末贷方余额反映单位财政拨款滚存的结余资金数额。

（四）非财政拨款结转

指事业单位除财政补助收支以外的各专项资金（政府专项、其他委托项目）收入与其相关支出相抵后剩余滚存的，在任务期内，按规定用途继续使用的结转资金，按项目、部门进行辅助核算。

（五）非财政拨款结余

单位历年滚存的非限定性用途的非同级财政拨款结余资金，反映非财政拨款结余扣除结余分配滚存的金额。本科目年末贷方余额为单位非同级财政拨款结余资金的累计滚存金额。

（六）专用结余

单位按照规定从非财政拨款结余中提取的具有专门用途的资金的变动和滚存情况。本科目年末贷方余额反映单位从非同级财政拨款结余分配中提取的专用基金的累计滚存金额。

（七）经营结余

单位本年度经营活动收支相抵并弥补以前年度经营亏损后的余额。年末本科目贷方余额转至"非财政拨款结余分配"，年末一般无余额，如有借方余额，反映单位累计经营亏损数额。

（八）非财政拨款结余分配

单位本年度非财政拨款结余分配的情况和结果，本科目年末无余额。

四、科研事业单位预算结余明细科目设置及注解

（一）资金结存

（1）零余额账户用款额度：本科目核算实行国库集中支付的单位根据财

政部门批复的用款计划收到和支用的零余额账户用款额度。年末本科目无余额，按以下科目设置明细账。

① 基本支出用款额度。

② 项目支出用款额度。

（2）货币资金：本科目核算以库存现金、银行存款、其他货币资金形态存在的资金，本科目借方余额，反映单位存量的货币资金。按以下科目设置明细账。

① 现金。

② 银行存款——基本户银行存款。

③ 其他货币资金。

（3）财政应返还额度：本科目核算实行国库集中支付的单位可以使用以前年度财政应返还的财政直接支付资金额度和财政应返还的财政授权支付额度。年末本科目借方余额，反映单位应收财政返还的财政资金额度。按以下科目设置明细账。

① 财政授权支付应返还额度。

② 财政直接支付应返还额度。

（4）待处理支出：是指货币资金已流入，尚未确认预算收入，货币资金已流出，尚未确认预算支出；或纳入预算管理的货币资金未流入，已确认预算收入，货币资金未流出，已确认预算支出。本科目可以有效解决预算会计要素不足问题。按以下科目设置明细账。

① 资产类：应收账款（会计制度衔接用）、其他应收账款（会计制度衔接用）、预付账款（会计制度衔接用）、长期待摊费用（会计制度衔接用）、长期投资（会计制度衔接用）、库存物品。

② 负债类：应交税费——个人所得税、应付账款（在项目中已列支，款未付）、应付利息（会计制度衔接）、其他应付款、预提费用——项目管理人员绩效。其中，其他应付款又分为工会经费暂存（工资扣的个人应交工会会费）、住房公积金个人扣款、机关事业单位基本养老保险缴费个人扣款、机关事业单位职业年金缴费个人扣款、北京市基本养老保险缴费个人扣款、北京市基本医疗保险缴费个人扣款、北京市失业险缴费个人扣款、其他。

（二）财政拨款结转

1.年初余额调整：调整后转入"累计结转"科目，年末无余额。

2. 内部调剂：经批准改变用途，调剂后转入"累计结转"科目，年末无余额。

3. 累计结转：年末财政拨款结转资金，下年继续使用。

（三）财政拨款结余

1. 年初余额调整：调整后余额转入"累计结余"科目，年末无余额。

2. 归集上缴（上缴财政）。

3. 内部调剂：经批准改变用途，调剂后余额转入"财政拨款结转——累计结转"科目。

4. 累计结余：当年财政拨款结余资金，年末贷方余额转入"归集上缴"科目，年末无余额。

（四）非财政拨款结转

1. 年初余额调整：调整后年末转入"本年收支结转"科目，年末无余额

2. 本年收支结转：由预算收入（"财政拨款预算收入""事业预算收入""上级补助预算收入""附属单位上缴预算收入""债务预算收入""非同级财政拨款预算收入""投资预算收益""其他预算收入"）的贷方及预算支出（"事业支出""经营支出""投资支出""债务还本支出""上缴上级支出""对附属单位补助支出""其他支出"）的借方转入，本科目贷方余额转入"非财政拨款结余——结转转入"科目，年末无余额。

3. 累计结转：此科目资金为结转资金，下年继续使用，贷方余额与财务会计负债类明细科目余额一致。

（1）政府专项。

（2）其他委托。

（3）科研经费暂存。

（4）党费。

（5）医疗费。

（6）助学金。

（五）非财政拨款结余

（1）年初余额调整，调整后转入"累计结余"科目，本年无余额。

（2）结转转入：由"非财政拨款结转 – 本年收支结转"转入，本科目贷

方余额转入"非财政拨款结余分配",年末本科目无余额。

（3）累计结余：单位历年非同级财政拨款结余资金，非专项结余资金滚存数，由"非财政拨款结余分配"科目按比例转入，年末科目余额在贷方。

（六）经营结余

由"非财政拨款结转–本年收支结转"转入，年末贷方余额转入"非财政拨款结余分配"科目，如有借方余额，反映单位累计经营亏损数额，由下一年经营盈利弥补。

（七）非财政拨款结余分配

期末，由"非财政拨款结余 – 结转转入""经营结余"转入本科目，按规定按比例分配，分别转入"非财政拨款结余——累计结余"及"专用结余"科目，年末无余额。

（八）专用结余

由"非财政拨款结余分配"转入，贷方余额反映历年专用基金滚存余额。

▶▶▶ 第四节 科研事业单位预算结余预算会计核算

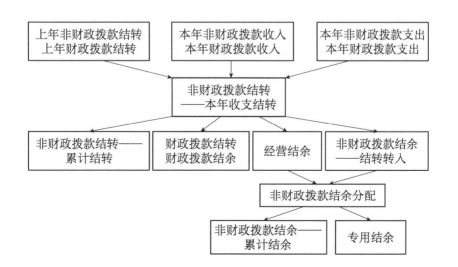

一、资金结存

（一）零余额账户用款额度

1. 基本支出用款额度

1-1-1-1	预算会计分录
单位收到财政基本支出拨款	借：资金结存——零余额账户用款额度——基本支出用款额度 　　贷：财政拨款预算收入——机构运行拨款预算收入 　　　　财政拨款预算收入——住房改革支出拨款预算收入公积金 　　　　财政拨款预算收入——住房改革支出拨款预算收入——提租补贴 　　　　财政拨款预算收入——住房改革支出拨款预算收入——购房补贴 　　　　财政拨款预算收入——机关事业单位基本养老保险缴费款预算收入 　　　　财政拨款预算收入——事业单位职业年金缴费拨款预算收入

2. 项目支出用款额度

1-1-2-1	预算会计分录
单位收到财政项目支出拨款	借：资金结存——零余额账户用款额度——项目支出用款额度 　　贷：财政拨款预算收入——专项经费拨款预算收入——社会公益——当年预算（财政项目） 　　　　财政拨款预算收入——专项经费拨款预算收入——科技条件专项——当年预算（财政项目）

（二）货币资金

1. 银行存款——基本户银行存款

1-2-1-1	预算会计分录
单位收到收入（事业预算收入、经营预算收入、上级补助预算收入、附属单位上缴预算收入、债务预算收入、非同级财政拨款预算收入、投资预算收益、其他预算收入）	借：资金结存——货币资金——基本户银行存款 　　贷：事业预算收入——科研经费预算收入（×× 项目） 　　　　事业预算收入——接成本及管理费预算收入 　　　　经营预算收入 　　　　上级补助预算收入 　　　　附属单位上缴预算收入 　　　　债务预算收入

续表

单位收到收入（事业预算收入、经营预算收入、上级补助预算收入、附属单位上缴预算收入、债务预算收入、非同级财政拨款预算收入、投资预算收益、其他预算收入）	非同级财政拨款预算收入 投资预算收益 其他预算收入

1-2-1-2 　　　　　　　　　　　　　　　　　　　　　　　　**预算会计分录**

单位付各种支出（事业支出、经营支出、上缴上级支出、对附属单位补助支出、投资支出、债务还本支出、其他支出）	借：事业支出——基本支出 / 项目支出 　　经营支出 　　上缴上级支出 　　对附属单位补助支出 　　投资支出 　　债务还本支出 　　其他支出 　　贷：资金结存 —— 货币资金 —— 基本户银行存款

2. 其他货币资金

1-2-2-1 　　　　　　　　　　　　　　　　　　　　　　　　**预算会计分录**

单位存定期存款	借：其他货币资金 　　贷：资金结存——货币资金——基本户银行存款

（三）财政应返还额度（财政拨款结转、财政拨款结余）

1-3-1 　　　　　　　　　　　　　　　　　　　　　　　　**预算会计分录**

年末，授权支付的财政结转结余资金	借：财政应返还额度——财政授权支付应返还额度 　　贷：资金结存——零余额账户用款额度——基本支出用款额度 　　　　资金结存——零余额账户用款额度——项目支出用款额度

（四）待处理支出

1. 应收账款

1-4-1-1	预算会计分录
收到 2018 年 12 月 31 日前应收账款	借：资金结存——货币资金——基本户银行存款 　　贷：资金结存——待处理资产——应收账款

2. 预付账款

1-4-2-1	预算会计分录
2018 年 12 月 31 日前预付账款，补尾款，收到固定资产	借：事业支出——基本支出——其他资本性支出 　　贷：资金结存——待处理资产——预付账款 　　　　资金结存——货币资金——基本户银行存款

3. 库存物品

1-4-3-1	预算会计分录
单位统一购入办公用品，××其他委托项目业务人员领用	借：资金结存——待处理资产——库存物品 　　贷：资金结存——货币资金——基本户银行存款 借：事业支出——基本支出——商品和服务支出——专用材料支出——低值易耗品（××其他委托项目） 　　贷：资金结存——待处理资产——库存物品

4. 应交税费——个人所得税

1-4-4-1	预算会计分录
××政府专项付专家咨询费或劳务费扣个税	借：事业支出——基本支出——商品和服务支出——专家咨询费／劳务费（××政府专项） 　　贷：资金结存——待处理资产——应交税费——个人所得税 　　　　资金结存——货币资金——基本户银行存款

1-4-4-2	预算会计分录
上缴个人所得税	借：资金结存——待处理资产——应交税费——个人所得税 　　贷：资金结存——货币资金——基本户银行存款

5. 其他应付款

（1）工会经费暂存

1-4-5-1-1   **预算会计分录**

工资扣个人工会 会费	借：事业支出——基本支出——工资和福利支出——工资 贷：资金结存——待处理支出——其他应付款——工会经费暂存

1-4-5-1-2   **预算会计分录**

上缴个人工会会费	借：资金结存——待处理支出——其他应付款——工会经费暂存 贷：资金结存——货币资金——基本户银行存款

（2）住房公积金个人扣款

1-4-5-2-1   **预算会计分录**

工资扣住房公积金 个人扣款	借：事业支出——基本支出——工资和福利支出——工资 贷：资金结存——待处理支出——其他应付款——住房公积金个 人扣款

1-4-5-2-2   **预算会计分录**

预算会计分录	借：资金结存——待处理支出——其他应付款——住房公积金个人 扣款 事业支出——基本支出——工资和福利支出——住房公积金 经营支出——住房公积金 贷：资金结存——零余额账户用款额度——基本支出用款额度 资金结存——货币资金——基本户银行存款

（3）机关事业单位养老保险缴费个人扣款 / 机关事业单位职业年金缴个人扣款

1-4-5-3-1   **预算会计分录**

工资扣机关事业单 位养老保险及年金 个人扣款	借：事业支出——基本支出——工资福利支出——工资 资金结存——待处理支出——其他应付款——机关事业单位养 老保险缴费个人扣款 资金结存——待处理支出——其他应付款——机关事业单位职 业年金缴费个人扣款

1-4-5-3-2	预算会计分录
单位上缴机关事业单位养老保险及年金	借：事业支出——基本支出——工资福利支出——社会保险缴费支出——机关事业单位养老保险缴费 　　资金结存——待处理支出——其他应付款——机关事业单位养老保险缴费个人扣款 　　　贷：资金结存——零余额账户用款额度——基本支出用款额度 　　　　　资金结存——货币资金——基本户银行存款 借：事业支出——基本支出——工资福利支出——社会保险缴费支出——机关事业单位职业年金缴费 　　资金结存——待处理支出——其他应付款——机关事业单位职业年金缴费个人扣款 　　　贷：资金结存——零余额账户用款额度——基本支出用款额度 　　　　　资金结存——货币资金——基本户银行存款

（4）北京市基本养老保险缴费个人扣款

1-4-5-4-1	预算会计分录
工资扣北京市基本养老保险	借：事业支出——基本支出——工资和福利支出——工资 　　经营支出——经营人员薪酬 　　　贷：资金结存——待处理支出——其他应付款——北京市基本养老保险缴费个人扣款

1-4-5-4-2	预算会计分录
上缴北京市基本养老保险	借：事业支出——基本支出——工资和福利支出——社会保障缴费支出—— 　　其他社会保障缴费支出——北京市基本养老保险 　　经营支出——经营人员薪酬支出——北京市基本养老保险缴费 　　资金结存——待处理支出——其他应付款——北京市基本养老保险 　　缴费个人扣款 　　　贷：资金结存——货币资金——基本户银行存款

（5）北京市基本医疗保险缴费个人扣款

1-4-5-5-1	预算会计分录
工资扣北京市基本医疗保险	借：事业支出——基本支出——工资和福利支出——工资 　　经营支出——经营人员薪酬支出 　　　贷：资金结存——待处理支出——其他应付款——北京市基本医疗保险缴费个人扣款

1-4-5-5-2	预算会计分录
上缴北京市基本医疗保险	借：事业支出——基本支出——工资和福利支出——社会保障缴费支出——其他社会保障缴费支出——北京市基本医疗保险缴费 经营支出——经营人员薪酬支出——北京市基本医疗保险缴费 资金结存——待处理支出——其他应付款——北京市基本医疗保险 个人扣款 贷：资金结存——货币资金——基本户银行存款

（6）北京市失业险缴费个人扣款

1-4-5-6-1	预算会计分录
工资扣北京市失业保险	借：事业支出——基本支出——工资和福利支出——工资 经营支出——经营人员薪酬支出 贷：资金结存——待处理支出——其他应付款——北京市失业险缴费个人扣款 资金结存——货币资金——基本户银行存款

1-4-5-6-2	预算会计分录
上缴北京市失业保险	借：事业支出——基本支出——工资和福利支出——社会保障缴费支出——其他社会保障缴费支出——北京市失业险缴费 经营支出——经营人员薪酬支出——北京市失业险缴费 资金结存——待处理支出——其他应付款——北京市失业险缴费个人扣款 贷：资金结存——货币资金——基本户银行存款

（7）预提项目管理人员绩效

1-4-5-7-1	预算会计分录
预提项目管理人员绩效	借：资金结存——货币资金——基本户银行存款 贷：事业预算收入——科研经费预算收入（××政府专项） 借：事业支出——基本支出——商品和服务支出——其他商品和服务支出——间接费用——项目管理人员绩效（××政府专项） 贷：资金结存——待处理支出——预提费用——项目管理人员绩效

1-4-5-7-2	预算会计分录
支付预提的管理人员绩效	借：资金结存——待处理支出——预提费用——项目管理人员绩效 　　贷：资金结存——货币资金——基本户银行存款

二、财政拨款结转

（一）年初余额调整

2-1-1	预算会计分录
财政拨款结转年初余额调整增加	借：资金结存——零余额账户用款额度 　　贷：财政拨款结转——年初余额调整

2-1-2	预算会计分录
结转财政拨款结转年初余额调整	借：财政拨款结转——年初余额调整 　　贷：财政拨款结转——累计结转

（二）内部调剂

2-2-1	预算会计分录
财政拨款结转年初单位内部调剂	借：资金结存——零余额账户用款额度 　　贷：财政拨款结转——内部调剂

2-2-2	预算会计分录
结转财政拨款结转年初单位内部调剂	借：财政拨款结转——内部调剂 　　贷：财政拨款结转——累计结转

（三）累计结转

2-3-1	预算会计分录
年末财政拨款收支结转	借：非财政拨款结转——本年收支结转 　　贷：财政拨款结转——累计结转

三、财政拨款结余

（一）年初余额调整

3-1-1	预算会计分录
年初财政拨款结余调整为财政拨款结转	借：财政拨款结余——累计结余 　　贷：财政拨款结余——年初余额调整 借：财政拨款结余——年初余额调整 　　贷：财政拨款结转

（二）累计结余

3-2-1	预算会计分录
年末，财政拨款收支结余	借：非财政拨款结转——本年收支结转 　　贷：财政拨款结余——累计结余

（三）单位内部调剂

3-3-1	预算会计分录
经批准改变用途财政拨款结余内部调剂为财政拨款结转	借：财政拨款结余——累计结余 　　贷：财政拨款结余——单位内部调剂 借：财政拨款结余——单位内部调剂 　　贷：资金结存——零余额账户用款额度

（四）归集上缴（通过此科目上缴财政）

3-4-1	预算会计分录
归集上缴	借：财政拨款结余——累计结余 　　贷：财政拨款结余——归集上缴 借：财政拨款结余——归集上缴 　　贷：资金结存——零余额账户用款额度

四、非财政拨款结转

（一）年初余额调整

4-1-1	预算会计分录
年初余额调整增加	借：非财政拨款结转——年初余额调整 　　贷：非财政拨款结转——本年收支结转

4-1-2	预算会计分录
年初余额调整减少	借：非财政拨款结转——本年收支结转 　　贷：非财政拨款结转——年初余额调整

（二）本年收支结转

4-2-1	预算会计分录
年末结转预算收入和预算支出	借：财政拨款预算收入 　　事业预算收入 　　上级补助预算收入 　　附属单位上缴预算收入 　　债务预算收入 　　非同级财政拨款预算收入 　　投资预算收益 　贷：非财政拨款结转——本年收支结转 借：非财政拨款结转——本年收支结转 　　贷：事业支出 　　　上缴上级支出 　　　对附属单位补助支出 　　　投资支出 　　　债务还本支出

（三）累计结转

4-3-1	预算会计分录
年末"非财政拨款结转——本年收支结转"科研项目经费、科研费暂存、医疗费、党费、助学金结转至下年继续使用	借：非财政拨款结转——本年收支结转 　　贷：非财政拨款结转——累计结转——政府专项 　　　　非财政拨款结转——累计结转——其他委托 　　　　非财政拨款结转——累计结转——科研费暂存 　　　　非财政拨款结转——累计结转——医疗费 　　　　非财政拨款结转——累计结转——党费 　　　　非财政拨款结转——累计结转——助学金

五、非财政拨款结余

（一）年初余额调整

5-1-1	预算会计分录
年初余额调整增加	借：非财政拨款结余——年初余额调整 　　贷：非财政拨款结余——累计结余

5-1-2	预算会计分录
年初余额调整减少	借：非财政拨款结余——累计结余 　　贷：非财政拨款结余——年初余额调整

（二）结转转入

5-2-1	预算会计分录
年末由"非财政拨款结转——本年收支结转"科目转入本科目	借：非财政拨款结转——本年收支结转 　　贷：非财政拨款结余——结转转入

5-2-2	预算会计分录
"非财政拨款结余——结转转入"科目贷方余额结转至"非财政拨款结余分配"科目	借：非财政拨款结余————结转转入 　　贷：非财政拨款结余分配

（三）累计结余

5-3-1	预算会计分录
按规定比例"非财政拨款结余分配"至"非财政拨款结余——累计结余"及"专用结余"	借：非财政拨款结余分配 　　贷：专用结余 　　　　非财政拨款结余——累计结余

六、经营结余

6-1-1	预算会计分录
年末，经营预算收支由"非财政拨款结转——本年收支结转"科目转入"经营结余"	借：非财政拨款结转——本年收支结转 　　贷：经营结余

6-2-1	预算会计分录
年末"经营结余"贷方余额转入"非财政拨款结余分配"科目	借：经营结余 　　贷：非财政拨款结余分配

七、非财政拨款结余分配

7-1-1	预算会计分录
由"非财政拨款结余——结转转入"科目转至"非财政拨款结余分配"科目	借：非财政拨款结余——结转转入 　　贷：非财政拨款结余分配

7-2-1	预算会计分录
年末"经营结余"贷方余额转入"非财政拨款结余分配"科目	借：经营结余 　　贷：非财政拨款结余分配

7-3-1	预算会计分录
按规定按比例进行非财政拨款结余分配至非财政拨款结余——累计结余和专用结余	借：非财政拨款结余分配 　　贷：专用结余 　　　　非财政拨款结余——累计结余

八、专用结余

（一）用于职工福利

8-1-1	预算会计分录
单位用专用结余修缮食堂	借：事业支出——基本支出——其他资本性支出——大型修缮支出（自有资金） 　　贷：资金结存——货币资金——基本户银行存款 借：专用结余——职工福利基金 　　贷：事业支出——基本支出——其他资本性支出——大型修缮支出（自有资金）

（二）用于修购

8-2-1	预算会计分录
单位用专用结余购买固定资产	借：事业支出——基本支出——其他资本性支出——办公设备购置（自有资金） 　　贷：资金结存——货币资金——基本户银行存款 借：专用结余——修购结余 　　贷：事业支出——基本支出——其他资本性支出——办公设备购置（自有资金）

（三）用于绩效奖励

8-3-1	预算会计分录
单位用专用结余发绩效奖励	借：事业支出——基本支出——工资福利支出——工资——绩效工资 　　贷：资金结存——货币资金——基本户银行存款 借：专用结余——奖励基金 　　贷：事业支出——基本支出——工资福利支出——工资——绩效工资

（四）年末如果专用结余为负数

8-4-1	预算会计分录
年末如果专用结余为负数，则由"非财政拨款结余——累计结余"转入	借：非财政拨款结余——累计结余 　　贷：专用结余

第七章
会计核算实务举例

▶▶▶ **第一节　资产类**

一、存量货币资产

（一）银行存款

【例1-1】某科研单位收到国家基金资助科研费 2000 万元，项目核算编号
（××政府专项 1）。

1-1-1		（万元）
财务会计分录	借：银行存款——基本户银行存款	2000
	贷：预收账款——政府专项（××政府专项 1）	2000
预算会计分录	借：资金结存——货币资金——基本户银行存款	2000
	贷：事业预算收入——科研预算收入（××政府专项 1）	2000

（二）零余额账户用款额度

【例1-2】某科研单位收到当年财政拨款 2000 万元，其中机构运行人员费
700 万元，公务费 100 万元，事业单位养老金缴费 80 万元，事业单位职业年
金缴费 40 万元，提租补贴 10 万元，购房补贴 70 万元，住房公积金 100 万元，
专项经费拨款——社会公益专项 200 万元（财政项目 1），专项经费拨款——
科技条件专项（修缮购置专项）150 万元（财政项目 2）。

1-2-1		（万元）
财务会计分录	借：零余额账户用款额度——机构运行	800
	零余额账户用款额度——住房公积金	100
	零余额账户用款额度——提租补贴	10
	零余额账户用款额度——购房补贴	70
	零余额账户用款额度——事业单位基本养老保险缴费	80
	零余额账户用款额度——事业单位职业年金缴费	40
	零余额账户用款额度——社会公益专项	200
	零余额账户用款额度——科技条件专项	150
	贷：财政拨款收入——机构运行拨款	800
	财政拨款收入——住房改革支出拨款——住房公积金	100
	财政拨款收入——住房改革支出拨款——提租补贴	10
	财政拨款收入——住房改革支出拨款——购房补贴	70
	财政拨款收入——事业单位基本养老保险缴费拨款	80
	财政拨款收入——事业单位职业年金缴费拨款	40
	财政拨款收入——专项经费拨款——社会公益专项	200
	财政拨款收入——专项经费拨款——科技条件专项	150
预算会计分录	借：资金结存——零余额账户用款额度——基本支出用款额度	1100
	资金结存——零余额账户用款额度——项目支出用款额度	350
	贷：财政拨款预算收入——机构运行拨款	800
	财政拨款预算收入——住房改革支出拨款——住房公积金	100
	财政拨款预算收入——住房改革支出拨款——提租补贴	10
	财政拨款预算收入——住房改革支出拨款——购房补贴	70
	财政拨款预算收入——事业单位基本养老保险缴费款	80
	财政拨款预算收入——事业单位职业年金缴费拨款	40
	财政拨款预算收入——专项经费拨款——社会公益专项	200
	财政拨款预算收入——专项经费拨款——科技条件专项	150

（三）其他货币资金

【例 1-3】某科研单位存定期存款 1000 万元。

1-3-1		（万元）
财务会计分录	借：银行存款——其他货币资金	1000
	贷：银行存款——基本户银行存款	1000
预算会计分录	借：资金结存——货币资金——其他货币资金	1000
	贷：资金结存——货币资金——基本户银行存款	1000

（四）财政应返还额度

【例 1-4-1】某科研单位收到科技条件专项拨款——财政项目 2，共 150 万元，本年支出 148 万元，年底财政拨款结余 2 万元。

某科研单位收到社会公益专项拨款——财政项目 1，共 200 万元，本年支出 195 万元，年底财政拨款结转 5 万元。

1-4-1		（万元）
财务会计 分录	借：财政应返还额度	7
	贷：零余额账户用款额度——科技条件专项	2
	零余额账户用款额度——社会公益专项	5
预算会计 分录	借：财政应返还额度	7
	贷：资金结存——零余额账户用款额度——项目支出用款额度	7

【例 1-4-2】某科研单位年初收到上年财政返还科技条件专项拨款——财政项目 2 财政拨款结余 1 万元，财政拨款结余 1 万元上缴。

1-4-2		（万元）
财务会计 分录	借：零余额账户用款额度——科技条件专项	1
	贷：财政应返还额度	1
	借：累计盈余——财政拨款结余——累计结余	1
	贷：累计盈余——财政拨款结余——归集上缴	1
	借：累计盈余——财政拨款结余——归集上缴	1
	贷：零余额账户用款额度——科技条件专项	1
预算会计 分录	借：资金结存——零余额账户用款额度——项目支出用款额度	1
	贷：财政应返还额度	1
	借：财政拨款结余——累计结余	1
	贷：财政拨款结余——归集上缴	1
	借：财政拨款结余——归集上缴	1
	贷：资金结存——零余额账户用款额度——项目支出用款额度	1

二、债权性资产

（一）应收票据

【例 2-1-1】某科研单位为企业提供技术服务，收到商业承兑汇票 500 万元（金额 470 万元，税额 30 万元），到期后兑现商业承兑汇票。

2-1-1		（万元）
财务会计分录	借：应收票据 　贷：技术服务收入 　　　应交增值税——销项税	500 470 30
预算会计分录	无	

【例 2-1-2】商业承兑汇票到期承兑。

2-1-2		（万元）
财务会计分录	借：银行存款——基本户银行存款 　贷：应收票据	500 500
预算会计分录	借：资金结存——货币资金——基本户银行存款 　贷：事业预算收入——技术服务预算收入	500 500

【例 2-1-3】商业承兑汇票到期未能承兑。

2-1-3		（万元）
财务会计分录	借：应收账款 　贷：应收票据	500 500
预算会计分录	无	

（二）应收账款

【例 2-2-1】某科研单位应收药厂甲技术服务费 500 万元，票已开，款未到。金额 470 万元，税额 30 万元。

2-2-1		（万元）
财务会计分录	借：应收账款——药厂甲 　贷：事业收入——技术服务费收入 　　　应交增值税——销项税	500 470 30
预算会计分录	无	

【例 2-2-2】某科研单位收到药厂甲技术服务费 500 万元。

2-2-2		（万元）
财务会计 分录	借：银行存款——基本户银行存款	500
	贷：应收账款——药厂甲	500
预算会计 分录	借：资金结存——货币资金——基本户银行存款	500
	贷：预算收入——科研预算收入——技术服务费收入	500

【例 2-2-3】收到上年应收服务费。

2-2-3		（万元）
财务会计 分录	借：银行存款——基本户银行存款	40
	贷：应收账款——应收服务费	40
预算会计 分录	借：资金结存——货币资金——基本户银行存款	40
	贷：资金结存——待处理支出——应收账款	40

（三）应收股利

【例 2-3-1】某科研单位持有 A 公司股权，股权成本 200 万元，年底应收 A 公司股利 10 万元。

2-3-1		（万元）
财务会计 分录	借：应收股利	10
	贷：投资收益	10
预算会计 分录	无	

【例 2-3-2】收到分配的股利。

2-3-2		（万元）
财务会计 分录	借：银行存款——基本户银行存款	10
	贷：应收股利	10
预算会计 分录	借：资金结存——货币资金——基本户银行存款	10
	贷：投资预算收益	10

（四）应收利息

【例 2-4-1】某科研单位购买短期债券，短期债券本金 50 万元，应收利息 2.5 万元。

2-4-1 （万元）

财务会计分录	借：应收利息	2.5
	贷：投资收益——短期债券投资	2.5
预算会计分录	无	

【例2-4-2】某科研单位短期债券，到期还本付息。

2-4-2 （万元）

财务会计分录	借：银行存款——基本户银行存款	52.5
	贷：短期投资	50
	应收利息	2.5
预算会计分录	借：资金结存——货币资金——基本户银行存款	52.5
	贷：投资预算收入	52.5

（五）预付账款

【例2-5-1】某科研单位科技条件专项（修缮购置专项）——财政项目2，购买专用设备共计148万元，先预付100万元，仪器到货后，付尾款48万元。

2-5-1 （万元）

财务会计分录	借：预付账款	100
	贷：零余额账户用款额度——科技条件专项	100
预算会计分录	借：事业支出——项目支出——其他资本性项目支出——专用设备购置项目支出（财政项目2）	100
	贷：资金结存——零余额账户用款额度——项目支出用款额度	100

【例2-5-2】某科研单位仪器到货后，付尾款48万元。

2-5-2 （万元）

财务会计分录	借：固定资产——专用设备购置	148
	贷：预付账款	100
	零余额账户用款额度——科技条件专项	48
预算会计分录	借：事业支出——项目支出——其他资本性项目支出——专用设备购置项目支出（财政项目2）	48
	贷：资金结存——零余额账户用款额度——项目支出用款额度	48

【例2-5-3】某科研单位××其他委托项目2付测试费100万元，先预付

70万元，测试结果交付后再付30万元，开发票，金额94万元，税额6万元。

		（万元）
2-5-3		
财务会计 分录	借：预付账款 　　贷：银行存款——基本户银行存款	70 70
预算会计 分录	借：事业支出——基本支出——商品和服务支出——委托业务费 　　支出——测试费（××其他委托项目2） 　　贷：资金结存——货币资金——基本户银行存款	70 70

【例2-5-4】某科研单位××其他委托项目2收到测试结果后再付30万元，开发票，金额94万元，税额6万元。

		（万元）
2-5-4		
财务会计 分录	借：业务活动费用——商品和服务费用——委托业务费——测试 　　费（××其他委托项目2） 　　应交增值税——进项税 　　贷：预付账款 　　　　银行存款——基本户银行存款	94 6 70 30
预算会计 分录	借：事业支出——基本支出——商品和服务支出——委托业务费 　　支出——测试费（××其他委托项目2） 　　事业支出——基本支出——商品和服务支出——税金及附加 　　（自有资金） 　　贷：资金结存——货币资金——基本户银行存款	24 6 30

（六）其他应收款

1. 住院押金

【例2-6-1-1】上年，某科研单位某职工付住院押金5万元。

		（万元）
2-6-1-1		
财务会计 分录	借：其他应收款——住院押金 　　贷：银行存款——基本户银行存款	5 5
预算会计 分录	借：资金结存——待处理支出——其他应收账款——住院押金 　　贷：资金结存——货币资金——基本户银行存款	5 5

【例2-6-1-2】科研单位某职工上年预付住院押金5万元，出院后医药费本年结算6万元。

2-6-2-1		（万元）
财务会计分录	借：业务活动费用——工资福利费用——医疗费 　贷：其他应收款——住院押金 　　　银行存款——基本户银行存款	6 5 1
预算会计分录	借：事业支出——基本支出——工资和福利支出——医疗费 　贷：资金结存——待处理支出——其他应收账款——住院押金 　　　资金结存——货币资金——基本户银行存款	6 5 1

2. 借款

【例 2-6-2-1】某科研单位 ×× 政府专项 1 业务人员借差旅费 1 万元。

2-6-2-1		（万元）
财务会计分录	借：其他应收款——借款 　贷：银行存款——基本户银行存款	1 1
预算会计分录	借：事业支出——基本支出——商品和服务支出——差旅费支出（×× 政府专项 1） 　贷：资金结存——货币资金——基本户银行存款	1 1

【例 2-6-2-2】科研单位课题 ×× 政府专项 1 业务人员借差旅费 1 万元，实际报销差旅费 2 万元。

2-6-2-2		（万元）
财务会计分录	借：业务活动费用——商品和服务费用——差旅费——外埠差旅费（×× 政府专项 1） 　贷：其他应收款——借款 　　　银行存款——基本户银行存款	2 1 1
预算会计分录	借：事业支出——基本支出——商品和服务支出——差旅费支出（×× 政府专项 1） 　贷：资金结存——货币资金——基本户银行存款	1 1

（七）坏账准备

【例 7-1】某科研单位往年应收账款中，年底计提 8 万元坏账准备，后有 5 万元不能收回。

7–1		（万元）
财务会计分录	借：其他费用	8
	贷：坏账准备	8
	借：坏账准备	5
	贷：应收账款	5
预算会计分录	无	

三、流动性物品资产

（一）在途物品

【例3–1】某科研单位因经营活动需要，购买原材料130万元（金额120万元，税额10万元）。

3–1–1		（万元）
财务会计分录	借：在途物品——原材料	120
	应交增值税——进项税	10
	贷：银行存款——基本户银行存款	130
预算会计分录	借：经营支出——专用材料支出	120
	经营税金及附加	10
	贷：资金结存——货币资金——基本户银行存款	130

（二）加工物品

【例3–2】某科研单位因经营活动需要，购买120万元在途原材料委托加工，加工费15万元（金额10万元，税额5万元）。

3–2–1		（万元）
财务会计分录	借：加工物品	130
	应交增值税——进项税	5
	贷：在途物品——原材料	120
	银行存款——基本户银行存款	15
预算会计分录	借：经营支出——委托加工费	10
	经营税金及附加	5
	贷：资金结存——货币资金——基本户银行存款	15

（三）库存物品

1. 产成品

【例 3-3-1-1】某科研单位因经营活动需要，把加工后 130 万元产成品送回单位，付运费 5 万元。

3-3-1-1		（万元）
财务会计分录	借：库存物品——产成品 　　贷：加工物品 　　　　银行存款——基本户银行存款（运费）	135 130 5
预算会计分录	借：经营支出 　　贷：资金结存——货币资金——基本户银行存款	5 5

【例 3-3-1-2】某科研单位因经营活动需要，经营部门领用 135 万元产成品。

3-3-1-2		（万元）
财务会计分录	借：经营费用 　　贷：库存物品——产成品	135 135
预算会计分录	无	

2. 原材料

【例 3-3-2-1】某科研单位 ×× 政府专项 1 课题购买试剂 50 万元（金额 45 万元，税额 5 万元）。

3-3-2-1		（万元）
财务会计分录	借：库存物品——原材料——试剂 　　贷：银行存款——基本户银行存款	50 50
预算会计分录	借：事业支出——基本支出——商品和服务支出——专用材料支出（×× 政府专项 1） 　　贷：资金结存——货币资金——基本户银行存款	50 50

【例 3-3-2-2】某科研单位 ×× 其他委托项目 1 购买试剂 50 万元，开发票后，金额 45 万元，税额 5 万元，已入库。

3-3-2-2		（万元）
财务会计分录	借：库存商品——原材料 　　应交增值税——进项税 　　贷：银行存款——基本户银行存款	45 5 50
预算会计分录	借：事业支出——基本支出——商品和服务支出——专用材料支出——原材料（××其他委托项目 1） 　　事业支出——基本支出——商品和服务支出——税金及附加 　　贷：资金结存——货币资金——基本户银行存款	45 5 50

【例 3-3-2-3】收到上年预付原材料 30 万元。

3-3-2-3		（万元）
财务会计分录	借：库存物品——原材料 　　贷：预付账款	30 30
预算会计分录	借：资金结存——待处理支出——库存物品——原材料 　　贷：资金结存——待处理支出——预付账款	30 30

3. 低值易耗品

【例 3-3-3-1】某科研单位上年购买办公用品 20 万元，未领用。

3-3-3		（万元）
财务会计分录	借：库存物品——低值易耗品 　　贷：银行存款——基本户银行存款	20 20
预算会计分录	借：资金结存——待处理支出——库存物品——低值易耗品 　　贷：资金结存——货币资金——基本户银行存款	20 20

【例 3-3-3-2】某科研单位管理人员本年领用价值 10 万元办公用品，业务人员 ×× 其他委托项目 1 本年领用 5 万元办公用品。

3-3-4		（万元）
财务会计分录	借：单位管理费用——商品和服务费用——专用材料费——低值易耗品（公用经费） 　　业务活动费用——商品和服务费用——专用材料费——低值易耗品（××其他委托项目 1） 　　贷：库存物品——低值易耗品	10 5 15

预算会计分录	借：事业支出——基本支出——商品和服务支出——专用材料支出——低值易耗品（公用经费）	10
	事业支出——基本支出——商品和服务支出——专用材料支出——低值易耗品（××其他委托项目1）	5
	贷：资金结存——待处理支出——库存物品——低值易耗品	15

四、投资性资产

（一）短期投资

1. 短期债券投资

【例4-1-1-1】某科研单位购买短期债券，短期债券本金50万元，应收利息2.5万元。

4-1-1-1		（万元）
财务会计分录	借：短期投资——短期债券投资	50
	贷：银行存款——基本户银行存款	50
	借：应收利息	2.5
	贷：投资收益	2.5
预算会计分录	借：投资支出——短期债券投资	50
	贷：资金结存——货币资金——基本户银行存款	50

【例4-1-1-2】卖出短期债券，收到本息。

4-1-1-2		（万元）
财务会计分录	借：银行存款——基本户银行存款	52.5
	贷：短期投资——短期债券投资	50
	投资收益	2.5
预算会计分录	借：资金结存——货币资金——基本户银行存款	52.5
	贷：投资预算收益	52.5

（二）长期股权投资

1. 长期股权投资——成本法

【例 4-2-1-1】某科研单位投资 A 公司 200 万元，年底应收股利 10 万元。

4-2-1-1		（万元）
财务会计分录	借：长期股权投资——A 公司 　　应收股利 　　贷：投资收益 　　　　银行存款——基本户银行存款	200 10 10 200
预算会计分录	借：投资支出——A 公司 　　贷：资金结存——货币资金——基本户银行存款	200 200

【例 4-2-1-2】某科研单位投资 A 公司，年底收到股利 10 万元。

4-2-1-2		（万元）
财务会计分录	借：银行存款——基本户银行存款应收股利 　　贷：应收股利	10 10
预算会计分录	借：资金结存——货币资金——基本户银行存款 　　贷：投资预算收益	10 10

【例 4-2-1-3】某科研单位投资 A 公司 200 万元，经批准卖掉 A 公司全部股份，收到银行存款 250 万元。

4-2-1-3		（万元）
财务会计分录	借：银行存款——基本户银行存款 　　贷：长期股权投资——A 公司 　　　　投资收益	250 200 50
预算会计分录	借：资金结存——货币资金——基本户银行存款 　　贷：投资预算收益	250 250

2. 长期股权投资——权益法

【例 4-2-2-1】某科研单位投资上市 A 公司 200 万元，年底股票市值已升至 250 万元。

4-2-2-1		（万元）
财务会计分录	借：长期股权投资——A 公司	200
	贷：银行存款——基本户银行存款	200
	借：长期股权投资——A 公司	50
	贷：投资收益	50
预算会计分录	借：预算支出——投资支出——A 公司	200
	贷：资金结存——货币资金——基本户银行存款	200

【例 4-2-2-2】某科研单位投资上市 A 公司，第二年股票市值已由 250 万元跌至 220 万元，单位决定卖出股票。

4-2-2-2		（万元）
财务会计分录	借：长期股权投资——A 公司	——30
	贷：投资收益	——30
	借：银行存款——基本户银行存款	220
	贷：长期股权投资——A 公司	220
预算会计分录	借：资金结存——货币资金——基本户银行存款	220
	贷：投资预算收益	220

【例 4-2-2-3】年末，被投资单位除净损溢和利润分配之外的所有者权益份额增加 25 万元。

4-2-2-3		（万元）
财务会计分录	借：长期股权投资——其他权益变动	25
	贷：权益法调整	25
	借：权益法调整	25
	贷：投资收益	25

【例 4-2-2-4】年末，被投资单位除净损溢和利润分配之外的所有者权益份额减少 15 万元。

4-2-2-4		（万元）
财务会计分录	借：权益法调整	15
	贷：长期股权投资——其他权益变动	15
	借：投资收益	15
	贷：权益法调整	15
预算会计分录	无	

（三）长期债券投资

【例 4-3-1】某单位当年购买长期债券 50 万元，2 年应收利息 5 万元。

4-3-1		（万元）
财务会计分录	借：长期债券投资 　　贷：银行存款——基本户银行存款 借：应收利息 　　贷：投资收益	50 50 5 5
预算会计分录	借：事业支出——投资支出 　　贷：资金结存——货币资金——基本户银行存款	50 50

【例 4-3-2】某单位当年购买长期债券 50 万元，2 年后还本付息。

4-3-2		（万元）
财务会计分录	借：银行存款——基本户银行存款 　　贷：长期债券投资 　　　　投资收益	55 50 5
预算会计分录	借：资金结存——货币资金——基本户银行存款 　　贷：投资预算收益	55 55

五、非流动性资产及折旧

（一）固定资产

1. 专用设备

【例 5-1-1-1】课题项目 ×× 政府专项 1 购买专用设备 20 万元（金额 18 万元，税额 2 万元）。

5-1-1-1		（万元）
财务会计分录	借：固定资产——专用设备 　　贷：银行存款——基本户银行存款	20 20
预算会计分录	借：事业支出——基本支出——其他资本性支出——专用设备购置支出（×× 政府专项 1） 　　贷：资金结存——货币资金——基本户银行存款	20 20

【例 5-1-1-2】某科研单位财政项目 1 购置专用设备 10 万元（金额 9 万元，

税费 1 万元）。

5-1-1-2 （万元）

财务会计 分录	借：固定资产——专用设备 　　贷：零余额账户用款额度——社会公益专项	10 10
预算会计 分录	借：事业支出——项目支出——其他资本性项目支出——专用设备购置项目支出（财政项目1） 　　贷：资金结存——零余额账户用款额度——项目支出用款额度	10 10

【例 5-1-1-3】某科研单位财政项目 2 付专用设备购置 148 万元（金额 134 万元，税额 14 万元）。

5-1-1-3 （万元）

财务会计 分录	借：固定资产——专用设备购置 　　贷：零余额账户用款额度——科技条件专项	148 148
预算会计 分录	借：事业支出——项目支出——其他资本性项目支出——专用设备购置项目支出（财政项目2） 　　贷：资金结存——零余额账户用款额度——项目支出用款额度	148 148

【例 5-1-1-4】某科研单位当年收到上级无偿调拨的专用设备 10 万元，已提折旧 2 万元。

5-1-1-4 （万元）

财务会计 分录	借：固定资产——专用设备 　　贷：无偿调拨净资产 借：无偿调拨净资产 　　贷：累计盈余——事业基金	8 8 8 8

2. 一般通用设备

【例 5-1-2-1】课题项目 ×× 其他委托项目 1 购买电脑 10 万元（金额 9 万元，税额 1 万元）。

5-1-2-1 （万元）

财务会计 分录	借：固定资产——通用设备——一般通用设备 　　应交增值税——进项税 　　贷：银行存款——基本户银行存款	9 1 10

续表

预算会计 分录	借：事业支出——基本支出——其他资本性支出——办公设备购 　　置支出——办公设备（××其他委托项目1） 　　事业支出——基本支出——商品和服务支出——税金及附加 　　（自有资金） 　贷：资金结存——货币资金——基本户银行存款	9 1 10

【例5-1-2-2】某科研单位用自有资金购置办公家具10万元（金额9万元，税额1万元），电脑10万元（金额9万元，税额1万元）。

5-1-2-2　　　　　　　　　　　　　　　　　　　　　　　　　　　（万元）

财务会计 分录	借：固定资产——办公家具 　　固定资产——通用设备——一般通用设备——电脑 　　应交增值税——进项税 　贷：银行存款——基本户银行存款	9 9 2 20
预算会计 分录	借：事业支出——基本支出——其他资本性支出——办公设备购 　　置支出——办公家具（自有资金） 　　事业支出——基本支出——其他资本性支出——办公设备购 　　置支出——办公设备（自有资金） 　　事业支出——基本支出——商品和服务支出——税金及附加 　　（自有资金） 　贷：资金结存——货币资金——基本户银行存款	9 9 2 20

（二）无形资产

【例5-2-1】课题项目××政府专项1购买软件10万元（金额9万元，税额1万元）。

5-2-1　　　　　　　　　　　　　　　　　　　　　　　　　　　　（万元）

财务会计 分录	借：无形资产——计算机软件 　贷：银行存款——基本户银行存款	10 10
预算会计 分录	借：事业支出——基本支出——其他资本性支出——信息网络及 　　软件购置支出（××政府专项1） 　贷：资金结存——货币资金——基本户银行存款	10 10

【例5-2-2】某科研单位财政项目1付平台及软件开发费30万元，并取得专利权。

5-2-2 （万元）

财务会计分录	借：业务活动费用——商品和服务费用——委托业务费——平台及软件开发费（财政项目1）	30
	贷：零余额账户用款额度——社会公益专项	30
	借：无形资产	30
	贷：累计盈余——非流动资产基金	30
预算会计分录	借：事业支出——项目支出——其他资本性项目支出——无形资产项目支出（财政项目1）	20
	贷：资金结存——零余额账户用款额度——项目支出用款额度	20

【例5-2-3】某科研单位研发支出500万元，形成了专利权。

5-2-3 （万元）

财务会计分录	借：研发支出	500
	贷：银行存款——基本户银行存款	500
	借：无形资产——专利权	500
	贷：研发支出	500
预算会计分录	借：事业支出——基本支出——其他资本性项目支出——无形资产（自有资金）	500
	贷：资金结存——货币资金——基本户银行存款	500

【例5-2-4】出售原值500万无形资产，该无形资产已经摊销了100万元，收到银行存款800万元（金额750万元，税额50万元）。

5-2-4 （万元）

财务会计分录	借：银行存款——基本户银行存款	800
	无形资产累计摊销	100
	资产处置费用	400
	贷：无形资产——专利权	500
	事业收入——科研成果转化收入	750
	应交增值税——销项税	50
预算会计分录	借：资金结存——货币资金——基本户银行存款	800
	贷：事业预算收入——科研成果转化预算收入	800

（三）固定资产累计折旧/无形资产累计摊销

【例5-3-1】某科研单位2018年12月31日前，购置电脑等一般通用设备500万元，已提折旧200万元，2019年当年提折旧100万元。通用设备中交通运输设备为 20 万元，已提折旧 10 万元，2019 年当年提折旧 2 万元。购置专用设备共 800 万元，已提折旧 500 万元，2019 年当年提折旧 100 万元。购置办公家具共 80 万元，已提折旧 40 万元，2019 年当年提折旧 10 万元。购置图书馆图书 30 万元，已提折旧 18 万元，2019 年当年提折旧 6 万元。购置办公软件 200 万元，已提折旧 100 万元，2019 年当年提折旧 50 万元。2019 年提 2018 年 12 月 31 日前购置的固定资产折旧及无形资产摊销。

5-3-1　　　　　　　　　　　　　　　　　　　　　　　　　　　　（万元）

财务会计分录	借：累计盈余——非流动资产基金	268
	贷：固定资产累计折旧——通用设备折旧——一般通用设备折旧	100
	固定资产累计折旧——通用设备折旧——交通运输设备折旧	2
	固定资产累计折旧——专用设备折旧	100
	固定资产累计折旧——办公家具折旧	10
	固定资产累计折旧——图书折旧	6
	无形资产累计摊销——计算机软件摊销	50
预算会计分录	无	

【例 5-3-2】2019 年 1 月 1 日后购固定资产，固定资产累计折旧 / 无形资产累计摊销。

2019 年 1 月 1 日后，购固定资产一般通用设备 19 万元，当年提折旧 3 万元（管理费用 2 万元，业务活动费用 1 万元）；购专用设备 188 万元，当年提折旧 20 万元（业务活动费用 20 万元）；单位自有资金购办公家具 10 万元，当年提折旧 2 万元；购办公软件 30 万元，当年提折旧 5 万元。

5-3-2　　　　　　　　　　　　　　　　　　　　　　　　　　　　（万元）

财务会计分录	借：单位管理费用——折旧及摊销费——固定资产折旧费	2
	单位管理费用——折旧及摊销费——办公家具折旧费	2
	业务活动费用——折旧及摊销费——固定资产折旧费业务活动费用——折旧及摊销费——无形资产摊销费	21
		5
	贷：固定资产累计折旧——通用设备折旧——一般通用设备折旧	3
	固定资产累计折旧——专用设备折旧	20
	固定资产累计折旧——办公家具折旧	2
	无形资产累计摊销——计算机软件摊销	5

续表

预算会计分录	无	

【例 5-3-3】上级无偿调拨的固定资产 8 万元，当年提折旧 1 万元。

5-3-3		（万元）
财务会计分录	借：固定资产 　　贷：无偿调拨净资产 借：无偿调拨净资产 　　贷：累计盈余——非流动资产基金 借：累计盈余——非流动资产基金 　　贷：固定资产累计折旧——专用设备折旧	8 8 8 8 1 1
预算会计分录	无	

（四）在建工程

【例 5-4-1】某科研单位财政项目 2 购置专用设备 148 万元，单位用自有资金付安装调试费 10 万元。

5-4-1		（万元）
财务会计分录	借：在建工程 　　贷：银行存款——基本户银行存款 借：固定资产——专用设备 　　贷：在建工程	10 10 10 10
预算会计分录	借：事业支出——基本支出——其他资本性支出——专用设备购置支出（自有资金） 　　贷：资金结存——货币资金——基本户银行存款	10 10

（五）研发支出

【例 5-5-1】某科研单位上年医药研发支出 150 万元，经评估，预期能够形成专利。

5-5-1		（万元）
财务会计分录	借：研发支出	150
	贷：银行存款——基本户银行存款	150
	借：无形资产——专利权	150
	贷：研发支出	150
预算会计分录	无	

（六）文化物资

【例 5-6-1】某科研单位收到捐赠的文化物资 20 万元。

5-6-1		（万元）
财务会计分录	借：文物文化物资	20
	贷：捐赠收入	20
预算会计分录	无	

六、待处理性资产——其他资本性支出

（一）待摊费用

【例 6-1-1】某科研单位付房屋租赁费 10 万元，分 10 个月摊销。

6-1-1		（万元）
财务会计分录	借：待摊费用	10
	贷：零余额账户用款额度——机构运行	10
预算会计分录	借：事业支出——基本支出——商品和服务费用支出——租赁费支出（公务费）	10
	贷：零余额账户用款额度——基本支出用款额度	10

6-1-2		（万元）
财务会计分录	借：单位管理费用——商品服务费用——租赁费（公务费）	1
	贷：待摊费用	1
预算会计分录	无	

（二）受托代理资产

【例6-2-1】某科研单位受某公司委托，向疫情地区捐手机，价值30万元。

6-2-1		（万元）
财务会计 分录	借：受托代理资产——××公司手机 　　贷：受托代理负债——××公司手机	30 30
预算会计 分录	无	

【例6-2-2】某科研单位受某公司委托，实际向疫情地区捐手机30万元。

6-2-2		（万元）
财务会计 分录	借：受托代理负债——××公司手机 　　贷：受托代理资产——××公司手机	30 30
预算会计 分录	无	

（三）长期待摊费用

【例6-3-1】本年，某科研单位修缮实验室，花费50万元，分20个月摊销完，本年摊销20万元。

6-3-1		（万元）
财务会计 分录	借：长期待摊费用 　　贷：银行存款——基本户银行存款 借：单位管理费用——商品和服务费用——维修费——办公用房维修费（自有资金） 　　贷：长期待摊费用	50 50 20 20
预算会计 分录	借：事业支出——基本支出——其他资本性支出——大型修缮支出 　　贷：资金结存——货币资金——基本户银行存款	50 50

（四）待处理财产损溢

【例6-4-1】某科研单位报废已损坏的6台价值3万元的电脑，已提折旧2万元。

6-4-1		（万元）
财务会计 分录	借：待处理财产损溢——固定资产	1
	固定资产累计折旧——通用设备折旧	2
	贷：固定资产——一般通用设备	3
	借：资产处置费用	1
	贷：待处理财产损溢——固定资产	1
预算会计 分录	无	

▶▶▶ 第二节　负债类

一、流动负债

（一）短期借款

【例 1-1-1】某科研单位向银行借款 50 万元，借款期限六个月，利率 6%。

1-1-1		（万元）
财务会计 分录	借：银行存款——基本户银行存款	50
	其他费用——利息	1.5
	贷：短期借款	50
	应付利息	1.5
预算会计 分录	借：资金结存——货币资金——基本户银行存款	50
	贷：债务预算收入	50

【例 1-1-2】某科研单位向银行借款 50 万元短期借款，借款期限六个月，利率 6%，到期后还本付息。

1-1-2		（万元）
财务会计 分录	借：短期借款	50
	应付利息	1.5
	贷：银行存款——基本户银行存款	51.5
预算会计 分录	借：债务还本支出	50
	其他支出——利息支出	1.5
	贷：资金结存——货币资金——基本户银行存款	51.5

（二）应交增值税

1. 销项税

【例1-2-1-1】结转上年科研经费，结转某药厂上年500万元科研经费（金额470万元，税额30万元），项目核算编号××其他委托项目1，根据单位规定：横向课题上缴单位20%作为管理费及税费。

1-2-1-1		（万元）
财务会计分录	借：其他应付款——科研经费暂存	500
	贷：预收账款——其他委托（××其他委托项目1）	400
	预提费用——项目间接费或管理费	70
	应交增值税——销项税	30
预算会计分录	借：事业预算收入——科研预算收入——科研经费暂存预算收入	500
	贷：事业预算收入——科研预算收入（××其他委托项目1）	400
	事业预算收入——项目间接费或管理费预算收入	100

【例1-2-1-2】当年收到药厂300万元科研经费，开票立项（金额280万元，税额20万元）。项目核算编号××其他委托项目2，根据单位规定：横向课题上缴单位20%作为管理费及税费。

1-2-1-2		（万元）
财务会计分录	借：银行存款——基本户银行存款	300
	贷：预收账款——其他委托（××其他委托项目2）	240
	预提费用——项目间接费或管理费	40
	应交增值税—销项税	20
预算会计分录	借：资金结存——货币资金——基本户银行存款	300
	贷：事业预算收入——科研预算收入（××其他委托项目2）	240
	事业预算收入——项目间接费或管理费预算收入	60

【例1-2-1-3】某科研单位收到外单位支付500万元技术服务费；开发票后，金额470万元，税额30万元。

1-2-1-3		（万元）
财务会计分录	借：银行存款——基本户银行存款	500
	贷：事业收入——技术服务收入	470
	应交增值税—销项税	30
预算会计分录	借：资金结存——货币资金——基本户银行存款	500
	贷：事业预算收入——技术服务预算收入	500

【例 1-2-1-4】某科研单位收到外单位支付 100 万元会议费；开发票后金额 94 万元，税额 6 万元。

1-2-1-4		（万元）
财务会计 分录	借：银行存款——基本户银行存款 　　贷：事业收入——会议收入 　　　　应交增值税——销项税	100 94 6
预算会计 分录	借：资金结存——货币资金——基本户银行存款 　　贷：事业预算收入——会议预算收入	100 100

【例 1-2-1-5】某科研单位出售自研的无形资产专利权，收到 800 万元，并开发票（金额 750 万元，税额 50 万元），该无形资产原值 500 万元，累计摊销了 100 万元。

1-2-1-5		（万元）
财务会计 分录	借：银行存款—基本户银行存款 　　无形资产累计摊销 　　累计盈余——非流动资产基金 / 资产处置费用 　　贷：无形资产——专利权 　　　　事业收入——科研成果转化收入 　　　　应交增值税——销项税	800 100 400 500 750 50
预算会计 分录	借：资金结存——货币资金——基本户银行存款 　　贷：事业预算收入——科研成果转化预算收入	800 800

【例 1-2-1-6】某科研单位出售药品，收到经营收入 200 万元，开发票（金额 180 万元，税额 20 万元）。

1-2-1-6		（万元）
财务会计 分录	借：银行存款——基本户银行存款 　　贷：经营收入 　　　　应交增值税——销项税	200 180 20
预算会计 分录	借：资金结存——货币资金——基本户银行存款 　　贷：经营预算收入	200 200

【例 1-2-1-7】某科研单位收到会议室出租费 5 万元，开发票，金额 4.7 万元，税额 0.3 万元。

1-2-1-7		（万元）
财务会计分录	借：银行存款——基本户银行存款	5
	贷：租金收入	4.7
	应交增值税——销项税	0.3
预算会计分录	借：资金结存——货币资金——基本户银行存款	5
	贷：其他预算收入	5

【例 1-2-1-8】某科研单位收到附属单位按规定上缴的 10 万元收入（金额 9.4 万元，税额 0.6 万元）。

1-2-1-8		（万元）
财务会计分录	借：银行存款——基本户银行存款	10
	贷：附属单位上缴收入	9.4
	应交增值税——销项税	0.6
预算会计分录	借：资金结存——货币资金——基本户银行存款	10
	贷：附属单位上缴预算收入	10

2. 进项税

【例 1-2-2-1】某科研单位 ×× 其他委托项目 1 付办公设备维修费 6 万元（金额 5 万元，税额 1 万元）。

1-2-2-1		（万元）
财务会计分录	借：业务活动费用——商品和服务费用——维修费——办公设备维修费（×× 其他委托项目 1）	5
	应交增值税——进项税	1
	贷：银行存款——基本户银行存款	6
预算会计分录	借：事业支出——基本支出——商品和服务支出——维修费支出——办公设备维修支出（×× 其他委托项目 1）	5
	事业支出——基本支出——商品和服务支出——税金及附加（自有资金）	1
	贷：资金结存——货币资金——基本户银行存款	6

【例 1-2-2-2】某科研单位 ×× 其他委托项目 1 购买试剂 65 万元（金额 61 万元，税额 4 万元），购买实验动物 10 万元（金额 9.4 万元，税额 0.6 万元），从库房领用低值易耗品 5 万元，总额 75 万元。

1-2-2-2 （万元）

财务会计分录	借：业务活动费用——商品和服务费用——专用材料费——原材料费（××其他委托项目1）	61
	业务活动费用——商品和服务费用——专用材料费——实验动物（××其他委托项目1）	9.4
	业务活动费用——商品和服务费用——专用材料费——低值易耗品（××其他委托项目1）	5
	应交增值税——进项税	4.6
	贷：库存物品——低值易耗品	5
	银行存款——基本户银行存款	75
预算会计分录	借：事业支出——基本支出——商品和服务费用支出——专用材料费支出——原材料（××其他委托项目1）	61
	事业支出——基本支出——商品和服务费用支出——专用材料费支出——实验动物（××其他委托项目1）	9.4
	事业支出——基本支出——商品和服务费用支出——专用材料费支出——低值易耗品（××其他委托项目1）	5
	事业支出——基本支出——商品和服务支出——税金及附加（自有资金）	4.6
	贷：资金结存——待处理支出——存货——低值易耗品	5
	资金结存——货币资金——基本户银行存款	75

【例1-2-2-3】某科研单位课题组 ×× 其他委托项目 1 付科研项目经费 100 万元（金额 94 万元，税额 6 万元）。

1-2-2-3 （万元）

财务会计分录	借：业务活动费用——商品和服务费用——委托业务费——科研项目费（××其他委托项目1）	94
	应交增值税——进项税	6
	贷：银行存款——基本户银行存款	100
预算会计分录	借：事业支出——基本支出——商品和服务费用支出——委托业务费支出——科研项目费支出（××其他委托项目1）	94
	事业支出——基本支出——商品和服务支出——税金及附加（自有资金）	6
	贷：资金结存——货币资金——基本户银行存款	100

【例1-2-2-4】某科研单位课题组 ×× 其他委托项目 1 付测试费 55 万元金额（52 万元，税额 3 万元）。

1-2-2-4		（万元）
财务会计 分录	借：业务活动费用——商品和服务费用——委托业务费——测试 费（××其他委托项目1）	52
	应交增值税——进项税	3
	贷：银行存款——基本户银行存款	55
预算会计 分录	借：事业支出——基本支出——商品和服务费用支出——委托业 务费支出——测试费支出（××其他委托项目1）	52
	事业支出——基本支出——商品和服务支出——税金及附加 （自有资金）	3
	贷：资金结存——货币资金——基本户银行存款	55

【例1-2-2-5】某科研单位课题组××其他委托项目1付平台及软件开发费3.8万元（金额3.6万元，税额0.2万元）（无专利，无专有技术）。

1-2-2-5		（万元）
财务会计 分录	借：业务活动费用——商品和服务费用——委托业务费——平台及软 件开发费（××其他委托项目1）	3.6
	应交增值税——进项税	0.2
	贷：银行存款——基本户银行存款	3.8
预算会计 分录	借：事业支出——基本支出——商品和服务费用支出——委托业 务费支出——平台及软件开发费支出（××其他委托项目1）	3.6
	事业支出——基本支出——商品和服务支出——税金及附加（自 有资金）	0.2
	贷：资金结存——货币资金——基本户银行存款	3.8

【例1-2-2-6】某科研单位课题组××其他委托项目1付技术服务费50万元（金额47万元，税额3万元）。

1-2-2-6		（万元）
财务会计 分录	借：业务活动费用——商品和服务费用——委托业务费——技术 服务费（××其他委托项目1）	47
	应交增值税——进项税	3
	贷：银行存款——基本户银行存款	50
预算会计 分录	借：事业支出——基本支出——商品和服务费用支出——委托业 务费支出——技术服务费支出（××其他委托项目1）	47
	预算支出——事业支出——基本支出——商品和服务支 出——税金及附加（自有资金）	3
	贷：资金结存——货币资金——基本户银行存款	50

【例 1-2-2-7】某科研单位课题组 ×× 其他委托项目 1 付伦理审查费 10 万元（金额 9.4 万元，税额 0.6 万元）。

1-2-2-7		（万元）
财务会计分录	借：业务活动费用——商品和服务费用——委托业务费——伦理审查费（×× 其他委托项目 1）	9.4
	应交增值税——进项税	0.6
	贷：银行存款——基本户银行存款	10
预算会计分录	借：事业支出——基本支出——商品和服务费用支出——委托业务费支出——伦理审查费支出（×× 其他委托项目 1）	9.4
	事业支出——基本支出——商品和服务支出——税金及附加（自有资金）	0.6
	贷：资金结存——货币资金——基本户银行存款	10

【例 1-2-2-8】课题项目 ×× 其他委托项目 1 购买电脑 10 万元（金额 9 万元，税额 1 万元）。

1-2-2-8		（万元）
财务会计分录	借：固定资产——电脑	9
	应交增值税——进项税	1
	贷：银行存款——基本户银行存款	10
预算会计分录	借：事业支出——基本支出——其他资本性支出——办公设备购置支出——办公设备（×× 其他委托项目 1）	9
	事业支出——基本支出——商品和服务支出——税金及附加（自有资金）	1
	贷：资金结存——货币资金——基本户银行存款	10

【例 1-2-2-9】某科研单位因经营活动需要，购买原材料 130 万元（金额 120 万元，税额 10 万元），送往加工地。

1-2-2-9		（万元）
财务会计分录	借：在途物品——经营用原材料	120
	应交增值税——进项税	10
	贷：银行存款——基本户银行存款	130
预算会计分录	借：经营支出——原材料	120
	经营支出——税金及附加支出	10
	贷：资金结存——货币资金——基本户银行存款	130

【例 1-2-2-10】某科研单位因经营活动需要，购买原材料 130 万元（金额

120 万元，税额 10 万元），送往药厂委托加工。其中委托加工费 15 万元（金额 10 万元，税额 5 万元）。

1-2-2-10 （万元）

财务会计分录	借：加工物品	130
	应交增值税——进项税	5
	贷：在途物品——原材料	120
	银行存款——基本户银行存款	15
预算会计分录	借：经营支出——委托加工费	10
	经营支出——税金及附加支出	5
	贷：资金结存——货币资金——基本户银行存款	15

【例 1-2-2-11】某科研单位 ×× 其他委托项目 2 付测试费 100 万元，开发票，金额 94 万元，税额 6 万元。

1-2-2-11

财务会计分录	借：业务活动费用——商品和服务费用——委托业务费——测试费	94
	应交增值税——进项税	6
	贷：银行存款——基本户银行存款	100
预算会计分录	借：事业支出——基本支出——商品和服务支出——委托业务费支出——测试费	94
	事业支出——基本支出——商品和服务支出——税金及附加（自有资金）	6
	贷：资金结存——货币资金——基本户银行存款	100

3. 已交增值税

【例 1-2-3-1】单位本年当月交上月增值税 10 万元。

1-2-3-1

财务会计分录	借：应交增值税——已交增值税	10
	贷：银行存款——基本户银行存款	10
预算会计分录	借：事业支出——基本支出——商品和服务支出——税金及附加（自有资金）	10
	贷：资金结存——货币资金——基本户银行存款	10

【例 1-2-3-2】单位本年已交增值税 104.5 万元。本年 12 月份应交增值税 12 万元。

1-2-3-2

财务会计分录	借：应交增值税——已交增值税 　贷：银行存款——基本户银行存款	104.5 104.5
预算会计分录	借：事业支出——基本支出——商品和服务支出——税金及附加 　（自有资金） 　贷：资金结存——货币资金——基本户银行存款	104.5 104.5

（三）其他应交税费

1. 应交城建税及教育费附加

【例 1-3-1-1】单位本年 12 月份应交销项税 15 万元，进项税 3 万元，应交增值税 – 已交增值税为 12 万元，其中事业活动应交增值税 9 万元，经营活动应交增值税 3 万元。当月提城建税 0.84 万元（9×7%+3×7%），教育费附加 0.6 万元（9×5%+3×5%）。

1-3-1-1		（万元）
财务会计分录	借：单位管理费用——商品和服务费用——税金及附加 　（自有资金） 　经营费用—经营活动税费 　贷：其他应交税费——城建税 　　其他应交税费——教育费附加	1.08 0.36 0.84 0.6
预算会计分录	无	

【例 1-3-1-2】交上年年底城建税及教育费附加 1.2 万元（城建税 0.7 万元，教育费附加 0.5 万元）。

1-3-1-2		（万元）
财务会计分录	借：其他应交税费——城建税 　其他应交税费——教育费附加 　贷：银行存款——基本户银行存款	0.7 0.5 1.2
预算会计分录	借：事业支出——基本支出——商品和服务支出——税金及附加 　（自有资金） 　经营支出——税金及附加支出 　贷：资金结存——货币资金——基本户银行存款	1.08 0.12 1.2

2. 应交个人所得税

【例1-3-2-1】单位交上年个人所得税5万元包括工资个税、劳务个税、专家咨询个税。

1-3-2-1		（万元）
财务会计分录	借：其他应交税费——个人所得税	5
	贷：银行存款——基本户银行存款	5
预算会计分录	借：资金结存——待处理支出——应交税费暂存——个人所得税	5
	贷：资金结存——货币资金——基本户银行存款	5

【例1-3-2-2】单位交本年个人所得税48.6万元包括工资个税、劳务个税、专家咨询个税。本年12月份应交个人所得税7万元。

1-3-2-2		（万元）
财务会计分录	借：其他应交税费——个人所得税	48.6
	贷：银行存款——基本户银行存款	48.6
预算会计分录	借：资金结存——待处理支出——应交税费暂存——个人所得税	48.6
	贷：资金结存——货币资金——基本户银行存款	48.6

3. 应交企业所得税

【例1-3-3-1】本年总收入为4416.1万元，不征税收入为2224万元，征税收入为4416.1－2224＝2192.1（万元）；总费用为3216.62万元，征税费用为3216.62×（2192.1/4416.1）＝1596.69（万元），所得税税率按25%计算，则本年企业所得税费用为（2192.1－1596.69）×25%＝148.85（万元）。

1-3-3-1		（万元）
财务会计分录	借：所得税费用	148.85
	贷：应交所得税——企业所得税	148.85
预算会计分录	无	

【例1-3-3-2】单位汇算清缴上年企业所得税120万元。

1-3-3-2		（万元）
财务会计分录	借：应交所得税——企业所得税	120
	贷：银行存款——基本户银行存款	120
预算会计分录	借：事业支出——基本支出——商品和服务支出——税金及附加（自有资金）	120
	贷：资金结存——货币资金——基本户银行存款	120

（四）应缴财政款

【例 1-4-1】某科研单位出售闲置的闲置固定资产，原值 5 万元，已提折旧 2 万元，收入 4 万元（金额 3.6 万元，税额 0.4 万元），付运费 0.1 万元，净收入 3.5 万元资金结存 – 货币资金 – 基本户银行存款上缴财政。

1-4-1		（万元）
财务会计分录	借：银行存款——基本户银行存款	4
	待处理财产损溢——固定资产	3
	固定资产累计折旧	2
	贷：固定资产	5
	应缴财政款	3.5
	应交增值税——销项税	0.4
财务会计分录	银行存款——基本户银行存款	0.1
	借：资产处置费用	3
	贷：待处理财产损溢——固定资产	3
预算会计分录	借：资金结存——货币资金——基本户银行存款	3.9
	贷：资金结存——待处理支出——应缴财政款	3.5
	其他预算收入	0.4

【例 1-4-2】处理固定资产，净值 3.5 万元上缴财政。

1-4-2		（万元）
财务会计分录	借：应缴财政款	3.5
	贷：银行存款——基本户银行存款	3.5
预算会计分录	借：资金结存——待处理支出——应缴财政款	3.5
	贷：资金结存——货币资金——基本户银行存款	3.5

（五）应付职工薪酬

【例 1-5-1】某科研单位业务人员年工资 900 万元，单位管理人员年工资 300 万元，经营人员年工资 40 万元。其中岗位工资 440 万元，薪级工资 270 万元，其他津贴补贴 80 万元，物业补贴 25 万元，提租补贴 10 万元，购房补贴 70 万元，绩效工资 320 万元，伙食补助 25 万元。公积金个人扣款 100 万元，中央单位养老金个人扣款 50 万元，年金个人扣款 25 万元，失业金个人扣款 2.6 万元，北京市养老金个人扣款 2.5 万元，北京市医疗保险个人扣款 0.8 万元，工会经费个人扣款 4 万元，个人所得税 42 万元。

1-5-1			（万元）
财务会计分录	借：业务活动费用——工资福利费用——工资		900
	单位管理费用——工资福利费用——工资		300
	经营费用——工资		40
	贷：应付职工薪酬——基本工资——岗位工资		440
	应付职工薪酬——基本工资——薪级工资		270
	应付职工薪酬——津贴补贴——其他津贴补贴		80
	应付职工薪酬——津贴补贴——物业补贴		25
	应付职工薪酬——津贴补贴——提租补贴		10
	应付职工薪酬——津贴补贴——购房补贴		70
	应付职工薪酬——绩效工资		320
	应付职工薪酬——伙食补助费		25
	借：应付职工薪酬——基本工资——岗位工资		440
	应付职工薪酬——基本工资——薪级工资		270
	应付职工薪酬——津贴补贴——其他津贴补贴		80
	应付职工薪酬——津贴补贴——物业补贴		25
	应付职工薪酬——津贴补贴——提租补贴		10
	应付职工薪酬——津贴补贴——购房补贴		70
	应付职工薪酬——绩效工资		320
	应付职工薪酬——伙食补助费		25
财务会计分录	贷：其他应付款——住房公积金暂存		100
	其他应付款——中央单位养老金个人扣款		50
	其他应付款——中央单位年金个人扣款		25
	其他应付款——北京市失业险个人扣款		2.6
	其他应付款——工会经费暂存		4
	其他应付款——北京市基本养老金个人扣款		2.5
	其他应付款——北京市基本医疗保险个人扣款		0.8
	其他应交税费——个人所得税		42
	零余额账户用款额度——机构运行		700
	零余额账户用款额度——提租补贴		10
	零余额账户用款额度——购房补贴		70
	银行存款——基本户银行存款		233.1

续表

预算会计分录	借：事业支出——基本支出——工资福利支出——基本工资——岗位工资	440
		270
	事业支出——基本支出——工资福利支出——基本工资——薪级工资	80
	事业支出——基本支出——工资福利支出——津贴补贴——其他津贴补贴	25
		10
	事业支出——基本支出——工资福利支出——津贴补贴——物业补贴	70
		320
	事业支出——基本支出——工资福利支出——津贴补贴——提租补贴	25
		100
	事业支出——基本支出——工资福利支出——津贴补贴——购房补贴	50
	事业支出——基本支出——工资福利支出——绩效工资	
	事业支出——基本支出——工资福利支出——伙食补助费	25
	贷：资金结存——待处理支出——其他应付款——住房公积金个人扣款暂存	2.6
	资金结存——待处理支出——其他应付款——中央单位养老金个人扣款暂存	4
	资金结存——待处理支出——其他应付款——中央单位年金个人扣款暂存	2.5
	资金结存——待处理支出——其他应付款——北京市失业金个人扣款暂存	0.8
	资金结存——待处理支出——其他应付款——工会经费暂存	42
		780
	资金结存——待处理支出——其他应付款——北京市基本养老金个人扣款暂存	233.1
	资金结存——待处理支出——其他应付款——北京市基本医疗保险个人扣款暂存	
	资金结存——待处理支出——应交税费暂存——个人所得税	
	资金结存——零余额账户用款额度——基本支出用款额度	
	货币资金——基本户银行存款	

（六）应付票据

【例 1-6-1】某科研单位用商业承兑汇票购买试剂 50 万元（金额 45 万元，税额 5 万元）。

1-6-1 （万元）

财务会计分录	借：库存物品——原材料	45
	应交增值税——进项税	5
	贷：应付票据——商业承兑汇票	50
预算会计分录	无	

（七）应付账款

【例1-7-1】单位付上年技术服务费25万元。

1-7-1

财务会计分录	借：应付账款	25
	贷：银行存款——基本户银行存款	25
预算会计分录	无	

【例1-7-2】某科研单位开出商业承兑汇票购买试剂50万元（开发票，金额45万元，税额5万元），因货物原因，该商业承兑汇票到期后，单位未能支付票款。

1-7-2

财务会计分录	借：库存物品——原材料	45
	应交增值税——进项税	5
	贷：应付票据——商业承兑汇票	50
	借：应付票据——商业承兑汇票	50
	贷：应付账款	50
预算会计分录	无	

【例1-7-3】某科研单位××其他委托项目1领用试剂50万元（开发票，金额45万元，税额5万元），仍未付款。

1-7-3 （万元）

| 财务会计分录 | 借：业务活动费用——商品和服务费用——专用材料费——原材料（××其他委托项目1） | 45 |
| | 　　贷：库存物品——原材料 | 45 |

续表

预算会计 分录	无	

【例1-7-4】经协商后单位支付50万元试剂款。

1-7-4		（万元）
财务会计 分录	借：应付账款 　　贷：银行存款——基本户银行存款	50 50
预算会计 分录	借：事业支出——基本支出——商品和服务支出——专用材料支 　　　出——原材料（××其他委托项目1） 　　事业支出——基本支出——商品和服务支出——税金及附加 　　（自有资金） 　　贷：资金结存——货币资金基本户银行存款	50 50

（八）应付利息

【例1-8-1】某科研单位向银行借款50万元短期借款，借款期限六个月，利息1.5万元，到期后还本付息。

1-8-1		（万元）
财务会计 分录	借：短期借款 　　应付利息 　　贷：银行存款——基本户银行存款	50 1.5 51.5
预算会计 分录	借：债务还本支出 　　其他支出——利息支出 　　贷：资金结存——货币资金——基本户银行存款	50 1.5 51.5

【例1-8-2】某科研单位向银行借款100万元用于研发支出，借款期限两年，年利息4万元。

1-8-2		（万元）
财务会计 分录	借：银行存款——基本户银行存款 　　贷：长期借款 借：其他费用——利息 　　贷：应付利息	100 100 4 4
预算会计 分录	借：资金结存——货币资金——基本户银行存款 　　贷：债务预算收入	100 100

（九）预收账款

1. 政府专项

【例1-9-1】某科研单位收到国家基金资助科研费2000万元，项目核算编号（×× 政府专项1）。

1-9-1		（万元）
财务会计 分录	借：银行存款——基本户银行存款	2000
	贷：预收账款——政府专项（×× 政府专项1）	2000
预算会计 分录	借：资金结存——货币资金——基本户银行存款	2000
	贷：事业预算收入——科研预算收入（×× 政府专项1）	2000

2. 其他委托

【例1-9-2】当年收到药厂300万元科研经费，开票立项（金额280万元，税额20万元）。项目核算编号 ×× 其他委托项目2，根据单位规定：横向课题上缴单位20%作为管理费及税费。

1-9-2		（万元）
财务会计 分录	借：银行存款——基本户银行存款	300
	贷：预收账款——其他委托（×× 其他委托项目2）	240
	预提费用——项目间接费或管理费	40
	应交增值税——销项税	20
预算会计 分录	借：资金结存——货币资金——基本户银行存款	300
	贷：事业预算收入——科研预算收入（×× 其他委托项目2）	240
	事业预算收入——项目间接费或管理费预算收入	60

【例1-9-3】单位上年年底收到某药厂500万元科研经费，未立项。

1-9-3		（万元）
财务会计 分录	借：银行存款——基本户银行存款	500
	贷：其他应付账款——科研经费暂存	500
预算会计 分录	借：资金结存——货币资金——基本户银行存款	500
	贷：事业预算收入——科研经费预算收入——科研经费暂存 　　　　预算收入	500

【例1-9-4】收到某药厂500万元科研经费，第二年开发票（金额470万

元，税额 30 万元），设立项目核算编号 ×× 其他委托项目 1，根据单位规定：横向课题上缴单位 20% 作为管理费及税费。

1-9-4　　　　　　　　　　　　　　　　　　　　　　　　　　　　　　（万元）

财务会计 分录	借：其他应付账款——科研经费暂存	500
	贷：预收账款——其他委托（×× 其他委托项目 1）	400
	预提费用——项目间接费或管理费	70
	应交增值税——销项税	30
预算会计 分录	借：事业预算收入——科研经费预算收入——科研经费暂存预算 　　收入	-500
	贷：事业预算收入——科研预算收入（×× 其他委托项目 1）	400
	事业预算收入——项目间接费或管理费预算收入	100

（十）其他应付款

1. 科研经费暂存

【例 1-10-1】某科研单位收到国家基金资助科研费 2000 万元，未立项。

1-10-1　　　　　　　　　　　　　　　　　　　　　　　　　　　　　　（万元）

财务会计 分录	借：银行存款——基本户银行存款	2000
	贷：其他应付账款——科研经费暂存	2000
预算会计 分录	借：资金结存——货币资金——基本户银行存款	2000
	贷：事业预算收入——科研经费预算收入——科研经费暂存预算 　　收入	2000

【例 1-10-2】2000 万元科研经费立项。

1-10-2　　　　　　　　　　　　　　　　　　　　　　　　　　　　　　（万元）

财务会计 分录	借：其他应付账款——科研经费暂存	2000
	贷：预收账款——政府专项（×× 政府专项 1）	2000
预算会计 分录	借：事业预算收入——科研经费预算收入——科研经费暂存预算 　　收入	2000
	贷：事业预算收入——科研经费预算收入（×× 政府专项 1）	2000

【例 1-10-3】上年收到某药厂 500 万元科研经费，本年开发票（金额 470 万元，税额 30 万元），设立项目核算编号 ×× 其他委托项目 1，根据单位规

定：横向课题上缴单位 20% 作为管理费及税费。

1-10-3		（万元）
财务会计 分录	借：其他应付账款——科研经费暂存	500
	贷：预收账款——其他委托（××其他委托项目1）	400
	预提费用——项目间接费或管理费	70
	应交增值税——销项税	30
预算会计 分录	借：事业预算收入——科研经费预算收入——科研经费暂存预算收入	500
	贷：事业预算收入——科研预算收入（××其他委托项目1）	400
	事业预算收入——项目间接费或管理费预算收入	100

2. 工会经费暂存

【例 1-10-2-1】某科研单位业务人员和管理人员工资中扣除工会经费 4 万元。

1-10-2-1		（万元）
财务会计 分录	借：应付职工薪酬	4
	贷：其他应付款——工会经费暂存	4
预算会计 分录	借：事业支出——基本支出——工资和福利支出——工资	4
	贷：资金结存——待处理支出——其他应付款——工会经费 暂存	4

【例 1-10-2-2】将暂存的工会经费 4 万元转入工会账户中。

1-10-2-2		（万元）
财务会计 分录	借：其他应付款——工会经费暂存	4
	贷：银行存款——基本户银行存款	4
预算会计 分录	借：资金结存——待处理支出——其他应付款——工会经费暂存	4
	贷：资金结存——货币资金——基本户银行存款	4

【例 1-10-2-3】期末某科研单位按工资总额 2% 提工会经费 24.8 万元，转入工会账户。

1-10-2-3		（万元）
财务会计 分录	借：单位管理费用——商品和服务费用——工会经费（公务费）	24.8
	贷：银行存款——基本户银行存款	24.8
预算会计 分录	借：事业支出——基本支出——商品和服务费用支出——工会经 费（公务费）	24.8
	贷：资金结存——货币资金——基本户银行存款	24.8

3. 党费暂存

【例 1-10-3-1】某科研单位收党员 10 万元，其中 50% 上缴上级党委。

1-10-3-1		（万元）
财务会计分录	借：银行存款——基本户银行存款	10
	贷：其他应付款——党费暂存	10
	借：其他应付款——党费暂存	5
	贷：银行存款——基本户银行存款	5
预算会计分录	借：资金结存——货币资金——基本户银行存款	5
	贷：事业预算收入——党费预算收入	5

【例 1-10-3-2】某科研单位付党员培训费 1 万元。

1-10-3-2		（万元）
财务会计分录	借：其他应付款——党费暂存	1
	贷：银行存款——基本户银行存款	1
预算会计分录	借：事业支出——基本支出——商品和服务支出——培训费支出（党费项目）	1
	贷：资金结存——货币资金——基本户银行存款	1

4. 医疗费暂存

【例 1-10-4-1】某科研单位上年医疗费暂存 20 万元，本年收到公费医疗拨款 30 万元。单位本年报销医药费 40 万元，其中业务人员报销 30 万元，管理人员报销 10 万元。

1-10-4-1		（万元）
财务会计分录	借：银行存款——基本户银行存款	30
	贷：其他应付款——医疗费暂存	30
	借：业务活动费用——工资和福利费用——医疗费	20
	单位管理费用——工资福利费用——医疗费	10
	其他应付款—医疗费暂存	10
	贷：银行存款——基本户银行存款	40
	借：其他应付款——医疗费暂存	30
	贷：非同级财政拨款收入——公费医疗拨款收入	30

续表

预算会计 分录	借：资金结存——货币资金——基本户银行存款	30
	贷：非同级财政拨款预算收入——公费医疗拨款预算收入	30
	借：事业支出——基本支出——工资福利支出——医疗费	40
	贷：资金结存——货币资金——基本户银行存款	40

【例 1-10-4-2】某科研单位上年医疗费暂存 20 万元，本年收到公费医疗拨款 30 万元。单位本年报销医药费 20 万元，其中业务人员报销 15 万元，管理人员报销 5 万元。

1-10-4-2 （万元）

财务会计 分录	借：银行存款——基本户银行存款	30
	贷：其他应付款——医疗费暂存	30
	借：业务活动费用——工资和福利费用——医疗费	15
	单位管理费用——工资福利费用——医疗费	5
	贷：银行存款——基本户银行存款	20
	借：其他应付款——医疗费暂存	20
	贷：非同级财政拨款收入——公费医疗拨款收入	20
预算会计 分录	借：其他应付款——医疗费暂存	30
	贷：非同级财政拨款收入——公费医疗拨款收入	30
	借：事业支出——基本支出——工资福利支出——医疗费	20
	贷：资金结存——货币资金——基本户银行存款	20

【例 1-10-4-3】年底结转剩余医疗费 10 万元。

1-10-4-3 （万元）

财务会计 分录	无	
预算会计 分录	借：非财政拨款结转——本年收支结转	10
	贷：非财政拨款结转——累计结转——医疗费暂存	10

5. 住房公积金个人扣款

【例 1-10-5-1】某科研单位业务人员和管理人员工资中扣除个人住房公积金 100 万元。

1-10-5-1		（万元）
财务会计 分录	借：应付职工薪酬 　　贷：其他应付款——住房公积金个人扣款	100 100
预算会计 分录	借：事业支出——基本支出——工资和福利支出——工资 　　贷：资金结存——待处理支出——其他应付款——住房公积 　　　　金个人扣款暂存	100 100

【例 1-10-5-2】科研单位上交住房公积金账户。

1-10-5-2		（万元）
财务会计 分录	借：其他应付款——住房公积金个人扣款 　　业务活动费用——工资和福利费用——住房公积金 　　单位管理费用——工资和福利费用——住房公积金 　　贷：银行存款——基本户银行存款 　　　　零余额账户用款额度——住房公积金	100 80 20 100 100
预算会计 分录	借：事业支出——基本支出——工资和福利支出——住房公积金 　　资金结存——待处理支出——其他应付款——住房公积金个人扣 　　款暂存 　　贷：资金结存——货币资金——基本户银行存款 　　　　资金结存——零余额账户用款额度——基本支出用款额度	100 100 100 100

6. 机关事业单位基本养老保险缴费个人扣款

【例 1-10-6-1】某科研单位交上年机关事业单位基本养老保险 15 万元，其中上年个人养老金部分 5 万元，单位部分 10 万元。

1-10-6-1		（万元）
财务会计 分录	借：其他应付款——机关事业单位基本养老保险缴费 　　业务活动费用——工资和福利费用——社会保险缴费——机 　　关事业单位基本养老保险缴费 　　贷：银行存款——基本户银行存款	5 10 15
预算会计 分录	借：资金结存——待处理支出——其他应付款——机关事业单位 　　基本养老保险缴费个人扣款 　　事业支出——基本支出——工资和福利支出——社会保险缴 　　费支出——机关事业单位基本养老保险缴费 　　贷：资金结存——货币资金——基本户银行存款	5 10 15

【例 1-10-6-2】某科研单位职工薪酬扣个人养老保险 50 万元。本年 12 月份机关事业单位基本养老保险缴费扣款 6 万元。

1-10-6-2		（万元）
财务会计 分录	借：应付职工薪酬 　　贷：其他应付款——机关事业单位基本养老保险缴费个人扣款	50 50
预算会计 分录	借：事业支出——基本支出——工资和福利支出——工资 　　贷：资金结存——待处理支出——其他应付款——机关事业 　　单位基本养老保险缴费个人扣款	50 50

【例 1-10-6-3】某科研单位交机关事业单位基本养老金 150 万元，其中个人部分扣款 50 万元，单位承担 100 万元。单位承担业务人员养老金 80 万元，单位承担管理人员养老金 20 万元，零余额基本养老保险缴费拨款 80 万元。

1-10-6-3		（万元）
财务会计 分录	借：其他应付款——机关事业单位养老保险缴费个人扣款 业务活动费用——工资福利费用——社会保险缴费——机关 事业单位基本养老保险缴费 单位管理费用——工资福利费用——社会保险缴费——机关 事业单位基本养老保险缴费 　　贷：零余额账户用款额度——机关事业单位基本养老保险缴费 　　银行存款——基本户银行存款	50 80 20 80 70
预算会计 分录	借：事业支出——基本支出——工资福利支出——事业单位基本养 老保险缴费 资金结存——待处理支出——其他应付款——机关事业单位 基本养老保险缴费个人扣款 　　贷：资金结存——零余额账户用款额度——基本支出用款额度 　　资金结存——货币资金——基本户银行存款	100 50 80 70

7. 机关事业单位职业年金个人扣款

【例 1-10-7-1】某科研单位交上年机关事业单位职业年金 5 万元，其中个人部分 2.5 万元，单位部分 2.5 万元。本年 12 月份机关事业单位职业年金缴费扣款 3 万元。

1-10-7-1		（万元）
财务会计 分录	借：其他应付款——机关事业单位职业年金缴费个人扣款 业务活动费用——工资和福利费用——社会保险缴费——机 关事业单位职业年金缴费 　　贷：银行存款——基本户银行存款	2.5 2.5 5

预算会计分录	借：资金结存——待处理支出——其他应付款——机关事业单位职业年金缴费个人扣款	2.5
	事业支出——基本支出——工资和福利支出——社会保险缴费支出——机关事业单位职业年金缴费	2.5
	贷：资金结存——货币资金——基本户银行存款	5

【例 1-10-7-2】某科研单位职工薪金扣个人年金 25 万元。

1-10-7-2		（万元）
财务会计分录	借：应付职工薪酬	25
	贷：其他应付款——机关事业单位职业年金缴费个人扣款	25
预算会计分录	借：事业支出——基本支出——工资和福利支出——工资	25
	贷：资金结存——待处理支出——其他应付款——机关事业单位职业年金缴费个人扣款	25

【例 1-10-7-3】某科研单位交中央单位职业年金 100 万元，其中个人部分扣款 25 万元，单位承担 25 万元。单位承担业务人员中央单位职业年金 20 万元，单位承担管理人员中央单位职业年金 5 万元，零余额职业年金缴费拨款 40 万元。

1-10-7-3		（万元）
财务会计分录	借：其他应付款——中央单位年金个人扣款	25
	业务活动费用——工资福利费用——社会保险缴费——机关事业单位职业年金缴费	20
	单位管理费用——工资福利费用——社会保险缴费——机关事业单位职业年金缴费	5
	贷：零余额账户用款额度——机关事业单位职业年金缴费	40
	银行存款——基本户银行存款	10
预算会计分录	借：事业支出——基本支出——工资福利支出——机关事业单位职业年金缴费	25
	资金结存——待处理支出——其他应付款——机关事业单位职业年金个人扣款	25
	贷：资金结存——零余额账户用款额度——基本支出用款额度	40
	资金结存——货币资金——基本户银行存款	10

8. 北京市基本养老保险缴费个人扣款

【例 1-10-8-1】某科研单位交上年经营人员北京市基本养老金 0.6 万元，

其中个人部分 0.2 万元，单位部分 0.4 万元。本年 12 月份北京市基本养老保险缴费扣款 0.3 万元。

1-10-8-1　　　　　　　　　　　　　　　　　　　　　　　　　　　　（万元）

财务会计分录	借：其他应付款——北京市基本养老保险缴费个人扣款	0.2
	经营费用——经营人员薪酬费——北京市基本养老保险缴费	0.4
	贷：银行存款——基本户银行存款	0.6
预算会计分录	借：资金结存——待处理支出——其他应付款——北京市基本养老保险缴费个人扣款	0.2
	经营支出——经营人员薪酬支出——北京市基本养老保险缴费	0.4
	贷：资金结存——货币资金——基本户银行存款	0.6

【例 1-10-8-2】某科研单位经营人员薪金扣北京市基本养老金个人扣款 2.5 万元。

1-10-8-2　　　　　　　　　　　　　　　　　　　　　　　　　　　　（万元）

财务会计分录	借：应付职工薪酬	2.5
	贷：其他应付款——北京市基本养老保险缴费个人扣款	2.5
预算会计分录	借：经营支出——经营人员薪酬	2.5
	贷：资金结存——待处理支出——其他应付款——北京市基本养老保险缴费个人扣款	2.5

【例 1-10-8-3】某科研单位交北京市基本养老金 7.5 万元，其中个人部分 2.5 万元，单位承担 5 万元。

1-10-8-3　　　　　　　　　　　　　　　　　　　　　　　　　　　　（万元）

财务会计分录	借：其他应付款——北京市基本养老保险缴费个人扣款	2.5
	经营费用——经营人员薪酬费——北京市基本养老保险缴费	5
	贷：银行存款——基本户银行存款	7.5
预算会计分录	借：经营支出—经营人员薪酬支出——北京市基本养老保险缴费	5
	资金结存——待处理支出——其他应付款——北京市基本养老保险缴费个人扣款	2.5
	贷：资金结存——货币资金——基本户银行存款	7.5

9. 北京市基本医疗保险缴费个人扣款

【例 1-10-9-1】某科研单位交上年北京市基本医疗保险缴费 0.1 万元，其中个人部分 0.05 万元，单位部分 0.05 万元。本年 12 月份北京市基本医疗保险缴费扣款 0.1 万元。

1-10-9-1		（万元）
财务会计 分录	借：其他应付款——北京市基本医疗保险个人扣款	0.05
	经营费用——经营人员薪酬费——北京市基本医疗保险缴费	0.05
	贷：银行存款——基本户银行存款	0.1
预算会计 分录	借：资金结存——待处理支出——其他应付款——北京市基本医疗保险缴费个人扣款	0.05
	经营支出——经营人员薪酬支出——北京市基本医疗保险缴费	0.05
	贷：资金结存——货币资金——基本户银行存款	0.1

【例 1-10-9-2】某科研单位经营人员薪酬扣北京市基本医疗保险个人扣款 0.8 万元。

1-10-9-2		（万元）
财务会计 分录	借：应付职工薪酬	0.8
	贷：其他应付款——北京市基本医疗保险个人扣款	0.8
预算会计 分录	借：经营支出——经营人员薪酬	0.8
	贷：资金结存——待处理支出——其他应付款——北京市基本医疗保险缴费个人扣款	0.8

【例 1-10-9-3】某科研单位交北京市基本医疗保险 4.8 万元，其中个人部分 0.8 万元，单位承担 4 万元。

1-10-9-3		（万元）
财务会计 分录	借：其他应付款——北京市基本医疗保险个人扣款	0.8
	经营费用——经营人员薪酬费——北京市基本医疗保险缴费	4
	贷：银行存款——基本户银行存款	4.8
预算会计 分录	借：经营支出—经营人员薪酬支出——北京市基本医疗保险缴费	4
	资金结存——待处理支出——其他应付款——北京市基本医疗保险缴费个人扣款	0.8
	贷：资金结存——货币资金——基本户银行存款	4.8

10. 北京市失业险缴费个人扣款

【例 1-10-10-1】某单位交上年北京市失业险 0.44 万元，其中个人部分 0.22 万元，单位部分 0.22 万元。本年 12 月份北京市失业险缴费扣款 0.4 万元。

1-10-10-1		（万元）
财务会计 分录	借：其他应付款——北京市失业险个人扣款	0.22
	业务活动费用——工资和福利费用——北京市失业险缴费	0.22
	贷：银行存款——基本户银行存款	0.44

续表

预算会计 分录	借：资金结存——待处理支出——其他应付款——北京市失业险 缴费个人扣款	0.22
	事业支出——基本支出——工资和福利支出——其他社会保 障缴费——北京市失业险缴费	0.22
	贷：资金结存——货币资金——基本户银行存款	0.44

【例1-10-10-2】某科研单位职工薪金扣业务人员北京市失业险个人部分2万元，扣管理人员北京市失业险个人部分0.5万元，扣经营人员北京市失业险个人部分0.1万元。

1-10-10-2 （万元）

财务会计 分录	借：应付职工薪酬	2.6
	贷：其他应付款——北京市失业险个人扣款	2.6
预算会计 分录	借：事业支出——基本支出——工资和福利支出——其他社会保 障缴费——北京市失业险缴费	2.5
	经营支出——经营人员薪酬——北京市失业险缴费	0.1
	贷：资金结存——待处理支出——其他应付款——北京市失 业险缴费个人扣款	2.6

【例1-10-10-3】某科研单位交北京市失业险，其中单位上交部分同个人扣款部分相同。

1-10-10-3 （万元）

财务会计 分录	借：其他应付款——北京市失业险缴费个人扣款	2.6
	业务活动费用——工资福利费用——社会保险缴费——其他 社会保险缴费——北京市失业险缴费	2
	单位管理费用——工资福利费用——社会保险缴费——其他 社会保险缴费——北京市失业险缴费	0.5
	经营费用——经营人员薪酬费———北京市失业险缴费	0.1
	贷：银行存款——基本户银行存款	5.2
预算会计 分录	借：资金结存——待处理支出——其他应付款——北京市失业险 缴费个人扣款	2.6
	事业支出——基本支出——工资福利支出——社会保险缴 费——其他社会保险缴费——北京市失业险缴费	2.5
	经营支出——经营人员薪酬——北京市失业险缴费	0.1
	贷：资金结存——货币资金——基本户银行存款	5.2

11. 其他

【例 1-10-11】课题项目 ×× 政府专项 1 课题组参加外地会议，付外埠差旅费 2 万元，会议费 1 万元。刷公务卡未报销。

1-10-11 （万元）

财务会计分录	借：业务活动费用——商品和服务费用——差旅费——外埠差旅费（×× 政府专项 1）	2
	业务活动费用——商品和服务费用——差旅费——会务费（×× 政府专项 1）	1
	贷：其他应付款——其他——公务卡	3
预算会计分录	借：事业支出——基本支出——商品和服务支出——差旅费支出——外埠差旅费（×× 政府专项 1）	2
	事业支出——基本支出——商品和服务支出——差旅费支出——会务费（×× 政府专项 1）	1
	贷：资金结存——待处理支出——其他应付款——其他	3

（十一）预提费用

【例 1-11-1】某科研单位收到国家基金资助科研费 2000 万元，项目核算编号（×× 政府专项 1）；直接经费 1800 万元，间接经费 200 万元（间接经费中 20% 为间接成本及管理补助即 40 万元；剩余间接经费的 75% 即 120 万元为项目承担人员绩效；15% 即 24 万元为项目管理人员绩效；10% 即 16 万元为间接费用其他）。

1-11-1 （万元）

财务会计分录	借：银行存款——基本户银行存款	2000
	贷：预收账款——政府专项（×× 政府专项 1）	2000
	借：业务活动费用——商品和服务费用——其他商品和服务费用——间接费用——间接费或管理费（×× 政府专项 1）	40
	贷：预提费用——项目间接费或管理费	40
	借：业务活动费用——商品和服务费用——其他商品和服务费用——间接费用——项目管理人员绩效（×× 政府专项 1）	24
	贷：预提费用——项目管理人员绩效	24
预算会计分录	借：资金结存——货币资金——基本户银行存款	2000
	贷：事业预算收入——科研预算收入（×× 政府专项 1）	2000
	借：事业支出——基本支出——商品和服务支出——其他商品和服务支出——间接费用支出——间接费或管理费（×× 政府专项 1）	40
	贷：事业预算收入——项目间接费或管理费预算收入	40

续表

预算会计 分录	借：事业支出——基本支出——商品和服务支出——其他商品和 服务支出——间接费用支出——间接费或管理费——项目管 理人员绩效支出（××政府专项1）	24
	贷：资金结存——待处理支出——预提费用——项目管理人 员绩效	24

【例 1-11-2】某科研单位 ×× 政府专项 1 付管理人员绩效 10 万元，个人所得税 1 万元。

1-11-2 　　　　　　　　　　　　　　　　　　　　　　　　　　（万元）

财务会计 分录	借：预提费用——项目管理人员绩效	10
	贷：其他应交税费——个人所得税	1
	银行存款——基本户银行存款	9
预算会计 分录	借：资金结存——待处理支出——预提费用——项目管理人员绩效	10
	贷：资金结存——待处理支出——应交税费暂存——个人所得税	1
	资金结存——货币资金——基本户银行存款	9

【例 1-11-3】当年收到药厂 300 万元科研经费，开票立项（金额 280 万元，税额 20 万元）。项目核算编号 ×× 其他委托项目 2，根据单位规定：横向课题上缴单位 20% 作为管理费及税费。

1-11-3 　　　　　　　　　　　　　　　　　　　　　　　　　　（万元）

财务会计 分录	借：银行存款——基本户银行存款	300
	贷：预收账款——其他委托（××其他委托项目2）	240
	预提费用——项目间接费或管理费	40
	应交增值税——销项税	20
预算会计 分录	借：资金结存——货币资金——基本户银行存款	300
	贷：事业预算收入——科研预算收入（××其他委托项目2）	240
	事业预算收入——项目间接费或管理费预算收入	60

【例 1-11-4】期末，某科研单位将预提费用 80 万元转入事业收入——项目间接费或管理费收入。

1-11-4 　　　　　　　　　　　　　　　　　　　　　　　　　　（万元）

财务会计 分录	借：预提费用——项目间接费或管理费	80
	贷：事业收入——项目间接费或管理费收入	80
预算会计 分录	无	

二、非流动负债

（一）长期借款

【例 2-1-1】某科研单位还上年长期借款 50 万元，还应付利息 4 万元。

2-1-1		（万元）
财务会计 分录	借：长期借款 　　应付利息 　　贷：银行存款——基本户银行存款	50 4 54
预算会计 分录	借：资金结存——待处理支出——长期借款 　　资金结存——待处理支出——应付利息 　　贷：资金结存——货币资金——基本户银行存款	50 4 54

【例 2-1-1】某科研单位向银行借款 100 万元用于研发支出，借款时间两年，年利息 4%。

2-1-1		（万元）
财务会计 分录	借：银行存款——基本户银行存款 　　贷：长期借款 借：其他费用——利息 　　贷：应付利息	100 100 8 8
预算会计 分录	借：资金结存——货币资金——基本户银行存款 　　贷：债务预算收入	100 100

【例 2-1-2】长期借款 100 万元，到期后还本付息 8 万元。

2-1-2		（万元）
财务会计 分录	借：长期借款 　　应付利息 　　贷：银行存款——基本户银行存款	100 8 108
预算会计 分录	借：债务还本支出 　　其他支出——利息 　　贷：资金结存——货币资金——基本户银行存款	100 8 108

（二）长期应付款

【例 2-2-1】某科研单位购置专用设备，价值 20 万元（金额 18 万元，税额 2 万元)，设备已到，因设备调试，1 年以上未付款。

2-2-1		（万元）
财务会计分录	借：固定资产——专用设备 应交增值税——进项税 贷：长期应付款	18 2 20
预算会计分录	无	

【例 2-2-2】单位支付长期应付款 20 万元（金额 18 万元，税 2 万元)。

2-2-2		（万元）
财务会计分录	借：长期应付款 贷：银行存款——基本户银行存款	20 20
预算会计分录	借：事业支出——基本支出——其他资本性支出——专用设备购置支出 事业支出——基本支出——商品和服务支出——税金及附加 贷：资金结存——货币资金——基本户银行存款	18 2 20

（三）预计负债

【例 2-3-1】某科研单位因经营纠纷，接到法院起诉，单位预计赔偿 10 万元。

2-3-1		（万元）
财务会计分录	借：待摊费用 贷：预计负债	10 10
预算会计分录	无	

【例 2-3-2】某科研单位因经营纠纷，预计赔偿 10 万元，被法院判处支付 8 万元赔偿。

2-3-2		（万元）
财务会计分录	借：预计负债 贷：待摊费用	2 2
预算会计分录	无	

【例 2-3-3】某科研单位支付 8 万元赔款，每月摊销 1 万元。

2-3-3		（万元）
财务会计 分录	借：预计负债	8
	贷：银行存款——基本户银行存款	8
	借：经营费用	1
	贷：待摊费用	1
预算会计 分录	借：经营支出	8
	贷：资金结存——货币资金——基本户银行存款	8

（四）受托代理负债

【例2-4-1】某科研单位受某公司委托，向疫情地区捐手机，价值30万元。

2-4-1		（万元）
财务会计 分录	借：受托代理资产——××公司手机	30
	贷：受托代理负债——××公司手机	30
预算会计 分录	无	

【例2-4-2】某科研单位受某公司委托，实际向疫情地区捐手机30万元。

2-4-2		（万元）
财务会计 分录	借：受托代理负债——××公司手机	30
	贷：受托代理资产——××公司手机	30
预算会计 分录	无	

▶▶▶ 第三节　收入类与预算收入类

一、财政拨款收入／财政拨款预算收入

【例1-1】某科研单位收到当年财政拨款2000万元，其中机构运行人员费700万元，公务费100万元，事业单位养老金缴费80万元，事业单位职业年

金缴费 40 万元，提租补贴 10 万元，购房补贴 70 万元，住房公积金 100 万元，专项经费拨款——社会公益专项 200 万元（财政项目 1），专项经费拨款——科技条件专项（修缮购置专项）150 万元（财政项目 2）。

1-1 （万元）

财务会计分录	借：零余额账户用款额度——机构运行	800
	零余额账户用款额度——住房公积金	100
	零余额账户用款额度——提租补贴	10
	零余额账户用款额度——购房补贴	70
	零余额账户用款额度——事业单位基本养老保险缴费	80
	零余额账户用款额度——事业单位职业年金缴费	40
	零余额账户用款额度——社会公益专项	200
	零余额账户用款额度——科技条件专项	150
	贷：财政拨款收入——机构运行拨款	800
	财政拨款收入——住房改革支出拨款——住房公积金	100
	财政拨款收入——住房改革支出拨款——提租补贴	10
	财政拨款收入——住房改革支出拨款——购房补贴	70
	财政拨款收入——事业单位基本养老保险缴费拨款	80
	财政拨款收入——事业单位职业年金缴费拨款	40
	财政拨款收入——专项经费拨款——社会公益专项	200
	财政拨款收入——专项经费拨款——科技条件专项	150
预算会计分录	借：资金结存——零余额账户用款额度——基本支出用款额度	1100
	资金结存——零余额账户用款额度——项目支出用款额度	350
	贷：财政拨款预算收入——机构运行拨款	800
	财政拨款预算收入——住房改革支出拨款——住房公积金	100
	财政拨款预算收入——住房改革支出拨款——提租补贴	10
	财政拨款预算收入——住房改革支出拨款——购房补贴	70
	财政拨款预算收入——事业单位基本养老保险缴费拨款	80
	财政拨款预算收入——事业单位职业年金缴费拨款	40
	财政拨款预算收入——专项经费拨款——社会公益专项	200
	财政拨款预算收入——专项经费拨款——科技条件专项	150

二、事业收入 / 事业预算收入

（一）科研经费收入 / 科研经费预算收入或科研经费暂存预算收入

【例 2-1-1】某科研单位收到国家基金资助科研费 2000 万元，未立项。

2-1-1		（万元）
财务会计 分录	借：银行存款——基本户银行存款 　　贷：其他应付款——科研经费暂存	2000 2000
预算会计 分录	借：资金结存——货币资金——基本户银行存款 　　贷：事业预算收入——科研经费预算收入——科研经费暂存 　　　　预算收入	2000 2000

【例 2-1-2】某科研单位收到国家基金资助科研费 2000 万元，立项，项目核算编号（×× 政府专项 1）；直接经费 1800 万元，间接经费 200 万元（间接经费中 20% 为间接费用或管理费 40 万元；剩余间接经费的 75% 即 120 万元为项目承担人员绩效；15% 即 24 万元为项目管理人员绩效；10% 即 16 万元为间接费用 – 其他，用于项目购买低值易耗品及审计费）。

2-1-2		（万元）
财务会计 分录	借：其他应付款——科研经费暂存 　　贷：预收账款——政府专项（×× 政府专项 1） 借：业务活动费用——商品和服务费用——其他商品和服务费 　　用——间接费用——项目间接费或管理费（×× 政府专项 1） 　　贷：预提费用——项目间接费或管理费 借：业务活动费用——商品和服务费用——其他商品和服务费 　　用——间接费用——项目管理人员绩效（×× 政府专项 1） 　　贷：预提费用——项目管理人员绩效	2000 2000 40 40 24 24
预算会计 分录	借：事业预算收入——科研经费预算收入——科研经费暂存预算收入 　　贷：事业预算收入——科研预算收入（×× 政府专项 1） 借：事业支出——基本支出——商品和服务支出——其他商品和服务 　　支出——间接费用——间接费或管理费支出（×× 政府专项 1） 　　贷：事业预算收入——项目间接费或管理费预算收入 借：事业支出——基本支出——商品和服务支出——其他商品和服 　　务支出——间接费用 ——项目管理人员绩效支出（×× 政府 　　专项 1） 　　贷：资金结存——待处理支出——预提费用——项目管理人员 　　　　绩效	-2000 2000 40 40 24 24

【例 2-1-3】单位上年收到科研经费 500 万元，今年开票：金额 70 万元，税额 30 万元，立项其他委托项目 1，按规定横向课题缴单位 20% 作为管理费及税费。

2-1-3

财务会计分录	借：其他应付款——科研经费暂存	500
	贷：预收账款——其他委托（××其他委托项目1）	400
	预提费用——项目间接费或管理费	70
	应交增值税——销项税	30
预算会计分录	借：事业预算收入——科研经费预算收入——科研经费暂存预算收入	-500
	贷：事业预算收入——科研预算收入（××其他委托项目1）	400
	事业预算收入——项目间接费或管理费预算收入	100

【例2-1-4】当年收到药厂300万元科研经费，开票立项（金额280万元，税额20万元）。项目核算编号××其他委托项目2，根据单位规定：横向课题上缴单位20%作为管理费及税费即60万元。

2-1-4　　　　　　　　　　　　　　　　　　　　　　　　　　　　　（万元）

财务会计分录	借：银行存款——基本户银行存款	300
	贷：预收账款——其他委托（××其他委托项目2）	240
	预提费用——项目间接费或管理费	40
	应交增值税——项税	20
预算会计分录	借：资金结存——货币资金——基本户银行存款	300
	贷：事业预算收入——科研预算收入（××其他委托项目2）	240
	事业预算收入——项目间接费或管理费预算收入	60

【例2-1-5】期末，××政府专项1结转收入，以支定收，为734万元。

2-1-5　　　　　　　　　　　　　　　　　　　　　　　　　　　　　（万元）

财务会计分录	借：预收账款——政府专项(××政府专项1)	734
	贷：事业收入——科研经费收入	734
预算会计分录	无	

【例2-1-6】期末，××其他委托项目1结转收入，以支定收，为305.4万元。

2-1-6　　　　　　　　　　　　　　　　　　　　　　　　　　　　　（万元）

财务会计分录	借：预收账款——其他委托（××其他委托项目1）	305.4
	贷：事业收入——科研经费收入	305.4
预算会计分录	无	

【例2-1-7】期末，××其他委托项目2结转收入，以支定收，为94万元。

2-1-7		（万元）
财务会计 分录	借：预收账款——其他委托（××其他委托项目2） 　　贷：事业收入——科研经费收入	94 94
预算会计 分录	无	

（二）项目间接费及管理费收入／项目间接费及管理费预算收入

【例2-2-1】某科研单位期末结转预提费用为40+70+40=150（万元）。

2-2-1		（万元）
财务会计 分录	借：预提费用——项目间接费或管理费 　　贷：事业收入——项目间接费或管理费收入	150 150
预算会计 分录	无	

（三）技术服务收入／技术服务预算收入

【例2-3-1】某科研单位收到外单位支付500万元技术服务费；开发票后（金额470万元，税额30万元）。

2-3-1		（万元）
财务会计 分录	借：银行存款——基本户银行存款 　　贷：事业收入——技术服务收入 　　　　应交增值税——销项税	500 470 30
预算会计 分录	借：资金结存——货币资金——基本户银行存款 　　贷：事业预算收入——技术服务预算收入	500 500

（四）会议收入／会议预算收入

【例2-4-1】某科研单位收到外单位支付100万元会议费；开发票后（金额94万元，税额6万元）。

2-4-1		（万元）
财务会计分录	借：银行存款——基本户银行存款	100
	贷：事业收入——会议收入	94
	应交增值税——销项税	6
预算会计分录	借：资金结存——货币资金——基本户银行存款	100
	贷：事业预算收入——会议预算收入	100

（五）科研成果转化收入 / 科研成果转化预算收入

【例 2-5-1】某科研单位出售自研的无形资产专利权，收到 800 万元，并开发票，金额 750 万元，税额 50 万元，该无形资产原值 500 万元，累计摊销了 100 万元。

2-5-1		（万元）
财务会计分录	借：银行存款——基本户银行存款	800
	无形资产累计摊销	100
	累计盈余——非流动资产基金 / 资产处置费用	400
	贷：无形资产——专利权	500
	事业收入——科研成果转化收入	750
	应交增值税——销项税	50
预算会计分录	借：资金结存——货币资金——基本户银行存款	800
	贷：事业预算收入——科研成果转化预算收入	800

（六）其他应付款——党费暂存 / 党费预算收入

【例 2-6-1】某科研单位收党员党费 10 万元，其中 50% 上缴上级党委。

2-6-1		（万元）
财务会计分录	借：银行存款——基本户银行存款	10
	贷：其他应付款——党费暂存	10
	借：其他应付款——党费暂存	5
	贷：银行存款——基本户银行存款	5
预算会计分录	借：资金结存——货币资金——基本户银行存款	5
	贷：事业预算收入——党费预算收入	5

三、上级补助收入 / 上级补助预算收入

【例 3-1】某科研单位收到上级补助收入 50 万元。

3-1		（万元）
财务会计 分录	借：银行存款——基本户银行存款 　　贷：上级补助收入	50 50
预算会计 分录	借：资金结存——货币资金——基本户银行存款 　　贷：上级补助预算收入	50 50

四、附属单位上缴收入 / 附属单位上缴预算收入

【例 4-1】某科研单位收到附属单位按规定上缴的 10 万元收入（金额 9.4 万元，税额 0.6 万元）。

4-1		（万元）
财务会计 分录	借：银行存款——基本户银行存款 　　贷：附属单位上缴收入 　　　　应交增值税——销项税	10 9.4 0.6
预算会计 分录	借：资金结存——货币资金——基本户银行存款 　　贷：附属单位上缴预算收入	10 10

五、经营收入 / 经营预算收入

【例 5-1】某科研单位出售产成品，收到经营收入 200 万元，开发票（金额 180 万元，税额 20 万元）。

5-1		（万元）
财务会计 分录	借：银行存款——基本户银行存款 　　贷：经营收入 　　　　应交增值税——销项税	200 180 20
预算会计 分录	借：资金结存——货币资金——基本户银行存款 　　贷：经营预算收入	200 200

六、非同级财政拨款收入／非同级财政拨款预算收入

（一）助学金

【例 6-1-1】某科研单位收到研究生院助学金拨款 15 万元，本年付助学金 10 万元，以支定收。

6-1-1 （万元）

财务会计分录	借：银行存款——基本户银行存款	15
	贷：其他应付款——应付助学金	15
	借：其他应付款——应付助学金	10
	贷：非同级财政拨款收入——助学金收入	10
预算会计分录	借：资金结存——货币资金——基本户银行存款	15
	贷：非同级财政拨款预算收入——助学金预算收入	15

（二）公费医疗拨款

【例 6-2-1】某科研单位收到公费医疗拨款 30 万元。本年支付医疗费 40 万元。

6-2-1 （万元）

财务会计分录	借：银行存款——基本户银行存款	30
	贷：其他应付款——公费医疗拨款	30
	借：其他应付款——公费医疗拨款	30
	贷：非同级财政拨款收入——公费医疗拨款收入	30
预算会计分录	借：资金结存——货币资金——基本户银行存款	30
	贷：非同级财政拨款预算收入——公费医疗拨款预算收入	30

七、投资收益／投资预算收益会计

（一）债券投资收益

【例 7-1-1】短期债券投资，某科研单位卖出短期债券，短期债券本金 50 万元，收到利息 2.5 万元。

7-1-1		（万元）
财务会计 分录	借：银行存款——基本户银行存款	52.5
	贷：短期投资——短期债券投资	50
	投资收益——短期债券投资收益	2.5
预算会计 分录	借：资金结存——货币资金——基本户银行存款	52.5
	贷：投资预算收益	52.5

【例 7-1-2】长期债券投资某单位当年购买 2 年期长期债券 50 万元，应收利息 5 万元。

7-1-2		（万元）
财务会计 分录	借：长期债券投资	50
	贷：银行存款——基本户银行存款	50
	借：应收利息	5
	贷：投资收益	5
预算会计 分录	借：事业支出——投资支出	50
	贷：资金结存——货币资金——基本户银行存款	50

【例 7-1-3】某单位购买 2 年期长期债券 50 万元，到期还本付息 55 万元。

7-1-3		（万元）
财务会计 分录	借：银行存款——基本户银行存款	55
	贷：长期债券投资	50
	借：应收利息	5
预算会计 分录	借：资金结存——货币资金——基本户银行存款	55
	贷：投资预算收益	55

（二）股权投资收益

1. 股权投资收益（成本法）

【例 7-2-1-1】某科研单位持有 A 公司股权，股权成本 100 万元，年底收到 A 公司分派的股利 10 万元。

7-2-1-1		（万元）
财务会计 分录	借：银行存款——基本户银行存款	10
	贷：投资收益——长期股权投资收益	10
预算会计 分录	借：资金结存——货币资金——基本户银行存款	10
	贷：投资预算收益	10

【例 7-2-1-2】某科研单位卖出 A 公司股权，股权成本 100 万元，出售价为 120 万元。

7-2-1-2		（万元）
财务会计 分录	借：银行存款——基本户银行存款 　　贷：长期股权投资——股权成本 　　　　投资收益	120 100 20
预算会计 分录	借：资金结存——货币资金——基本户银行存款 　　贷：投资预算收益	120 120

2. 股权投资收益（权益法）

【例 7-2-2-1】某科研单位购买 B 公司股票 60 万元。

7-2-2-1		（万元）
财务会计 分录	借：长期股权投资——B 公司股票 　　贷：银行存款——基本户银行存款	60 60
预算会计 分录	借：投资支出 　　贷：资金结存——货币资金——基本户银行存款	60 60

【例 7-2-2-2】某科研单位持有 B 公司股票 60 万元，需要披露财务状况时，B 公司股票价值涨到 65 万元。

7-2-2-2		（万元）
财务会计 分录	借：长期股权投资——损溢调整 　　贷：投资收益——B 公司股票	5 5
预算会计 分录	无	

【例 7-2-2-3】某科研单位出售 B 公司股票，卖出价为 65 万元。

7-2-2-3		（万元）
财务会计 分录	借：银行存款——基本户银行存款 　　贷：长期股权投资——B 公司股票	65 65

续表

预算会计分录	借：资金结存——货币资金——基本户银行存款	65
	贷：投资预算收益	65

【例 7-2-2-4】年末，被投资单位除净损溢和利润分配之外的所有者权益份额增加 25 万元。

7-2-2-4		（万元）
财务会计分录	借：长期股权投资——其他权益变动	25
	贷：权益法调整	25
	借：权益法调整	25
	贷：投资收益	25

【例 7-2-2-5】年末，被投资单位除净损溢和利润分配之外的所有者权益份额减少 15 万元。

7-2-2-5		（万元）
财务会计分录	借：权益法调整	15
	贷：长期股权投资——其他权益变动	15
	借：投资收益	15
	贷：权益法调整	15

八、捐赠收入 / 其他预算收入

【例 8-1】某科研单位收到药厂货币资金捐赠 10 万元。

8-1		（万元）
财务会计分录	借：银行存款——基本户银行存款	10
	贷：捐赠收入	10
预算会计分录	借：资金结存——货币资金——基本户银行存款	10
	贷：其他预算收入——捐赠预算收入	10

【例 8-2】某科研单位收到药厂药品捐赠 20 万元。

8-2		（万元）
财务会计分录	借：库存物品——产成品——药品	20
	贷：捐赠收入	20

续表

| 预算会计
分录 | 无 | |

【例8-3】某科研单位收到捐赠的原值10万元固定资产，已提折旧2万元，付运费1万元。

8-3		（万元）
财务会计 分录	借：固定资产——一般通用设备	8
	其他费用——运费	1
	贷：捐赠收入	8
	银行存款——基本户银行存款	1
预算会计 分录	借：其他支出——运费	1
	贷：资金结存——货币资金——银行存款	1

九、利息收入／其他预算收入

【例9-1】某科研单位收到银行利息10万元。

9-1		（万元）
财务会计 分录	借：银行存款——基本户银行存款	10
	贷：利息收入	10
预算会计 分录	借：资金结存——货币资金——基本户银行存款	10
	贷：其他预算收入——利息预算收入	10

十、租金收入／其他预算收入

【例10-1】某科研单位收到会议室出租费5万元，开发票，金额4.7万元，税额0.3万元。

10-1		（万元）
财务会计 分录	借：银行存款——基本户银行存款	5
	贷：租金收入	4.7
	应交增值税——销项税	0.3
预算会计 分录	借：资金结存——货币资金——基本户银行存款	5
	贷：其他预算收入	5

十一、其他收入 / 其他预算收入

【例 11-1】某科研单位年底盘盈现金 0.1 万元，无法查明原因。

11-1		（万元）
财务会计 分录	借：银行存款——基本户银行存款	0.1
	贷：其他收入	0.1
预算会计 分录	借：资金结存——货币资金——基本户银行存款	0.1
	贷：其他预算收入	0.1

【例 11-2】某科研单位收回应收款坏账损失 5 万元。

11-2		（万元）
财务会计 分录	借：银行存款——基本户银行存款	5
	贷：其他收入	5
预算会计 分录	借：资金结存——货币资金——基本户银行存款	5
	贷：其他预算收入	5

【例 11-3】某科研单位应付账款 2 万元，无法付出。

11-3		（万元）
财务会计 分录	借：应付账款	2
	贷：其他收入	2
预算会计 分录	无	

十二、短期借款（长期借款）/ 债务预算收入

【例 12-1】某科研单位向银行借款 50 万元，6 个月短期借款，利息 3 万元。

12-1		（万元）
财务会计 分录	借：银行存款——基本户银行存款	50
	贷：短期借款	50
	借：其他费用——利息	3
	贷：应付利息	3
预算会计 分录	借：资金结存——货币资金——基本户银行存款	50
	贷：债务预算收入	50

【例12-2】某科研单位向银行借款50万元，6个月短期借款，利息3万元，到期还本付息。

12-2		（万元）
财务会计分录	借：短期借款 　贷：应付利息 　　银行存款——基本户银行存款	50 3 53
预算会计分录	借：资金结存——货币资金——基本户银行存款 　贷：债务还本支出 　　其他支出——利息支出	53 50 3

【例12-3】某科研单位向银行借款100万元用于研发支出，借款时间两年，年利率4%。

12-3		（万元）
财务会计分录	借：银行存款——基本户银行存款 　贷：长期借款 借：其他费用——利息 　贷：应付利息	100 100 8 8
预算会计分录	借：资金结存——货币资金——基本户银行存款 　贷：债务预算收入	100 100

【例12-4】某科研单位向银行借款100万元用于研发支出，两年后还本付息。

12-4		（万元）
财务会计分录	借：长期借款 　应付利息 借：银行存款——基本户银行存款	100 8 108
预算会计分录	借：债务还本支出 　其他支出——利息支出 　贷：资金结存——货币资金——基本户银行存款	100 8 108

▶▶▶ 第四节　费用类与预算支出类

一、业务活动费用 / 事业支出

（一）业务活动费用——工资福利费用 / 基本支出——工资福利支出

1. 工资

【例 1-1-1】某科研单位业务人员年工资 900 万元，其中业务人员岗位工资 300 万元，薪级工资 200 万元，其他津贴补贴 60 万元，物业补贴 20 万元，提租补贴 8 万元，购房补贴 52 万元，绩效工资 240 万元，伙食补助 20 万元。公积金个人扣款 80 万元，基本养老金个人扣款 40 万元，年金个人扣款 20 万元，失业金个人扣款 2 万元，工会经费个人扣款 3 万元，个人所得税 33 万元，付单位员工工资。

1-1-1		（万元）
财务会计分录	借：业务活动费用——工资福利费用——工资	900
	贷：应付职工薪酬——基本工资——岗位工资	300
	应付职工薪酬——基本工资——薪级工资	200
	应付职工薪酬——津贴工资——其他津贴工资	60
	应付职工薪酬——津贴工资——物业补贴	20
	应付职工薪酬——津贴工资——提租补贴	8
	应付职工薪酬——津贴工资——购房补贴	52
	应付职工薪酬——绩效工资	240
	应付职工薪酬——伙食补助费	20
	借：应付职工薪酬——基本工资——岗位工资	300
	应付职工薪酬——基本工资——薪级工资	200
	应付职工薪酬——津贴工资——其他津贴工资	60
	应付职工薪酬——津贴工资——物业补贴	20
	应付职工薪酬——津贴工资——提租补贴	8
	应付职工薪酬——津贴工资——购房补贴	52
	应付职工薪酬——绩效工资	240
	应付职工薪酬——伙食补助费	20
	贷：其他应付款——住房公积金暂存	80
	其他应付款——机关事业单位基本养老保险缴费个人扣款	40
	其他应付款——机关事业单位职业年金缴费个人扣款	20

财务会计分录	其他应付款——北京市失业险缴费个人扣款	2
	其他应付款——工会经费暂存	3
	其他应交税费——个人所得税	33
	零余额账户用款额度——机构运行	500
	零余额账户用款额度——提租补贴	8
	零余额账户用款额度——购房补贴	52
	银行存款——基本户银行存款	162
预算会计分录	借：事业支出——基本支出——工资福利支出——工资——基本工资——岗位工资	300
	事业支出——基本支出——工资福利支出——工资基本工资——薪级工资	200
	事业支出——基本支出——工资福利支出——工资——津贴工资——其他津贴工资	60
	事业支出——基本支出——工资福利支出——工资——津贴工资——物业补贴	20
	事业支出——基本支出——工资福利支出——工资——津贴工资——提租补贴	8
	事业支出——基本支出——工资福利支出——工资——津贴工资——购房补贴	52
	事业支出——基本支出——工资福利支出——工资——绩效工资	240
	事业支出——基本支出——工资福利支出——工资——伙食补助费	20
	贷：资金结存——待处理支出——其他应付款——住房公积金个人扣款	80
	资金结存——待处理支出——其他应付款——机关事业单位基本养老保险缴费个人扣款	40
	资金结存——待处理支出——其他应付款——机关事业单位职业年金缴费个人扣款	20
	资金结存——待处理支出——其他应付款——北京市失业险缴费个人扣款	2
	资金结存——待处理支出——其他应付款——工会经费暂存	3
	资金结存——待处理支出——应交税费——个人所得税	33
	资金结存——零余额账户用款额度——基本支出用款额度	560
	资金结存——货币资金——基本户银行存款	162

2. 上交住房公积金

【例 1-1-2】某科研所交公积金 200 万元。

1-1-2		（万元）
财务会计分录	借：其他应付款——住房公积金个人扣款	100
	业务活动费用——工资福利费用——住房公积金	80
	单位管理费用——工资福利费用——住房公积金	20
	贷：零余额账户用款额度——住房公积金	100
	银行存款——基本户银行存款	100
预算会计分录	借：事业支出——基本支出——工资福利支出——住房公积金	100
	资金结存——待处理支出——其他应付款——住房公积金个人扣款	100
	贷：资金结存——零余额账户用款额度——基本支出用款额度	100
	资金结存——货币资金——基本户银行存款	100

3. 上缴社保

【例 1-1-3】某科研所交当年中央单位基本养老金 150 万元（个人扣款 50 万元，单位承担 100 万元，零余额基本养老保险缴费拨款 80 万元）、年金 50 万元（个人扣款 25 万元，单位承担 25 万元，零余额职业年金缴费拨款 40 万元），当年，北京市基本养老金 7.5 万元（个人扣款 2.5 万元，单位承担 5 万元），北京市基本医疗保险 4.8 万元（个人扣款 0.8 万元，单位承担 4 万元）、失业险 5.2 万元（个人扣款 2.6 万元，单位承担管理人员 0.5 万元，承担业务人员 2 万元，承担经营人员 0.1 万元）、工伤险单位扣款 6 万元（单位承担管理人员 1 万元，承担业务人员 4.8 万元，承担经营人员 0.2 万元）。

1-1-3		（万元）
财务会计分录	借：其他应付款——机关事业单位基本养老保险缴费个人扣款	50
	业务活动费用——工资福利费用——社会保险缴费——机关事业单位基本养老保险缴费	80
	单位管理费用——工资福利费用——社会保险缴费——机关事业单位基本养老保险缴费	20
	贷：零余额账户用款额度——机关事业单位基本养老保险缴费	80
	银行存款——基本户银行存款	70
	借：其他应付款——机关事业单位职业年金缴费个人扣款	25
	业务活动费用——工资福利费用——社会保险缴费——机关事业单位职业年金缴费	20
	单位管理费用——工资福利费用——社会保险缴费——机关事业单位职业年金缴费	5
	贷：零余额账户用款额度——机关事业单位职业年金缴费	40
	银行存款——基本户银行存款	10

续表

财务会计分录	借：其他应付款——北京市基本养老保险个人扣款	2.5
	经营费用——经营人员薪酬费——北京市基本养老保险缴费	5
	其他应付款——北京市基本医疗保险缴费个人扣款	0.8
	经营费用——经营人员薪酬费——北京市基本医疗保险缴费	4
	其他应付款——北京市失业险缴费个人扣款	2.6
	单位管理费用——工资福利费用——社会保险缴费——其他社会保险缴费——北京市失业险缴费	0.5
	业务活动费用——工资福利费用——社会保险缴费——其他社会保险缴费——北京市失业险缴费	2
	经营费用——经营人员薪酬费——北京市失业险缴费	0.1
	业务活动费用——工资福利费用——社会保险缴费——其他社会保险缴费——北京市工伤险	4.8
	单位管理费用——工资福利费用——社会保险缴费——其他社会保险缴费——北京市工伤险	1
	经营费用——经营人员薪酬费——北京工伤险缴费	0.2
	贷：银行存款——基本户银行存款	23.5
预算会计分录	借：事业支出——基本支出——工资福利支出——社会保险缴费支出——机关事业单位基本养老保险缴费	100
	资金结存——待处理支出——其他应付款——机关事业单位基本养老保险缴费个人扣款	50
	贷：资金结存——零余额账户用款额度——基本支出用款额度	80
	资金结存——货币资金——基本户银行存款	70
	借：事业支出——基本支出——工资福利支出——社会保险缴费支出——机关事业单位职业年金缴费	25
	资金结存——待处理支出——其他应付款——机关事业单位职业年金缴费个人扣款	25
	贷：资金结存——零余额账户用款额度——基本支出用款额度	40
	资金结存——货币资金——基本户银行存款	10
	借：经营支出——经营人员薪酬支出——北京市基本养老保险缴费	5
	经营支出——经营人员薪酬支出——北京市基本医疗保险缴费	4
	事业支出——基本支出——工资福利支出——社会保险缴费支出——其他社会保险缴费——北京市失业险缴费	2.5
	经营支出——经营人员薪酬支出——北京市失业险缴费	0.1
	事业支出——基本支出——工资福利支出——社会保险缴费支出——其他社会保障缴费——北京市工伤险缴费	5.8
	经营支出——经营人员薪酬支出——北京市工伤险缴费	0.2

续表

预算会计分录	资金结存——待处理支出——其他应付款——北京市基本养老保险个人扣款	2.5
	资金结存——待处理支出——其他应付款——北京市基本医疗保险个人扣款	0.8
	资金结存——待处理支出——其他应付款——北京市失业险缴费个人扣款	2.6
	贷：资金结存——货币资金——基本户银行存款	23.5

4. 医疗费

【例 1-1-4-1】某科研单位人员本年公费医疗拨款 30 万元。单位本年报销医药费 40 万元，其中业务人员报销 30 万元，管理人员报销 10 万元（上年医疗费结转 20 万元）。

1-1-4-1		（万元）
财务会计分录	借：银行存款——基本户银行存款	30
	贷：其他应付款——医疗费	30
	借：业务活动费用——工资和福利费用——医疗费	20
	单位管理费用——工资福利费用——医疗费	10
	其他应付款——医疗费暂存	10
	贷：银行存款——基本户银行存款	40
预算会计分录	借：事业支出——基本支出——工资福利支出——医疗费	40
	贷：资金结存——货币资金——基本户银行存款	40

【例 1-1-4-2】某科研单位人员本年公费医疗拨款 30 万元。单位本年报销医药费 20 万元，其中业务人员报销 15 万元，管理人员报销 5 万元（上年医疗费结转 20 万元）。

1-1-4-2		（万元）
财务会计分录	借：银行存款——基本户银行存款	30
	贷：其他应付款——医疗费	30
	借：业务活动费用——工资和福利费用——医疗费	15
	单位管理费用——工资福利费用——医疗费	5
	贷：银行存款——基本户银行存款	20

续表

预算会计 分录	借：事业支出——基本支出——工资福利支出——医疗费	20
	贷：资金结存——货币资金——基本户银行存款	20

【例1-1-4-3】医疗费拨款30万元，本年以支定收20万元，年底结转医疗费。

1-1-4-3		（万元）
财务会计 分录	借：其他应付款——医疗费	20
	贷：非同级财政拨款收入——医疗费拨款	20
	借：非同级财政拨款收入——医疗费拨款	20
	贷：本期盈余	20
	借：本期盈余	20
	贷：业务活动费用——工资和福利费用——医疗费	15
	单位管理费用——工资福利费用——医疗费	5
预算会计 分录	借：非同级财政拨款预算收入——医疗费拨款	30
	贷：非财政拨款结转——本年收支结转	30
	借：非财政拨款结转——本年收支结转	20
	贷：事业支出——基本支出——工资福利支出——医疗费	20
	借：非财政拨款结转——本年收支结转	10
	贷：非财政拨款结转——累计结转	10

（二）业务核算费用——商品和服务费用 / 基本支出——商品和服务支出

1. 印刷费

【例1-2-1】某科研所课题 ×× 政府专项1付印刷费2万元，付版面费1万元，资料费1万元。

1-2-1		（万元）
财务会计 分录	借：业务活动费用——商品和服务费用——印刷费——印刷费（×× 政府专项1）	2
	业务活动费用——商品和服务费用——印刷费——版面费（×× 政府专项1）	1
	业务活动费用——商品和服务费用——印刷费——资料费（×× 政府专项1）	1
	贷：银行存款——基本户银行存款	4

续表

预算会计 分录	借：事业支出——基本支出——商品和服务支出——印刷费支 出——印刷费（×× 政府专项1）	2
	事业支出——基本支出——商品和服务支出——印刷费支 出——版面费（×× 政府专项1）	1
	事业支出——基本支出——商品和服务支出——印刷费支 出——资料费（×× 政府专项1）	1
	贷：资金结存——货币资金——基本户银行存款	4

2. 专家咨询费

【例1-2-2】某科研所课题 ×× 政府专项1付专家咨询费10万元，个税1.5万元，实付8.5万元。

1-2-2　　　　　　　　　　　　　　　　　　　　　　　　　　　　　　（万元）

财务会计 分录	借：业务活动费用——商品和服务费用——咨询费（×× 政府专项1）	10
	贷：其他应交税费——个人所得税	1.5
	银行存款——基本户银行存款	8.5
预算会计 分录	借：事业支出——基本支出——商品和服务支出——咨询费支出 （×× 政府专项1）	10
	贷：资金结存——待处理支出——应交税费——个人所得税	1.5
	资金结存——货币资金——基本户银行存款	8.5

3. 邮电费

【例1-2-3】某科研单位课题 ×× 政府专项1付邮寄费5万元，电话费2万元，网络服务费3万元。

1-2-3　　　　　　　　　　　　　　　　　　　　　　　　　　　　　　（万元）

财务会计 分录	借：业务活动费用——商品和服务费用——邮电费——邮寄费 （×× 政府专项1）	5
	业务活动费用——商品和服务费用——邮电费——电话费（×× 政 府专项1）	2
	业务活动费用——商品和服务费用——邮电费——网络服务费 （×× 政府专项1）	3
	贷：银行存款——基本户银行存款	10

续表

预算会计分录	借：事业支出——基本支出——商品和服务支出——邮电费支出——邮寄费支出（××政府专项1）	5
	事业支出——基本支出——商品和服务支出——邮电费支出——电话费支出（××政府专项1）	2
	事业支出——基本支出——商品和服务支出——邮电费支出——网络服务费支出（××政府专项1）	3
	贷：资金结存——货币资金——基本户银行存款	10

4. 交通费

【例1-2-4】某科研单位××其他委托项目1付交通费5万元。

1-2-4 （万元）

财务会计分录	借：业务活动费用——商品和服务费用——交通费——租车费（××其他委托项目1）	5
	贷：银行存款——基本户银行存款	5
预算会计分录	借：事业支出——基本支出——商品和服务支出——交通费支出——租车费用支出（××其他委托项目1）	5
	贷：资金结存——货币资金——基本户银行存款	5

5. 差旅费

【例1-2-5】某科研单位××政府专项1课题组参加外地会议，付外埠差旅费7万元，会务费3万元。

1-2-5 （万元）

财务会计分录	借：业务活动费用——商品和服务费用——差旅费——外埠差旅费（××政府专项1）	7
	业务活动费用——商品和服务费用——差旅费——会务费（××政府专项1）	3
	贷：银行存款——基本户银行存款	10
预算会计分录	借：事业支出——基本支出——商品和服务支出——差旅费支出——外埠差旅费支出（××政府专项1）	7
	事业支出——基本支出——商品和服务支出——差旅费支出——会务费支出（××政府专项1）	3
	贷：资金结存——货币资金——基本户银行存款	10

6. 国际合作交流费

【例 1-2-6】某科研单位 ×× 政府专项 1 付国际合作交流费 8 万元。

1-2-6		（万元）
财务会计分录	借：业务活动费用——商品和服务费用——国际合作交流费（×× 政府专项 1） 贷：银行存款——基本户银行存款	8 8
预算会计分录	借：事业支出——基本支出——商品和服务支出——国际合作交流支出（×× 政府专项 1） 贷：资金结存——货币资金——基本户银行存款	8 8

7. 维修费

【例 1-2-7】某科研单位 ×× 其他委托项目 1 付办公设备维修费 6 万元，金额 5 万元，税额 1 万元。

1-2-7		（万元）
财务会计分录	借：业务活动费用——商品和服务费用——维修费——办公设备维修费（×× 其他委托项目 1） 应交增值税——进项税 贷：银行存款——基本户银行存款	5 1 6
预算会计分录	借：事业支出——基本支出——商品和服务支出——维修费支出——办公设备维修支出（×× 其他委托项目 1） 事业支出——基本支出——商品和服务支出——税金及附加 贷：资金结存——货币资金——基本户银行存款	5 1 6

8. 会议费

【例 1-2-8】某科研单位 ×× 政府专项 1 课题组召开课题会议，其中，会议场租费用 10 万元，会议餐费 3 万元，会议杂项费用 2 万元。

1-2-8		（万元）
财务会计分录	借：业务活动费用——商品和服务费用——会议费——房租场租费（×× 政府专项 1） 业务活动费用——商品和服务费用——会议费——会议餐费（×× 政府专项 1） 业务活动费用——商品和服务费用——会议费——杂项费用（×× 政府专项 1） 贷：银行存款——基本户银行存款	10 3 2 15

续表

预算会计分录	借：事业支出——基本支出——商品和服务支出——会议费支出——房租场费支出（××政府专项1）	10
	事业支出——基本支出——商品和服务支出——会议费支出——会议餐费支出（××政府专项1）	3
	事业支出——基本支出——商品和服务支出——会议费支出——杂项费用支出（××政府专项1）	2
	贷：资金结存——货币资金——基本户银行存款	15

9. 培训费

【例1-2-9】某科研单位××政府专项1课题付项目培训费5万元。

1-2-9		（万元）
财务会计分录	借：业务活动费用——商品和服务费用——培训费——项目培训费（××政府专项1）	5
	贷：银行存款——基本户银行存款	5
预算会计分录	借：事业支出——基本支出——商品和服务支出——培训费支出——项目培训费支出（××政府专项1）	5
	贷：资金结存——货币资金——基本户银行存款	5

10. 专用材料费

【例1-2-10-1】某科研单位××政府专项1课题购买试剂50万元，购买实验动物10万元。

1-2-10-1		（万元）
财务会计分录	借：业务活动费用——商品和服务费用——专用材料费——原材料费（××政府专项1）	50
	业务活动费用——商品和服务费用——专用材料费——动物饲养费（××政府专项1）	10
	贷：银行存款——基本户银行存款	60
预算会计分录	借：事业支出——基本支出——商品和服务支出——专用材料费支出原材料支出（××政府专项1）	50
	事业支出——基本支出——商品和服务支出——专用材料费支出——动物饲养费支出（××政府专项1）	10
	贷：资金结存——货币资金——基本户银行存款	60

【例 1-2-10-2】某科研单位 ×× 其他委托项目 1 购买试剂 65 万元（金额 61 万元，税额 4 万元），购买实验动物 10 万元（金额 9.4 万元，税额 0.6 万元），从单位库房领用低值易耗品 5 万元。

1-2-10-2		（万元）
财务会计分录	借：业务活动费用——商品和服务费用——专用材料费——原材料费（×× 其他委托项目 1）	61
	业务活动费用——商品和服务费用——专用材料费——实验动物 ×× 其他委托项目 1）	9.4
	业务活动费用——商品和服务费用——专用材料费——低值易耗品（×× 其他委托项目 1）	5
	应交增值税——进项税	4.6
	贷：库存物品——低值易耗品	5
	银行存款——基本户银行存款	75
预算会计分录	借：事业支出——基本支出——商品和服务费用支出——专用材料费支出——原材料费（×× 其他委托项目 1）	61
	事业支出——基本支出——商品和服务费用支出——专用材料费支出——动物费（×× 其他委托项目 1）	9.4
	事业支出——基本支出——商品和服务费用支出——专用材料费支出——低值易耗品（×× 其他委托项目 1）	5
	事业支出——基本支出——商品和服务支出——税金及附加（自有资金）	4.6
	贷：资金结存——待处理支出——资产类——存货	5
	资金结存——货币资金——基本户银行存款	75

【例 1-2-10-3】某科研单位 ×× 政府专项 2 课题购买实验耗材 40 万元。

1-2-10-3		（万元）
财务会计分录	借：业务活动费用——商品和服务费用——专用材料费——原材料费（×× 政府专项 2）	40
	贷：银行存款——基本户银行存款	40
预算会计分录	借：事业支出——基本支出——商品和服务支出——专用材料费支出——原材料支出（×× 政府专项 2）	40
	贷：资金结存——货币资金——基本户银行存款	40

11. 劳务费

【例 1-2-11】某科研单位课题组 ×× 政府专项 1 付研究生劳务费 30 万元，其中个人所得税 4 万元，实付 26 万元。

1-2-11		（万元）
财务会计 分录	借：业务活动费用——商品和服务费用——劳务费（××政府专项1） 　　贷：其他应交税费——个人所得税 　　　　银行存款——基本户银行存款	26 4 30
预算会计 分录	借：事业支出——基本支出——商品和服务费用支出——劳务费 支（××政府专项1） 　　贷：资金结存——待处理支出——应交税费——个人所得税 　　　　资金结存——货币资金——基本户银行存款	26 4 30

12. 委托业务费

（1）科研项目费

【例1-2-12-1-1】某科研单位课题组××政府专项1付科研分项目费200万元（在任务书里，子项目经费不开发票）。

1-2-12-1-1		（万元）
财务会计 分录	借：业务活动费用——商品和服务费用——委托业务费——科研 项目费（××政府专项1） 　　贷：银行存款——基本户银行存款	200 200
预算会计 分录	借：事业支出——基本支出——商品和服务费用支出——委托业 务费支出——科研项目费支出（××政府专项1） 　　贷：资金结存——货币资金——基本户银行存款	200 200

【例1-2-12-1-2】某科研单位课题组××其他委托项目1付科研项目经费100万元（金额94万元，税额6万元）。

1-2-12-1-2		（万元）
财务会计 分录	借：业务活动费用——商品和服务费用——委托业务费——科研 项目费（××其他委托项目1） 　　应交增值税——进项税 　　贷：银行存款——基本户银行存款	94 6 100
预算会计 分录	借：事业支出——基本支出——商品和服务费用支出——委托业 务费支出——科研项目费支出（××其他委托项目1） 　　事业支出——基本支出——商品和服务支出——税金及附加 （自有资金） 　　贷：资金结存——货币资金——基本户银行存款	94 6 100

（2）测试费

【例1-2-12-2-1】某科研单位课题组××政府专项1付测试费100万元。

1-2-12-2-1 （万元）

财务会计 分录	借：业务活动费用——商品和服务费用——委托业务费——测试 　　费（××政府专项1） 　　贷：银行存款——基本户银行存款	100 100
预算会计 分录	借：事业支出——基本支出——商品和服务费用支出——委托业 　　务费支出——测试费支出（××政府专项1） 　　贷：资金结存——货币资金——基本户银行存款	100 100

【例1-2-12-2-2】某科研单位课题组××其他委托项目1付测试费55万元（金额52万元，税额3万元）。

1-2-12-2-2 （万元）

财务会计 分录	借：业务活动费用——商品和服务费用——委托业务费——测试 　　费（××其他委托项目1） 　　应交增值税——进项税 　　贷：银行存款——基本户银行存款	52 3 55
预算会计 分录	借：事业支出——基本支出——商品和服务费用支出——委托业 　　务费支出——测试费支出（××其他委托项目1） 　　事业支出——基本支出——商品和服务支出——税金及附加 　　（自有资金） 　　贷：资金结存——货币资金——基本户银行存款	52 3 55

【例1-2-12-2-3】某科研单位××其他委托项目2付测试费100万元，先预付70万元，测试结果交付后再付30万元，开发票（金额94万元，税额6万元）。

1-2-12-2-3-1 （万元）

财务会计 分录	借：预付账款 　　贷：银行存款——基本户银行存款	70 70
预算会计 分录	借：事业支出——基本支出——商品和服务支出——委托业务费 　　支出——测试费（××其他委托项目2） 　　贷：资金结存——货币资金——基本户银行存款	70 70

测试完成后，单位又付30万元，开发票全额94万元，税额6万元。

1-2-12-2-3-2 （万元）

财务会计分录	借：业务活动费用——商品和服务费用——委托业务费——测试费（×× 其他委托项目 2）	94
	应交增值税——进项税	6
	贷：预付账款	70
	银行存款——基本户银行存款	30
预算会计分录	借：事业支出——基本支出——商品和服务支出——委托业务费支出——测试费（×× 其他委托项目 2）	24
	事业支出——基本支出——商品和服务支出——税金及附加（自有资金）	6
	贷：资金结存——货币资金——基本户银行存款	30

（3）平台及软件开发费

【例 1-2-12-3-1】某科研单位课题组 ×× 政府专项 1 付平台及软件开发费 2 万元（无专利，无专有技术）。

1-2-12-3-1 （万元）

财务会计分录	借：业务活动费用——商品和服务费用——委托业务费——平台及软件开发费（×× 政府专项 1）	2
	贷：银行存款——基本户银行存款	2
预算会计分录	借：事业支出——基本支出——商品和服务费用支出——委托业务费支出——平台及软件开发费支出（×× 政府专项 1）	2
	贷：资金结存——货币资金——基本户银行存款	2

【例 1-2-12-3-2】某科研单位课题组 ×× 其他委托项目 1 付平台及软件开发费 3.8 万元，开发票，金额 3.6 万元，税额 0.2 万元（无专利，无专有技术）。

1-2-12-3-2 （万元）

财务会计分录	借：业务活动费用——商品和服务费用——委托业务费——平台及软件开发费（×× 其他委托项目 1）	3.6
	应交增值税——进项税	0.2
	贷：银行存款——基本户银行存款	3.8
预算会计分录	借：事业支出——基本支出——商品和服务费用支出——委托业务费支出——平台及软件开发费支出（×× 其他委托项目 1）	3.6
	事业支出——基本支出——商品和服务费用支出——税金及附加（自有资金）	0.2
	贷：资金结存——货币资金——基本户银行存款	3.8

（4）技术服务费

【例 1-2-12-4-1】某科研单位课题组 ×× 政府专项 1 付技术服务费 100 万元。

1-2-12-4-1　　　　　　　　　　　　　　　　　　　　　　　　　　　　　（万元）

财务会计分录	借：业务活动费用——商品和服务费用——委托业务费——技术服务费（××政府专项1）	100
	贷：银行存款——基本户银行存款	100
预算会计分录	借：事业支出——基本支出——商品和服务费用支出——委托业务费支出——技术服务费支出（××政府专项1）	100
	贷：资金结存——货币资金——基本户银行存款	100

【例1-2-12-4-2】某科研单位课题组 ×× 其他委托项目1付技术服务费50万元（金额47万元，税额3万元）。

1-2-12-4-2　　　　　　　　　　　　　　　　　　　　　　　　　　　　　（万元）

财务会计分录	借：业务活动费用——商品和服务费用——委托业务费——技术服务费（××其他委托项目1）	47
	应交增值税——进项税	3
	贷：银行存款——基本户银行存款	50
预算会计分录	借：事业支出——基本支出——商品和服务费用支出——委托业务费支出——技术服务费支出（××其他委托项目1）	47
	事业支出——基本支出——商品和服务支出——税金及附加（自有资金）	3
	贷：资金结存——货币资金——基本户银行存款	50

（5）伦理审查费

【例1-2-12-5-1】某科研单位课题组 ×× 政府专项1付伦理审查费10万元。

1-2-12-5-1　　　　　　　　　　　　　　　　　　　　　　　　　　　　　（万元）

财务会计分录	借：业务活动费用——商品和服务费用——委托业务费——伦理审查费（××政府专项1）	10
	贷：银行存款——基本户银行存款	10
预算会计分录	借：事业支出——基本支出——商品和服务费用支出——委托业务费支出——伦理审查费支出（××政府专项1）	10
	贷：资金结存——货币资金——基本户银行存款	10

【例1-2-12-5-2】某科研单位课题组 ×× 其他委托项目1付伦理审查费10万元（金额9.4万元，税额0.6万元）。

1-2-12-5-2　　　　　　　　　　　　　　　　　　　　　　　　　　（万元）

财务会计 分录	借：业务活动费用——商品和服务费用——委托业务费——伦理 审查费（××其他委托项目1）	9.4
	应交增值税——进项税	0.6
	贷：银行存款——基本户银行存款	10
预算会计 分录	借：事业支出——基本支出——商品和服务费用支出——委托业 务费支出——伦理审查费支出（××其他委托项目1）	9.4
	事业支出——基本支出——商品和服务支出——税金及附加支出	0.6
	贷：资金结存——货币资金——基本户银行存款	10

（6）专利技术申请及维护费

【例1-2-12-6】科研单位课题组 ××政府专项1研究专利权技术共花费29万元，付专利技术申请1万元。

1-2-12-6　　　　　　　　　　　　　　　　　　　　　　　　　　（万元）

财务会计 分录	借：业务活动费用——商品和服务费用——委托业务费——专利 申请及维护费（××政府专项1）	30
	贷：银行存款——基本户银行存款	30
	借：无形资产——专利权（××专利权）	30
	贷：累计盈余——非流动资产基金	30
预算会计 分录	借：事业支出——基本支出——商品和服务费用支出——委托业 务费支出——专利申请及维护费支出（××政府专项1）	30
	贷：资金结存——货币资金——基本户银行存款	30

13. 其他商品和服务费

间接经费

【例1-2-13-1-1】某科研单位收到国家基金资助科研费2000万元，项目核算编号（××政府专项1）；直接经费1800万元，间接经费200万元（间接经费中20%为间接成本及管理补助即40万元；剩余间接经费的75%即120万元为项目承担人员绩效；15%即24万元为项目管理人员绩效；10%即16万元为间接费用其他）。

1-2-13-1-1　　　　　　　　　　　　　　　　　　　　　　　　　（万元）

财务会计 分录	借：银行存款——基本户银行存款	2000
	贷：预收账款——政府专项（××政府专项1）	2000

续表

财务会计分录	借：业务活动费用——商品和服务费用——其他商品和服务费用——间接经费——间接费或管理费（××政府专项1）	40
	贷：预提费用——项目间接费或管理费	40
	借：业务活动费用——商品和服务费用——其他商品和服务费用——间接经费——项目管理人员绩效（××政府专项1）	24
	贷：预提费用——项目管理人员绩效	24
预算会计分录	借：资金结存——货币资金——基本户银行存款	2000
	贷：事业预算收入——科研经费预算收入	2000
	借：事业支出——基本支出——商品和服务支出——其他商品和服务支出——间接经费——项目间接费或管理费（××政府专项1）	40
	贷：事业预算收入——项目间接费或管理费预算收入	40
	借：事业支出——基本支出——商品和服务支出——其他商品和服务支出——间接经费——项目管理人员绩效（××政府专项1）	24
	贷：资金结存——待处理支出——预提费用——项目管理人员绩效	24

【例1-2-13-1-2】课题项目××政府专项1付项目承担人员绩效40万元，个税5万元；付项目管理人员绩效14万元，个税1万元；购办公用品6万元。

1-2-13-1-2　　　　　　　　　　　　　　　　　　　　　　　　（万元）

财务会计分录	借：业务活动费用——商品和服务费用——其他商品和服务费用——间接经费——项目承担人员绩效（××政府专项1）	40
	贷：其他应交税费——个人所得税	5
	银行存款——基本户银行存款	35
	借：预提费用款——项目管理人员绩效	14
	贷：其他应交税费——个人所得税	1
	银行存款——基本户银行存款	13
	借：业务活动费用——商品和服务费用——其他商品和服务费用——间接经费——其他（××政府专项1）	6
	贷：银行存款——基本户银行存款	6
预算会计分录	借：事业支出——基本支出——商品和服务支出——其他商品和服务支出——间接经费——项目承担人员绩效（××政府专项1）	40
	贷：资金结存——待处理支出——应交税费——个人所得税	5
	资金结存——货币资金——基本户银行存款	35
	借：资金结存——待处理支出——预提费用——项目管理人员绩效	14
	贷：资金结存——待结转支出——应交税费——个人所得税	1
	资金结存——货币资金——基本户银行存款	13

续表

| 预算会计分录 | 借：事业支出——基本支出——商品和服务支出——其他商品和服务支出——间接经费——其他（××政府专项1） | 6 |
| | 贷：资金结存——货币资金——基本户银行存款 | 6 |

（三）固定资产或无形资产购置／基本支出——其他资本性支出

【例1-3-1】课题项目××政府专项1购买专用设备20万元，购买软件10万元。

1-3-1		（万元）
财务会计分录	借：固定资产——专用设备	20
	无形资产——计算机软件	10
	贷：银行存款——基本户银行存款	30
预算会计分录	借：事业支出——基本支出——其他资本性支出——专用设备购置支出（××政府专项1）	20
	事业支出——基本支出——其他资本性支出——信息网络及软件购置支出（××政府专项1）	10
	贷：资金结存——货币资金——基本户银行存款	30

【例1-3-2】课题项目××其他委托项目1购买电脑10万元（金额9万元，税额1万元）。

1-3-2		（万元）
财务会计分录	借：固定资产——电脑	9
	应交增值税——进项税	1
	贷：银行存款——基本户银行存款	10
预算会计分录	借：事业支出——基本支出——其他资本性支出——办公设备购置支出——办公设备（××其他委托项目1）	9
	事业支出——基本支出——商品和服务支出——税金及附加（自有资金）	1
	贷：资金结存——货币资金——基本户银行存款	10

（四）业务活动费用——商品和服务费用（财政项目）／项目支出——商品和服务支出

【例1-4】某科研单位收到当年专项经费拨款——社会公益专项200万元（财

政项目 1），专项经费拨款——科技条件专项（修缮购置专项）150 万元（财政项目 2）。

1. 印刷费

【例 1-4-1】某科研所财政项目 1 付印刷费 1 万元，付版面费 3 万元，资料费 1 万元。

1-4-1 （万元）

财务会计分录	借：业务活动费用——商品和服务费用——印刷费——印刷费（财政项目 1）	1
	业务活动费用——商品和服务费用——印刷费——版面费（财政项目 1）	3
	业务活动费用——商品和服务费用——印刷费——资料费（财政项目 1）	1
	贷：零余额账户用款额度——社会公益专项	5
预算会计分录	借：事业支出——项目支出——商品和服务项目支出——印刷费项目支出——印刷费（财政项目 1）	1
	事业支出——项目支出——商品和服务项目支出——印刷费项目支出——版面费（财政项目 1）	3
	事业支出——项目支出——商品和服务项目支出——印刷费项目支出——资料费（财政项目 1）	1
	贷：资金结存——零余额账户用款额度——项目支出用款额度	5

2. 专家咨询费

【例 1-4-2】某科研所财政项目 1 付专家咨询费 10 万元，个税 0.5 万元，实付 9.5 万元。

1-4-2 （万元）

财务会计分录	借：业务活动费用——商品和服务费用——咨询费（财政项目 1）	10
	贷：其他应交税费——个人所得税	0.5
	零余额账户用款额度——社会公益专项	9.5
预算会计分录	借：事业支出——项目支出——商品和服务项目支出——咨询费项目支出（财政项目 1）	10
	贷：资金结存——待处理支出——应交税费——个人所得税暂存	0.5
	资金结存——零余额账户用款额度——项目支出用款额度	9.5

3. 邮电费

【例1-4-3】某科研单位财政项目1付邮寄费0.3万元，网络服务费0.7万元。

1-4-3 （万元）

财务会计分录	借：业务活动费用——商品和服务费用——邮电费——邮寄费（财政项目1）	0.3
	业务活动费用——商品和服务费用——邮电费——网络服务费（财政项目1）	0.7
	贷：零余额账户用款额度——社会公益专项	1
预算会计分录	借：事业支出——项目支出——商品和服务项目支出——邮电费项目支出——邮寄费（财政项目1）	0.3
	事业支出——项目支出——商品和服务项目支出——邮电费项目支出——网络服务费（财政项目1）	0.7
	贷：资金结存——零余额账户用款额度——项目支出用款额度	1

4. 交通费

【例1-4-4】某科研单位财政项目1付交通费1万元。

1-4-4 （万元）

财务会计分录	借：业务活动费用——商品和服务费用——交通费——租车费（财政项目1）	1
	贷：零余额账户用款额度——社会公益专项	1
预算会计分录	借：事业支出——项目支出——商品和服务费项目支出——交通费项目支出——租车费（财政项目1）	1
	贷：资金结存——零余额账户用款额度——项目支出用款额度	1

5. 差旅费

【例1-4-5】某科研单位财政项目1参加外地会议，付外埠差旅费4万元。

1-4-5 （万元）

财务会计分录	借：业务活动费用——商品和服务费用——差旅费——外埠差旅费（政府项目1）	4
	贷：零余额账户用款额度——社会公益专项	4
预算会计分录	借：事业支出——项目支出——商品和服务费项目支出——差旅费项目支出——外埠差旅费（财政项目1）	4
	贷：资金结存——零余额账户用款额度——项目支出用款额度	4

6. 培训费

【例 1-4-6】某科研单位财政项目 1 付项目培训费 1 万元。

	1-4-6	（万元）
财务会计 分录	借：业务活动费用——商品和服务费用——培训费（财政项目1）	1
	贷：零余额账户用款额度——社会公益专项	1
预算会计 分录	借：事业支出——项目支出——商品和服务费用项目支出——培训费支出——培训费（财政项目1）	1
	贷：资金结存——零余额账户用款额度——项目支出用款额度	1

7. 专用材料费

【例 1-4-7】某科研单位财政项目 1 购买试剂 15 万元，购买实验动物 5 万元。

	1-4-7	（万元）
财务会计 分录	借：业务活动费用——商品和服务费用——专用材料费——原材料费（财政项目1）	15
	业务活动费用——商品和服务费用——专用材料费——动物饲养费（财政项目1）	5
	贷：零余额账户用款额度——社会公益专项	20
预算会计 分录	借：事业支出——项目支出——商品和服务费用项目支出——专用材料费项目支出——原材料（财政项目1）	15
	事业支出——项目支出——商品和服务费用项目支出——专用材料费项目支出——动物饲养费（财政项目1）	5
	贷：资金结存——零余额账户用款额度——项目支出用款额度	20

8. 劳务费

【例 1-4-8】某科研单位财政项目 1 付研究生劳务费共 8 万元，其中个人所得税 0.5 万元，实付 7.5 万元。

	1-4-8	（万元）
财务会计 分录	借：业务活动费用——商品和服务费用——劳务费（财政项目1）	8
	贷：其他应交税费——个人所得税	0.5
	零余额账户用款额度——社会公益专项	7.5
预算会计 分录	借：事业支出——项目支出——商品和服务费用项目支出——劳务费项目支出（财政项目1）	8
	贷：资金结存——待处理支出——应交税费——个人所得税	0.5
	资金结存——零余额账户用款额度——项目支出用款额度	7.5

9. 委托业务费

（1）科研项目费

【例 1-4-9-1】某科研单位财政项目 1 付科研分项目费 50 万元（在任务书里子项目经费不开发票）。

1-4-9-1		（万元）
财务会计分录	借：业务活动费用——商品和服务费用——委托业务费——科研项目费（财政项目 1）	50
	贷：零余额账户用款额度——社会公益专项	50
预算会计分录	借：事业支出——项目支出——商品和服务费用项目支出——委托业务费项目支出——科研项目费（财政项目 1）	50
	贷：资金结存——零余额账户用款额度——项目支出用款额度	50

（2）测试费

【例 1-4-9-2】某科研单位财政项目 1 付测试费 30 万元。

1-4-9-2		（万元）
财务会计分录	借：业务活动费用——商品和服务费用——委托业务费——测试费（财政项目 1）	30
	贷：零余额账户用款额度——社会公益专项	30
预算会计分录	借：事业支出——项目支出——商品和服务费用项目支出——委托业务费项目支出——测试费（财政项目 1）	30
	贷：资金结存——零余额账户用款额度——项目支出用款额度	30

（3）平台及软件开发费

【例 1-4-9-3】某科研单位财政项目 1 付平台及软件开发费 20 万元，完成后申报专利，形成无形资产。

1-4-9-3		（万元）
财务会计分录	借：业务活动费用——商品和服务费用——委托业务费——平台及软件开发费（财政项目 1）	20
	贷：零余额账户用款额度——社会公益专项	20
	借：无形资产——专利权——××专利	20
	贷：累计盈余——非流动资产基金	20
预算会计分录	借：事业支出——项目支出——商品和服务项目支出——委托业务费项目支出——平台及软件开发费（财政项目 1）	20
	贷：资金结存——零余额账户用款额度——项目支出用款额度	20

（4）技术服务费

【例1-4-9-4】某科研单位财政项目1付技术服务费30万元。

1-4-9-4		（万元）
财务会计 分录	借：业务活动费用——商品和服务费用——委托业务费——技术 　　服务费（财政项目1） 　　贷：零余额账户用款额度——社会公益专项	30 30
预算会计 分录	借：事业支出——项目支出——商品和服务费用项目支出——委 　　托业务费项目支出——技术服务费（财政项目1） 　　贷：资金结存——零余额账户用款额度——项目支出用款额度	30 30

（5）伦理审查费

【例1-4-9-5】某科研单位财政项目1付伦理审查费5万元。

1-4-9-5		（万元）
财务会计 分录	借：业务活动费用——商品和服务费用——委托业务费——伦理 　　审查费（财政项目1） 　　贷：零余额账户用款额度——社会公益专项	5 5
预算会计 分录	借：事业支出——项目支出——商品和服务费用项目支出——委 　　托业务费项目支出——伦理审查费（财政项目1） 　　贷：资金结存——零余额账户用款额度——项目支出用款额度	5 5

（五）财政项目购置固定资产或无形资产 / 项目支出——其他资本性项目支出

【例1-5-1】某科研单位财政项目1购置专用设备10万元。

1-5-1		（万元）
财务会计 分录	借：固定资产——专用设备 　　贷：零余额账户用款额度——社会公益专项	10 10
预算会计 分录	借：事业支出——项目支出——其他资本性项目支出——专用设 　　备购置项目支出（财政项目1） 　　贷：资金结存——零余额账户用款额度——项目支出用款额度	10 10

【例1-5-2】某科研单位财政项目2付专用设备购置148万元。

1-5-2 （万元）

财务会计分录	借：固定资产——专用设备购置	148
	贷：零余额账户用款额度——科技条件专项	148
预算会计分录	借：事业支出——项目支出——其他资本性项目支出——专用设备购置项目支出（财政项目2）	148
	贷：资金结存——零余额账户用款额度——项目支出用款额度	148

（六）业务活动费用——折旧费及摊销费

【例6-1】2019年1月1日后，××其他委托项目1购固定资产一般通用设备共9万元，当年提折旧1万元；购专用设备188万元，当年提折旧20万元；购办公软件30万元，当年提折旧5万元。

1-6-1 （万元）

财务会计分录	借：业务活动费用——折旧及摊销费——固定资产折旧费 业务活动费用——折旧及摊销费——无形资产摊销费 贷：固定资产累计折旧——通用设备折旧——一般通用设备折旧 固定资产累计折旧——专用设备折旧 无形资产累计摊销——计算机软件摊销	21 5 1 20 5
预算会计分录	无	

二、单位管理费用／事业支出——基本支出

（一）单位管理费用——工资福利费用／基本支出——工资福利支出

1. 工资

【例2-1-1】某科研单位管理人员年工资300万元，其中管理人员岗位工资100万元，薪级工资70万元，其他津贴补贴20万元，物业补贴5万元，提租补贴2万元，购房补贴18万元，绩效工资80万元，伙食补助5万元。公积金个人扣款20万元，养老金个人扣款10万元，年金个人扣款5万元，失业金个人扣款0.5万元，工会经费个人扣款1万元，个人所得税8万元，付工资。

2-1-1		（万元）
财务会计 分录	借：单位管理费用——工资福利费用——工资	300
	贷：应付职工薪酬——基本工资——岗位工资	100
	应付职工薪酬——基本工资——薪级工资	70
	应付职工薪酬——津贴工资——其他津贴工资	20
	应付职工薪酬——津贴工资——物业补贴	5
	应付职工薪酬——津贴工资——提租补贴	2
	应付职工薪酬——津贴工资——购房补贴	18
	应付职工薪酬——绩效工资	80
	应付职工薪酬——伙食补助费	5
	借：应付职工薪酬——基本工资——岗位工资	100
	应付职工薪酬——基本工资——薪级工资	70
	应付职工薪酬——津贴工资——其他津贴工资	20
	应付职工薪酬——津贴工资——物业补贴	5
	应付职工薪酬——津贴工资——提租补贴	2
	应付职工薪酬——津贴工资——购房补贴	18
	应付职工薪酬——绩效工资	80
	应付职工薪酬——伙食补助费	5
	贷：其他应付款——住房公积金暂存	20
	其他应付款——机关事业单位基本养老保险缴费个人扣款	10
	其他应付款——机关事业单位职业年金缴费个人扣款	5
	其他应付款——北京市失业险缴费个人扣款	0.5
	其他应付款——工会经费暂存	1
	其他应交税费——个人所得税	8
	零余额账户用款额度——机构运行	200
	零余额账户用款额度——提租补贴	2
	零余额账户用款额度——购房补贴	18
	银行存款——基本户银行存款	35.5
预算会计 分录	借：事业支出——基本支出——工资福利支出——基本工资——岗位工资	100
	事业支出——基本支出——工资福利支出——基本工资——薪级工资	70
	事业支出——基本支出——工资福利支出——津贴工资——其他津贴 　　补贴	20
	事业支出——基本支出——工资福利支出——津贴工资——物业补贴	5
	事业支出——基本支出——工资福利支出——津贴工资——提租补贴	2
	事业支出——基本支出——工资福利支出——津贴工资——购房补贴	18
	事业支出——基本支出——工资福利支出——绩效工资	80
	事业支出——基本支出——工资福利支出——伙食补助费	5

续表

预算会计 分录	贷：资金结存——待处理支出——其他应付款——住房公积金 个人扣款	20	
	资金结存——待处理支出——其他应付款——机关事业单 位基本养老保险缴费个人扣款	10	
	资金结存——待处理支出——其他应付款——机关事业单 位职业年金缴费个人扣款	5	
	资金结存——待处理支出——其他应付款——北京市失业 险缴费个人扣款	0.5	
	资金结存——待处理支出——其他应付款——工会经费暂存	1	
	资金结存——待处理支出——应交税费——个人所得税	8	
	资金结存——零余额账户用款额度——基本支出用款额度	220	
	货币资金——基本户银行存款	35.5	

2. 上缴社会保险缴费

（1）机关事业单位基本养老保险缴费和机关事业单位职业年金缴费

【例 2-1-2-1】某科研所上缴费上年 12 月份管理人员机关事业单位基本养老保险缴费 10 万元，个人养老保险扣款 5 万元，机关事业单位年金缴费 2.5 万元，个人年金扣款 2.5 万元。

2-1-2-1 （万元）

财务会计 分录	借：单位管理费用——工资福利费用——社会保险缴费——机关 事业单位基本养老保险缴费	10
	其他应付款——机关事业单位基本养老保险缴费个人扣款	5
	贷：零余额账户用款额度——机关事业单位基本养老保险	10
	银行存款——基本户银行存款	5
	借：单位管理费用——工资福利费用——社会保险缴费——机关 事业单位职业年金缴费	2.5
	其他应付款——机关事业单位职业年金缴费个人扣款	2.5
	贷：零余额账户用款额度——机关事业单位职业年金	2.5
	银行存款——基本户银行存款	2.5
预算会计 分录	借：事业支出——基本支出——工资福利支出——社会保险缴费 支出——机关事业单位基本养老保险缴费	10
	资金结存——待处理支出——其他应付款——机关事业单位 基本养老保险缴费个人扣款	5

续表

	贷：资金结存——零余额账户用款额度——基本支出用款额度	10
	资金结存——货币资金——基本户银行存款	5
预算会计分录	借：事业支出——基本支出——工资福利支出——社会保险缴费支出——机关事业单位职业年金缴费	2.5
	资金结存——待处理支出——其他应付款——机关事业单位职业年金缴费个人扣款	2.5
	贷：资金结存——零余额账户用款额度——基本支出用款额度	2.5
	资金结存——货币资金——基本户银行存款	2.5

（2）上缴其他社会保险缴费——残保金

【例2-1-2-2】某科研单位交残保金10万元。

2-1-2-2　　　　　　　　　　　　　　　　　　　　　　　　　（万元）

财务会计分录	借：单位管理费用——工资福利费用——社会保险缴费——其他社会保险缴费——残保金	10
	贷：银行存款——基本户银行存款	10
预算会计分录	借：事业支出——基本支出——工资和福利支出——社会保险缴费——其他社会保险缴费支出——残保金	10
	贷：资金结存——货币资金——基本户银行存款	10

（二）单位管理费用——商品和服务费用/基本支出——商品和服务支出

1. 办公费

【例2-2-1】某科研单位付办公费1万元。

2-2-1　　　　　　　　　　　　　　　　　　　　　　　　　（万元）

财务会计分录	借：单位管理费用——商品和服务费用——办公费（公务费）	1
	贷：零余额账户用款额度——机构运行	1
预算会计分录	借：事业支出——基本支出——商品和服务利支出——办公费支出（公务费）	1
	贷：零余额账户用款额度——基本支出用款额度	1

2. 印刷费

【例2-2-2】某科研单位付单位印刷品3.9万元，付管理人员版面费1万元，管理人员资料费0.1万元。

2-2-2		（万元）
财务会计分录	借：单位管理费用——商品和服务费用——印刷费——印刷费（公务费）	3.9
	单位管理费用——商品和服务费用——印刷费——版面费（公务费）	1
	单位管理费用——商品和服务费用——印刷费——资料费（公务费）	0.1
	贷：零余额账户用款额度——机构运行	5
预算会计分录	借：事业支出——基本支出——商品和服务利支出——印刷费支出——印刷费（公务费）	3.9
	事业支出——基本支出——商品和服务利支出——印刷费支出——版面费（公务费）	1
	事业支出——基本支出——商品和服务利支出——印刷费支出——资料费（公务费）	0.1
	贷：零余额账户用款额度——基本支出用款额度	5

3. 专家咨询费

【例2-2-3】某科研单位付专家评审费2万元，个税0.1万元，实付1.9万元。

2-2-3		（万元）
财务会计分录	借：单位管理费用——商品和服务费用——咨询费（公务费）	2
	贷：其他应交税费——个人所得税	0.1
	零余额账户用款额度——机构运行	1.9
预算会计分录	借：事业支出——基本支出——商品和服务支出——咨询费支出（公务费）	2
	贷：资金结存——待处理支出——应交税费——个人所得税暂存	0.1
	零余额账户用款额度——基本支出用款额度	1.9

4. 手续费

【例2-2-4】某科研单位付银行手续费2万元。

2-2-4		（万元）
财务会计分录	借：单位管理费用——商品和服务费用——手续费（公务费）	2
	贷：零余额账户用款额度——机构运行	2
预算会计分录	借：事业支出——基本支出——商品和服务支出——手续费（公务费）	2
	贷：零余额账户用款额度——基本支出用款额度	2

5. 水费

【例 2-2-5】某科研单位付单位用水费 2 万元。

2-2-5		（万元）
财务会计分录	借：单位管理费用——商品和服务费用——水费（公务费） 　　贷：零余额账户用款额度——机构运行	2 2
预算会计分录	借：事业支出——基本支出——商品和服务支出——水费（公务费） 　　贷：零余额账户用款额度——基本支出用款额度	2 2

6. 电费

【例 2-2-6】某科研单位付单位用电费 5 万元。

2-2-6		（万元）
财务会计分录	借：单位管理费用——商品和服务费用——电费（公务费） 　　贷：零余额账户用款额度——机构运行	5 5
预算会计分录	借：事业支出——基本支出——商品和服务支出——电费（公务费） 　　贷：零余额账户用款额度——基本支出用款额度	5 5

7. 邮电费

【例 2-2-7】某科研单位管理人员付单位邮寄费 0.2 万元，单位电话费 3.8 万元，单位网络服务费 1 万元。

2-2-7		（万元）
财务会计分录	借：单位管理费用——商品和服务费用——邮电费——邮寄费（公务费） 　　　单位管理费用——商品和服务费用——邮电费——电话费（公务费） 　　　单位管理费用——商品和服务费用——邮电费——网络服务费（公务费） 　　贷：零余额账户用款额度——机构运行	0.2 3.8 1 5
预算会计分录	借：事业支出——基本支出——商品和服务支出——邮电费支出——邮寄费（公务费） 　　　事业支出——基本支出——商品和服务支出——邮电费支出——电话费（公务费） 　　　事业支出——基本支出——商品和服务支出——邮电费支出——网络服务费（公务费） 　　贷：零余额账户用款额度——基本支出用款额度	0.2 3.8 1 5

8. 取暖费：办公用房取暖费

【例 2-2-8】某科研单位付单位办公用房取暖费宿舍取暖费 6 万元。

2-2-8		（万元）
财务会计 分录	借：单位管理费用——商品和服务费用——取暖费——办公用房 取暖（公务费）	6
	贷：零余额账户用款额度——机构运行	6
预算会计 分录	借：事业支出——基本支出——商品和服务支出——取暖费支 出——办公用房取暖费（公务费）	6
	贷：零余额账户用款额度——基本支出用款额度	6

9. 物业管理费：办公用房物业管理费

【例 2-2-9】某科研单位付单位办公用房物业管理费 2.7 万元。

2-2-9		（万元）
财务会计 分录	借：单位管理费用——商品和服务费用——物业管理费——办公 用房物业管理费（公务费）	2.7
	贷：零余额账户用款额度——机构运行	2.7
预算会计 分录	借：事业支出——基本支出——商品和服务支出——物业管理费 支出——办公用房物业管理费（公务费）	2.7
	贷：零余额账户用款额度——基本支出用款额度	2.7

10. 差旅费

【例 2-2-10】某科研单位管理人员付外地会议费用，付外埠差旅费 2 万元。

2-2-10		（万元）
财务会计 分录	借：单位管理费用——商品和服务费用——差旅费——外埠差旅 费（公务费）	2
	贷：零余额账户用款额度——机构运行	2
预算会计 分录	借：事业支出——基本支出——商品和服务费用支出——差旅费 支出——外埠差旅费支出（公务费）	2
	贷：零余额账户用款额度——基本支出用款额度	2

11. 维修费

【例 2-2-11】某科研单位管理人员付空调维修费 5 万元。

2-2-11 （万元）

财务会计分录	借：单位管理费用——商品和服务费用——维修费——办公设备维修费（公务费）	5
	贷：零余额账户用款额度——机构运行	5
预算会计分录	借：事业支出——基本支出——商品和服务费用支出——维修费支出——办公设备维修费（公务费）	5
	贷：零余额账户用款额度——基本支出用款额度	5

12. 租赁费

【例 2-2-12】某科研单位管理人员付房屋租赁费 3 万元。

2-2-12 （万元）

财务会计分录	借：单位管理费用——商品和服务费用——租赁费（公务费）	3
	贷：零余额账户用款额度——机构运行	3
预算会计分录	借：事业支出——基本支出——商品和服务费用支出——租赁费支出（公务费）	3
	贷：零余额账户用款额度——基本支出用款额度	3

13. 会议费

【例 2-2-13】某科研单位召开工资绩效讨论会议，其中，会议场租费用 1 万元，会议餐费 0.7 万元，会议杂项费用 0.3 万元。

2-2-13 （万元）

财务会计分录	借：单位管理费用——商品和服务费用——会议费——房租场租费（自有资金）	1
	单位管理费用——商品和服务费用——会议费——会议餐费（自有资金）	0.7
	单位管理费用——商品和服务费用——会议费——杂项费用（自有资金）	0.3
	贷：银行存款——基本户银行存款	2
预算会计分录	借：事业支出——基本支出——商品和服务费用支出——会议费支出——房租场租费支出（自有资金）	1
	事业支出——基本支出——商品和服务费用支出——会议费支出——会议餐费支出（自有资金）	0.7
	事业支出——基本支出——商品和服务费用支出——会议费支出——杂项费用支出（自有资金）	0.3
	贷：资金结存——货币资金——基本户银行存款	2

14. 公务用车运行维护费

【例 2-2-14】某科研单位付公务用车加油费 1 万元，车辆维修 1 万元，车辆保险 0.8 万元，过路过桥费 0.2 万元。

2-2-14		（万元）
财务会计分录	借：单位管理费用——商品和服务费用——公务用车运行维护费——燃料费（自有资金）	1
	单位管理费用——商品和服务费用——公务用车运行维护费——车辆运行维护费（自有资金）	2
	贷：银行存款——基本户银行存款	3
预算会计分录	借：事业支出——基本支出——商品和服务费用支出——公务用车运行维护费支出——燃料费（自有资金）	1
	事业支出——基本支出——商品和服务费用支出——公务用车运行维护费支出——运行维护费（自有资金）	2
	贷：资金结存——货币资金——基本户银行存款	3

15. 培训费

【例 2-2-15】某科研单位付管理人员培训费 2.2 万元。

2-2-15		（万元）
财务会计分录	借：单位管理费用——商品和服务费用——培训费（公务费）	2.2
	贷：零余额账户用款额度——机构运行	2.2
预算会计分录	借：事业支出——基本支出——商品和服务费用支出——培训费支出（公务费）	2.2
	贷：零余额账户用款额度——基本支出用款额度	2.2

16. 专用材料费

【例 2-2-16】单位购买 20 万元办公用品，管理人员领用 10 万元。业务人员 ×× 其他委托项目 1 领用 5 万元。

2-2-16		（万元）
财务会计分录	借：库存物品——低值易耗品	20
	贷：银行存款——基本户银行存款	20
	借：单位管理费用——商品和服务费用——专用材料费——低值易耗品（公务费）	10
	业务活动费用——商品和服务费用——专用材料费——低值易耗品（×× 其他委托项目 1）	5
	贷：库存物品	15

续表

预算会计分录	借：资金结存——待处理支出——库存物品	20
	贷：资金结存——货币资金——基本户银行存款	20
	借：事业支出——基本支出——商品和服务支出——专用材料费支出——低值易耗品（公务费）	10
	事业支出——基本支出——商品和服务支出——专用材料费支出——低值易耗品（××其他委托项目1）	5
	贷：资金结存——待处理支出——库存物品	15

17. 劳务费

【例2-2-17】某科研单位付聘用人员劳务费10万元，其中个人所得税1万元，实付9万元。

2-2-17　　　　　　　　　　　　　　　　　　　　　　　　　　　　　　　　（万元）

财务会计分录	借：单位管理费用——商品和服务费用——劳务费（公务费）	10
	贷：其他应交税费——个人所得税	1
	零余额账户用款额度——机构运行	9
预算会计分录	借：事业支出——基本支出——商品和服务费用支出——劳务费支出（公务费）	10
	贷：资金结存——待处理支出——应交税费——个人所得税	1
	零余额账户用款额度——基本支出用款额度	9

18. 公务接待费

【例2-2-18】某科研单位招待外宾，费用为0.2万元。

2-2-18　　　　　　　　　　　　　　　　　　　　　　　　　　　　　　　　（万元）

财务会计分录	借：单位管理费用——商品和服务费用——招待费——外宾招待费（自有资金）	0.2
	贷：银行存款——基本户银行存款	0.2
预算会计分录	借：事业支出——基本支出——商品和服务费用支出——招待费支出——外宾招待费（自有资金）	0.2
	贷：资金结存——货币资金——基本户银行存款	0.2

19. 其他交通费：租车费

【例2-2-19】某科研单位管理人员付公务打车费1万元。

2-2-19 （万元）

财务会计 分录	借：单位管理费用——商品和服务费用——其他交通费——租车 费（公务费）	1
	贷：零余额账户用款额度——机构运行	1
预算会计 分录	借：事业支出——基本支出——商品和服务费用支出——其他交 通费支出——租车费用（公务费）	1
	贷：零余额账户用款额度——基本支出用款额度	1

20. 工会经费

【例 2-2-20】年末某科研单位按工资 2% 提工会经费 24.8 万元。

2-2-20 （万元）

财务会计 分录	借：单位管理费用——商品和服务费用——工会经费（公务费）	24.8
	贷：零余额账户用款额度——机构运行	24.8
预算会计 分录	借：事业支出——基本支出——商品和服务费用支出——工会经 费（公务费）	24.8
	贷：零余额账户用款额度——基本支出用款额度	24.8

21. 福利费

【例 2-2-21】某科研单位购节日慰问品，费用 2 万元。

2-2-21 （万元）

财务会计 分录	借：单位管理费用——商品和服务费用——福利费（公务费）	2
	贷：零余额账户用款额度——机构运行	2
预算会计 分录	借：事业支出——基本支出——商品和服务费用支出——福利费 支出（公务费）	2
	贷：零余额账户用款额度——基本支出用款额度	2

22. 税金及附加费用

【例 2-2-22-1】本月应交增值税 10 万元，其中，经营费用中应交增值税
为 1 万元。

提城建税及教育费附加：

城建税 = 增值税 ×7% =10×7%=0.7（万元）

教育费附加 = 增值税 × 5% =10 × 5%=0.5（万元）

2-2-22-1		（万元）
财务会计分录	借：单位管理费用——商品和服务费用——税金及附加（自有资金）	1.08
	经营费用——经营活动税费	0.12
	贷：其他应交税费——城建税	0.7
	其他应交税费——教育费附加	0.5
预算会计分录	无	

【例 2-2-22-2】交上月增值税 10 万元、城建税 0.7 万元、教育费附加 0.5 万元。

2-2-22-2		（万元）
财务会计分录	借：应交增值税——已交增值税	10
	其他应交税费——城建税	0.7
	其他应交税费——教育费附加	0.5
	贷：银行存款——基本户银行存款	11.2
预算会计分录	借：事业支出——基本支出——商品和服务支出——税金及附加（自有资金）	10.08
	经营支出——税金及附加支出	1.12
	贷：资金结存——货币资金——基本户银行存款	11.2

23. 其他商品和服务费用

审计费

【例 2-2-23】某科研单位付审计费用 3 万元

2-2-23		（万元）
财务会计分录	借：单位管理费用——商品和服务费用——其他商品和服务费——审计费（公务费）	3
	贷：零余额账户用款额度——机构运行	3
预算会计分录	借：事业支出——基本支出——商品和服务费用支出——其他商品和服务费支出——审计费（公务费）	3
	贷：零余额账户用款额度——基本支出用款额度	3

（三）单位管理费用——折旧及摊销费用

1. 固定资产折旧费

【例2-3-1】2019年1月1日后，单位自有资金购固定资产电脑10万元，当年提折旧2万元；购办公家具10万元，当年提折旧2万元。

2-3-1		（万元）
财务会计分录	借：单位管理费用——折旧及摊销费——固定资产折旧费	4
	贷：固定资产累计折旧——通用设备折旧——一般通用设备折旧	2
	固定资产累计折旧——办公家具折旧	2
预算会计分录	无	

2. 无形资产摊销费

【例2-3-2】2019年1月1日后，单位自有资金购办公软件5万元，当年提摊销费1万元。

2-3-2		（万元）
财务会计分录	借：单位管理费用——折旧及摊销费——无形资产摊销费	1
	贷：无形资产累计摊销——计算机软件累计摊销	1
预算会计分录	无	

（四）对个人和家庭补助费——会计实务举例

1. 退休经费

【例2-4-1】某科研单位付退休人员房补0.5万元，付物业补贴0.5万元。

2-4-1		（万元）
财务会计分录	借：单位管理费用——对个人和家庭补助费——退休经费——房补	0.5
	单位管理费用——对个人和家庭补助费——退休经费——物业补贴	0.5
	贷：零余额账户用款额度——机构运行	1
预算会计分录	借：事业支出——基本支出——对个人和家庭补助费支出——退休经费支出——房补	0.5
	事业支出——基本支出——对个人和家庭补助费支出——退休经费支出——物业补贴	0.5
	贷：资金结存——零余额账户用款额度——基本支出用款额度	1

2. 抚恤金

【例 2-4-2】某科研单位付去世职工丧葬费 0.3 万元，抚恤金 5 万元。

2-4-2		（万元）
财务会计 分录	借：单位管理费用——对个人和家庭补助费——抚恤金 单位管理费用——对个人和家庭补助费——丧葬费 贷：零余额账户用款额度——机构运行	5 0.3 5.3
预算会计 分录	借：事业支出——基本支出——对个人和家庭补助费支出——抚恤金支出 事业支出——基本支出——对个人和家庭补助费支出——丧葬费支出 贷：资金结存——零余额账户用款额度——基本支出用款额度	5 0.3 5.3

3. 助学金

【例 2-4-3】某科研单位收到学生助学金共 15 万元，本年支付 10 万元。

2-4-3		（万元）
财务会计 分录	借：银行存款——基本户银行存款 贷：其他应付款——助学金 借：单位管理费用——对个人和家庭补助费——助学金 贷：银行存款——基本户银行存款	15 15 10 10
预算会计 分录	借：事业支出——基本支出——对个人和家庭补助费支出——助学金支出 贷：资金结存——货币资金——基本户银行存款	10 10

（五）购置固定资产、无形资产 / 基本支出——其他资本性支出

【例 2-5】某科研单位用自有资金购置办公家具 10 万元和电脑 10 万元。

2-5		（万元）
财务会计 分录	借：固定资产——办公家具 固定资产——通用设备——一般通用设备——电脑 贷：银行存款——基本户银行存款	10 10 20
预算会计 分录	借：事业支出——基本支出——其他资本性支出——办公设备购 置支出——办公家具（自有资金） 事业支出——基本支出——其他资本性支出——办公设备购 置支出——办公设备（自有资金） 贷：资金结存——货币资金——基本户银行存款	10 10 20

三、经营费用 / 经营支出

（一）经营人员薪酬费

1. 工资

【例 3-1-1】某科研单位经营人员年工资 30 万元，北京市养老金个人扣款 2.5 万元，北京市医疗保险 0.8 万元，北京市失业金个人扣款 0.1 万元，个人所得税 1 万元。

3-1-1		（万元）
财务会计分录	借：经营费用——经营人员薪酬费	30
	贷：应付职工薪酬	30
	借：应付职工薪酬	30
	贷：其他应付款——北京市基本养老保险个缴费人扣款	2.5
	其他应付款——北京市基本医疗保险缴费个人扣款	0.8
	其他应付款——北京市失业险缴费个人扣款	0.1
	其他应交税费——个人所得税	1
	银行存款——基本户银行存款	25.6
预算会计分录	借：经营支出——经营人员薪酬支出	30
	贷：资金结存——待处理支出——其他应付款——北京市基本养老保险缴费个人扣款	2.5
	资金结存——待处理支出——其他应付款——北京市基本医疗保险缴费个人扣款	0.8
	资金结存——待处理支出——其他应付款——北京市失业险缴费个人扣款	0.1
	资金结存——待处理支出——应交税费——个人所得税	1
	资金结存——货币资金——基本户银行存款	25.6

2. 缴北京市基本养老保险、基本医疗保险、失业险、工伤险

【例 3-2】某科研所缴上月北京市基本养老金个人扣款 0.2 万元，单位基本养老保险缴款 0.5 万元；北京市基本医疗金个人扣款 0.05 万元，单位基本医疗保险缴费 0.2 万元；北京市失业金个人扣款 0.02 万元，单位失业险缴费 0.02 万元；单位工伤险缴费 0.01 万元。

3-2		（万元）
财务会计分录	借：经营费用——经营人员薪酬费——北京市基本养老保险费	0.5
	其他应付款——北京市基本养老保险缴费个人扣款	0.2
	经营费用——经营人员薪酬费——北京市基本医疗保险	0.2
	其他应付款——北京市基本医疗保险个人扣款	0.05
	经营费用——经营人员薪酬费——北京市失业险	0.02
	其他应付款——北京市失业险缴费个人扣款	0.02
	经营费用——经营人员薪酬费——北京市工伤险	0.01
	贷：银行存款——基本户银行存	1
预算会计分录	借：经营支出——经营人员薪酬支出——北京市基本养老保险缴费	0.5
	资金结存——待处理支出——其他应付款——北京市基本养老保险缴费个人扣款	0.2
	经营支出——经营人员薪酬支出——北京市基本医疗保险缴费	0.2
	资金结存——待处理支出——其他应付款——北京市基本医疗保险缴费个人扣款	0.05
	经营支出——经营人员薪酬支出——北京市失业险缴费	0.02
	资金结存——待处理支出——其他应付款——北京市失业险缴费个人扣款	0.02
	经营支出——经营人员薪酬支出——北京市工伤险缴费	0.01
	贷：资金结存——货币资金——基本户银行存款	1

（二）经营活动费

【例3-2】某科研单位经营部门购原材料150万元（金额135万元，税额15万元），出库135万元。

3-2		（万元）
财务会计分录	借：库存物品——经营部门	135
	应交增值税——进项税	15
	贷：银行存款——基本户银行存款	150
	借：经营费用	135
	贷：库存物品——产成品	135
预算会计分录	借：经营支出	135
	经营税金及附加	15
	贷：资金结存——货币资金——基本户银行存款	150

（三）经营税金及附加

【例 3-3-1】某科研单位销售产品，收到经营收入 200 万元，开发票（金额 180 万元，税额 20 万元）。经营活动中总进项税为 15 万元，应交增值税已交税金为 20-15=5 万元。则当月提经营活动城建税为 5×7%=0.35 万元，教育费附加为 5×5%=0.25 万元。

1. 提当月税金及附加

3-3-1		（万元）
财务会计分录	借：经营费用——经营活动税费	0.6
	贷：其他应交税费——城建税	0.35
	其他应交税费——教育费附加	0.25
预算会计分录	无	

2. 上交上月税金及附加

【例 3-3-2】上交城建税及教育费附加。

3-3-2		（万元）
财务会计分录	借：其他应交税费——城建税	0.35
	其他应交税费——教育费附加	0.25
	贷：银行存款——基本户银行存款	0.6
预算会计分录	借：经营支出——税金及附加支出	0.6
	贷：资金结存——货币资金——基本户银行存款	0.6

四、资产处置费用／其他支出

（一）单位无偿调拨固定资产、存货

【例 4-1-1】某科研单位给下级附属单位无偿调拨 10 台电脑，原值 5 万元，已提折旧 2 万元；办公用品 1 万元，并付运费 0.1 万元。

4-1		（万元）
财务会计分录	借：待处理财产损溢——固定资产	3
	固定资产累计折旧——通用设备折旧	2
	其他费用	0.1
	待处理财产损溢——库存物品——低值易耗品	1

续表

财务会计分录	贷：固定资产——一般通用设备	5
	库存物品——低值易耗品	1
	银行存款——基本户银行存款	0.1
	借：资产处置费用	4
	贷：待处理财产损溢——固定资产	3
	待处理财产损溢——库存物品——办公用品	1
预算会计分录	借：其他支出——其他	0.1
	贷：资金结存——货币资金——基本户银行存款	0.1

【例4-1-2】某科研单位收到上级单位无偿调拨10台电脑，原值5万元，已提折旧2万元；办公用品1万元，并付运费0.1万元。

4-1-2 （万元）

财务会计分录	借：固定资产——一般通用设备	3
财务会计分录	库存物品——低值易耗品	1
	其他费用	0.1
	贷：无偿调拨净资产	4
	银行存款——基本户银行存款	0.1
预算会计分录	借：其他支出——其他	0.1
	贷：资金结存——货币资金——基本户银行存款	0.1

（二）对报废、损毁的固定资产进行处置

【例4-2】某科研单位报废已损坏的6台价值3万元的电脑，已提折旧2万元。

4-2 （万元）

财务会计分录	借：待处理财产损溢——固定资产	1
	固定资产累计折旧——通用设备折旧	2
	贷：固定资产——一般通用设备	3
	借：资产处置费用	1
	贷：待处理财产损溢——固定资产	1
预算会计分录	无	

（三）出售、出让、转让闲置固定资产

【例4-3】某科研单位出售闲置的固定资产，原值5万元，已提折旧2万元，收入4万元（金额3.6万元，税额0.4万元），付运费0.1万元，净收入上缴财政。

4-3		（万元）
财务会计分录	借：银行存款——基本户银行存款	4
	待处理财产损溢——固定资产	3
	固定资产累计折旧	2
	贷：固定资产	5
	应缴财政款	3.5
	应交增值税——销项税	0.4
	银行存款——基本户银行存款	0.1
	借：资产处置费用	3
	贷：待处理财产损溢——固定资产	3
预算会计分录	借：资金结存——货币资金——基本户银行存款	3.9
	贷：资金结存——待处理支出——应缴财政款	3.5
	资金结存——待处理支出——应交税费——税金及附加	0.4

五、上缴上级费用／上缴上级支出

【例5-1】某科研单位收到研究生学费300万元，支出200万元，规定盈余按50%上缴。

5-1		（万元）
财务会计分录	借：上缴上级费用	50
	贷：其他应付款	50
	借：其他应付款	50
	贷：银行存款——基本户银行存款	50
预算会计分录	借：上缴上级支出	50
	贷：资金结存——货币资金——基本户银行存款	50

六、对附属单位补助费用／对附属单位补助支出

【例6-1】某科研单位对附属单位补助支出50万元。

6–1		（万元）
财务会计 分录	借：对附属单位补助费用 　　贷：其他应付款 借：其他应付款 　　贷：银行存款——基本户银行存款	50 50 50 50
预算会计 分录	借：对附属单位补助支出 　　贷：资金结存——货币资金——基本户银行存款	50 50

七、所得税费用 / 税金及附加

【例 7–1–1】交上年企业所得税 120 万元。

7–1–1		（万元）
财务会计 分录	借：其他应交税费——企业所得税 　　贷：银行存款——基本户银行存款	120 120
预算会计 分录	借：事业支出——基本支出——商品和服务支出——税金及附加 　　贷：资金结存——货币资金——基本户银行存款	120 120

【例 7–1–2】本年总收入为 4416.1 万元，不征税收入为 2224 万元，征税收入为 4416.1-2224=2192.1（万元）；总费用为 3216.62 万元，征税费用为 3216.62×（2192.1/4416.1）=1596.69（万元），所得税税率按 25% 计算，则本年企业所得税费用为（2192.1-1596.69）×25%=148.85（万元）。

7–1–2		（万元）
财务会计 分录	借：所得税费用 　　贷：应交所得税——企业所得税	148.85 148.85
预算会计 分录	无	

八、短期投资 (长期投资)/ 投资支出

【例 8–1–1】某科研单位买入短期债券，短期债券本金 50 万元。

8-1-1		（万元）
财务会计 分录	借：短期投资——短期债券投资	50
	贷：银行存款——基本户银行存款	50
预算会计 分录	借：投资支出	50
	贷：资金结存——货币资金——基本户银行存款	50

【例 8-1-2】某科研单位购 A 公司股权，股权成本 100 万元。

8-1-2		（万元）
财务会计 分录	借：长期投资——长期股权投资	100
	贷：银行存款——基本户银行存款	100
预算会计 分录	借：投资支出	100
	贷：资金结存——货币资金——基本户银行存款	100

九、短期借款（长期借款）/ 债务还本支出

【例 9-1】某科研单位向银行借款 50 万元短期借款，期限 6 个月，年利率 6%，到期后还本付息。

9-1		（万元）
财务会计 分录	借：短期借款	50
	应付利息	1.5
	贷：银行存款——基本户银行存款	51.5
预算会计 分录	借：债务还本支出	50
	其他支出——利息支出	1.5
	贷：资金结存——货币资金——基本户银行存款	51.5

十、其他费用 / 其他支出

（一）利息

【例 10-1-1】某科研单位向银行借款 50 万元短期借款，期限六个月，年利率 6%，到期后应付利息 1.5 万元。

10-1-1		（万元）
财务会计 分录	借：银行存款——基本户银行存款	50
	贷：短期借款	50

续表

财务会计 分录	借：其他费用——利息	1.5
	贷：应付利息	1.5
预算会计 分录	借：资金结存——货币资金——基本户银行存款	50
	贷：债务预算收入	50

【例 10-1-2】某科研单位向银行借款 50 万元短期借款，期限六个月，年利率 6%，到期后还本付息。

10-1-2		（万元）
财务会计 分录	借：短期借款	50
	应付利息	1.5
	贷：银行存款——基本户银行存款	51.5
预算会计 分录	借：债务还本支出	50
	其他支出——利息支出	1.5
	贷：资金结存——货币资金——基本户银行存款	51.5

【例 10-1-3】某科研单位向银行借款 100 万元用于研发支出，借款时间 2 年，年利息 2.5 万元。

10-1-3		（万元）
财务会计 分录	借：银行存款——基本户银行存款	100
	贷：长期借款	100
	借：其他费用——利息	2.5
	贷：应付利息	2.5
预算会计 分录	借：资金结存——货币资金——基本户银行存款	100
	贷：债务预算收入	100

（二）运费

【例 10-2】某科研单位收到捐赠的原值 10 万元固定资产，已提折旧 1 万元，收到捐赠的药品 10 万元，付运费 0.5 万元。

10-2		（万元）
财务会计 分录	借：固定资产——一般通用设备	9
	库存物品——药品	10
	其他费用——运费	0.5
	贷：捐赠收入	19
	银行存款——基本户银行存款	0.5

续表

| 预算会计分录 | 借：其他支出——运费 | 0.5 |
| | 贷：资金结存——货币资金——基本户银行存款 | 0.5 |

（三）坏账损失

【例 10-3】某科研单位往年应收账款中，计提坏账准备 8 万元，其中 5 万元不能收回。

10-3 （万元）

财务会计分录	借：坏账准备	8
	贷：应收账款	8
	借：其他费用——坏账损失	5
	贷：坏账准备	5
预算会计分录	无	

（四）罚没

【例 10-4】某科研单位违反相关规定，被有关部门罚 1 万元。

10-4 （万元）

财务会计分录	借：其他费用——罚没	1
	贷：银行存款——基本户银行存款	1
预算会计分录	借：其他支出	1
	贷：资金结存——货币资金——基本户银行存款	1

（五）现金捐赠

【例 10-5】某科研单位向受灾地区捐赠现金 10 万元。

10-5 （万元）

财务会计分录	借：其他费用——捐赠	10
	贷：银行存款——基本户银行存款	10
预算会计分录	借：其他支出	10
	贷：资金结存——货币资金——基本户银行存款	10

▶▶▶ 第五节　净资产类与预算结余类

一、净资产类

（一）本期盈余

1. 结转收入、费用

【例 1-1-1】结转本年收入至本期盈余。

1-1-1 （万元）

财务会计分录	借：财政拨款收入——机构运行拨款	800
	财政拨款收入——住房改革支出拨款	180
	财政拨款收入——机关事业单位基本养老保险缴费拨款	80
	财政拨款收入——机关事业单位职业年金缴费拨款	40
	财政拨款收入——专项经费拨款——社会公益专项	200
	财政拨款收入——专项经费拨款——科技条件专项	150
	事业收入——科研经费收入	1133.4
	事业收入——间接成本及管理费收入	150
	事业收入——技术服务收入	470
	事业收入——会议收入	94
	事业收入——科研成果转化收入	750
	上级补助收入	50
	附属单位上缴收入	9.4
	经营收入	180
	非同级财政拨款收入——助学金	10
	非同级财政拨款收入——公费医疗	30
	投资收益	37.5
	捐赠收入	30
	利息收入	10
	租金收入	4.7
	其他收入	7.1
	贷：本期盈余	4416.1

【例 1-1-2】结转本年费用至本期盈余。

1-1-2		（万元）
财务会计分录	借：本期盈余	3365.47
	贷：业务活动费用——工资和福利费用——工资	900
	业务活动费用——工资和福利费用——住房公积金	80
	业务活动费用——工资和福利费用——社会保险缴费——机关事业单位基本养老保险缴费	96
	业务活动费用——工资和福利费用——社会保险缴费——机关事业单位职业年金缴费	25.5
	业务活动费用——工资和福利费用——社会保险缴费——北京市失业险	2
	业务活动费用——工资和福利费用——社会保险缴费——北京市工伤险	4.8
	业务活动费用——工资和福利费用——社会保险缴费——医疗费	20
	单位管理费用——工资和福利费用——工资	300
	单位管理费用——工资和福利费用——住房公积金	20
	单位管理费用——工资和福利费用——社会保险缴费——机关事业单位基本养老保险缴费	30
	单位管理费用——工资和福利费用——社会保险缴费——机关事业单位职业年金缴费	7.5
	单位管理费用——工资和福利费用——社会保险缴费——北京市失业险	0.5
	单位管理费用——工资和福利费用——社会保险缴费——北京市工伤险	1
	单位管理费用——工资和福利费用——社会保险缴费——医疗费	10
	经营费用——经营部门人员薪酬费——工资	30
	经营费用——经营人员薪酬费——北京市基本养老金	6.2
	经营费用——经营人员薪酬费——北京市基本医疗保险	4.35
	经营费用——经营人员薪酬费——北京市失业险	0.72
	经营费用——经营人员薪酬费——北京市工伤险	0.21
	单位管理费用——工资和福利费用——社会保险缴费——残保金	10
	业务活动费用——商品和服务费用——印刷费	9
	业务活动费用——商品和服务费用——专家咨询费	20
	业务活动费用——商品和服务费用——邮电费	11
	业务活动费用——商品和服务费用——交通费	6
	业务活动费用——商品和服务费用——差旅费	14
	业务活动费用——商品和服务费用——国际合作交流费	8
	业务活动费用——商品和服务费用——维修费	5
	业务活动费用——商品和服务费用——会议费	15

续表

财务会计分录	业务活动费用——商品和服务费用——培训费	6
	业务活动费用——商品和服务费用——专用材料费	160.4
	业务活动费用——商品和服务费用——劳务费	38
	业务活动费用——商品和服务费用——委托业务费——科研项目费	344
	业务活动费用——商品和服务费用——委托业务费——测试费	276
	业务活动费用——商品和服务费用——委托业务费——平台及软件开发费	25.6
	业务活动费用——商品和服务费用——委托业务费——技术服务费	177
	业务活动费用——商品和服务费用——委托业务费——伦理审查费	24.4
	业务活动费用——商品和服务费用——委托业务费——专利代理费	30
	业务活动费用——其他商品和服务费用——间接成本及管理补助	40
	业务活动费用——其他商品和服务费用——项目管理人员绩效	24
	业务活动费用——其他商品和服务费用——项目承担人员绩效	40
	业务活动费用——其他商品和服务费用——间接费用——其他	6
	业务活动费用——折旧费及摊销费——固定资产折旧费	21
	业务活动费用——折旧费及摊销费——无形资产摊销费	5
	单位管理费用——商品和服务费用——办公费	1
	单位管理费用——商品和服务费用——印刷费	5
	单位管理费用——商品和服务费用——专家咨询费	2
	单位管理费用——商品和服务费用——手续费	2
	单位管理费用——商品和服务费用——水费	2
	单位管理费用——商品和服务费用——电费	5
	单位管理费用——商品和服务费用——邮电费	5
	单位管理费用——商品和服务费用——取暖费——办公用房取暖费	6
	单位管理费用——商品和服务费用——物业管理费——办公用房物业管理费	2.7
	单位管理费用——商品和服务费用——差旅费	2
	单位管理费用——商品和服务费用——维修费	5
	单位管理费用——商品和服务费用——租赁费	3
	单位管理费用——商品和服务费用——会议费	2
	单位管理费用——商品和服务费用——公务用车运行维护费	3

续表

财务会计分录	单位管理费用——商品和服务费用——培训费	2.2
	单位管理费用——商品和服务费用——专用材料费	10
	单位管理费用——商品和服务费用——劳务费	10
	单位管理费用——商品和服务费用——公务接待费	0.2
	单位管理费用——商品和服务费用——其他交通费——租车费	1
	单位管理费用——商品和服务费用——工会经费	24.8
	单位管理费用——商品和服务费用——福利费	2
	单位管理费用——商品和服务费用——审计费用	3
	单位管理费用——商品和服务费用——税金及附加费用	2.16
	单位管理费用——折旧费及摊销费——固定资产折旧费	4
	单位管理费用——折旧费及摊销费——无形资产摊销费	1
	单位管理费用——对个人和家庭补助费——退休经费	1
	单位管理费用——对个人和家庭补助费——抚恤金	5.3
	单位管理费用——对个人和家庭补助费——助学金	10
	经营费用——经营活动费	135
	经营费用——经营税金及附加	1.08
	资产处置费	1
	上缴上级费用	50
	对附属单位补助费用	50
	所得税费用	148.85
	其他费用——利息	3

2. 结转本期盈余至累计盈余——财政拨款结转/财政拨款结余

【例1-2-1】结转本期盈余7万元至累计盈余——财政拨款结转5万元及财政拨款结余2万元。

1-2-1		（万元）
财务会计分录	借：本期盈余	7
	贷：累计盈余——财政拨款结转	5
	累计盈余——财政拨款结余	2

3. 结转本期盈余至本年盈余分配

【例1-2】本年收入（4416.1万元）-费用（3365.47万元）-财政拨款结转（5万元）-财政拨款结余2万元=1043.63万元至本年盈余分配。 （万元）

财务会计分录	借：本期盈余	1043.63
	贷：本年盈余分配	1043.63

（二）本年盈余分配

【例1-2】按规定，本年盈余分配1043.63万元，按累计盈余 – 事业基金占比60%，专用基金占比40%，进行分配，经计算，累计盈余 – 事业基金为1043.63×60%=626.18（万元）；专用基金为1043.63×40%=417.45（万元）。

1-2		（万元）
财务会计 分录	借：本年盈余分配	1043.63
	贷：累计盈余——事业基金	626.18
	专用基金	417.45

（三）累计盈余

1.累计盈余——财政拨款结转/财政拨款结余

【例1-3-1】结转本期盈余7万元至累计盈余 – 财政拨款结转5万元及财政拨款结余2万元。

1-2-1		（万元）
财务会计 分录	借：本期盈余	7
	贷：累计盈余——财政拨款结转	5
	累计盈余——财政拨款结余	2

2.累计盈余——事业基金

【例1-3-2-1】单位往年一笔银行存款10万元应计入收入，往年未记，计入应付款，现进行调整。

1-3-2-1		（万元）
财务会计 分录	借：应付账款	10
	贷：以前年度盈余调整	10
	借：以前年度盈余调整	10
	贷：累计盈余——事业基金	10

【例1-3-2-2】单位往年一笔支出20万元应计入费用，往年未记，计入应收款，现进行调整。

1-3-2-2		（万元）
财务会计分录	借：以前年度盈余调整	20
	贷：应收账款	20
	借：累计盈余——事业基金	20
	贷：以前年度盈余调整	20

3. 累计盈余——非流动资产基金

【例1-3-3-1】单位当年收到上级无偿调拨的专用设备10万元，已提折旧2万元。

1-3-3-1		（万元）
财务会计分录	借：固定资产——专用设备	8
	贷：无偿调拨净资产	8
	借：无偿调拨净资产	8
	贷：累计盈余——非流动资产基金	8

【例1-3-3-2】单位向下级无偿调拨的专用设备20万元，已提折旧5万元。

1-3-3-2		（万元）
财务会计分录	借：无偿调拨净资产	15
	固定资产累计折旧	5
	贷：固定资产	20
	借：累计盈余——非流动资产基金	15
	贷：无偿调拨净资产	15

（四）专用基金

【例1-4-1】本年用上年专用基金中的100万元作为员工绩效工资。

1-4-1		（万元）
财务会计分录	借：专用基金——奖励基金	100
	贷：应付职工薪酬	100
	借：应付职工薪酬	100
	贷：银行存款——基本户银行存款	100

【例1-4-2】本年用上年专用基金中的50万元修缮职工食堂。

1-4-2		（万元）
财务会计分录	借：专用基金——职工福利基金	50
	贷：银行存款——基本户银行存款	50

【例 1-4-3】本年用上年专用基金中的 20 万元购专用设备。

1-4-3		（万元）
财务会计 分录	借：固定资产——专用设备	20
	贷：银行存款——基本户银行存款	20
	借：专用基金——修购基金	20
	贷：累计盈余——非流动资产基金	20

（五）无偿调拨净资产

【例 1-5-1】单位当年收到上级无偿调拨的专用设备 10 万元，已提折旧 2 万元。

1-5-1		（万元）
财务会计 分录	借：固定资产——专用设备	8
	贷：无偿调拨净资产	8
财务会计 分录	借：无偿调拨净资产	8
	贷：累计盈余——非流动资产基金	8

【例 1-5-2】单位向下级无偿调拨的专用设备 20 万元，已提折旧 5 万元。

1-5-2		（万元）
财务会计 分录	借：无偿调拨净资产	15
	固定资产累计折旧	5
	贷：固定资产	20
	借：累计盈余——非流动资产基金	15
	贷：无偿调拨净资产	15

（六）以前年度盈余调整

【例 1-6-1】单位往年一笔银行存款 10 万元应计入收入，往年未记，计入应付款，现进行调整。

1-6-1		（万元）
财务会计 分录	借：应付账款	10
	贷：以前年度盈余调整	10
	借：以前年度盈余调整	10
	贷：累计盈余——事业基金	10

【例 1-6-2】单位往年一笔支出 20 万元应计入费用，往年未记，计入应收款，现进行调整。

1-6-2		（万元）
财务会计 分录	借：以前年度盈余调整	20
	贷：应收账款	20
	借：累计盈余——事业基金	20
	贷：以前年度盈余调整	20

（七）权益法调整

【例 1-7-1】年末，被投资单位除净损溢和利润分配之外的所有者权益份额增加 25 万元。

1-7-1		（万元）
财务会计 分录	借：长期股权投资——其他权益变动	25
	贷：权益法调整	25
	借：权益法调整	25
	贷：投资收益	25

【例 1-7-2】年末，被投资单位除净损溢和利润分配之外的所有者权益份额减少 15 万元。

1-7-2		（万元）
财务会计 分录	借：权益法调整	15
	贷：长期股权投资——其他权益变动	15
	借：投资收益	15
	贷：权益法调整	15

二、预算结余类

（一）资金结存

1. 零余额账户用款额度

【例 2-1-1】某科研单位收到当年财政拨款 2000 万元，其中机构运行人员费 700 万元，公务费 100 万元，事业单位养老金缴费 80 万元，事业单位职业年金缴费 40 万元，提租补贴 10 万元，购房补贴 70 万元，住房公积金 100 万元，专项经费拨款——社会公益专项 200 万元（财政项目 1），专项经费拨款——科技条件专项（修缮购置专项）150 万元（财政项目 2）。

2-1-1		（万元）
预算会计分录	借：资金结存——零余额账户用款额度——基本支出用款额度	1100
	资金结存——零余额账户用款额度——项目支出用款额度	350
	贷：财政拨款预算收入——机构运行拨款	800
	财政拨款预算收入——住房改革支出拨款——住房公积金	100
	财政拨款预算收入——住房改革支出拨款——提租补贴	10
	财政拨款预算收入——住房改革支出拨款——购房补贴	70
	财政拨款预算收入——事业单位基本养老保险缴费款	80
	财政拨款预算收入——事业单位职业年金缴费拨款	40
	财政拨款预算收入——专项经费拨款——社会公益专项	200
	财政拨款预算收入——专项经费拨款——科技条件专项	150

2. 银行存款

【例 2-1-2】某科研单位收到国家基金资助科研费 2000 万元，项目核算编号（×× 政府专项 1）。

2-1-2		（万元）
预算会计分录	借：资金结存——货币资金——基本户银行存款	2000
	贷：事业预算收入——科研预算收入（×× 政府专项 1）	2000

3. 其他货币资金

【例 2-1-3】某科研单位存定期存款 1000 万元。

2-1-3		（万元）
预算会计分录	借：资金结存——货币资金——其他货币资金	1000
	贷：资金结存——货币资金——基本户银行存款	1000

4. 财政应返还额度

【例 2-1-4】某科研单位收到科技条件专项拨款——财政项目 2，共 150 万元，本年支出 148 万元，年底财政拨款结余 2 万元。

某科研单位收到社会公益专项拨款——财政项目 1，共 200 万元，本年支出 195 万元，年底财政拨款结转 5 万元。

2-1-4		（万元）
预算会计分录	借：财政应返还额度	7
	贷：资金结存——零余额账户用款额度——项目支出用款额度	7

5. 待处理支出

【例 2-1-5-1】某科研单位业务人员年工资 900 万元，单位管理人员年工资 300 万元，经营人员年工资 40 万元。其中岗位工资 440 万元，薪级工资 270 万元，其他津贴补贴 80 万元，物业补贴 25 万元，提租补贴 10 万元，购房补贴 70 万元，绩效工资 320 万元，伙食补助 25 万元。公积金个人扣款 100 万元，中央单位养老金个人扣款 50 万元，年金个人扣款 25 万元，失业金个人扣款 2.6 万元，北京市养老金个人扣款 2.5 万元，北京市医疗保险个人扣款 0.8 万元，工会经费个人扣款 4 万元，个人所得税 42 万元。

2-1-5-1			（万元）
预算会计分录	借：事业支出——基本支出——工资福利支出——基本工资——岗位工资		440
	事业支出——基本支出——工资福利支出——基本工资——薪级工资		270
	事业支出——基本支出——工资福利支出——津贴补贴——其他津贴补贴		80
	事业支出——基本支出——工资福利支出——津贴补贴——物业补贴		25
	事业支出——基本支出——工资福利支出——津贴补贴——提租补贴		10
	事业支出——基本支出——工资福利支出——津贴补贴——购房补贴		70
	事业支出——基本支出——工资福利支出——绩效工资		320
	事业支出——基本支出——工资福利支出——伙食补助费		25
	贷：资金结存——待处理支出——其他应付款——住房公积金个人扣款暂存		100
	资金结存——待处理支出——其他应付款——中央单位养老金个人扣款暂存		50
	资金结存——待处理支出——其他应付款——中央单位年金个人扣款暂存		25
	资金结存——待处理支出——其他应付款——北京市失业金个人扣款暂存		2.6
	资金结存——待处理支出——其他应付款——工会经费暂存		4
	资金结存——待处理支出——其他应付款——北京市基本养老金个人扣款暂存		2.5
	资金结存——待处理支出——其他应付款——北京市基本医疗保险个人扣款暂存		0.8
	资金结存——待处理支出——应交税费暂存——个人所得税		42
	资金结存——零余额账户用款额度——基本支出用款额度		780
	货币资金——基本户银行存款		233.1

【例 2-1-5-2】某科研单位收到国家基金资助科研费 2000 万元，项目核算编号（×× 政府专项 1）；直接经费 1800 万元，间接经费 200 万元（间接经费中 20% 为间接成本及管理补助即 40 万元；剩余间接经费的 75% 即 120 万元为项目承担人员绩效；15% 即 24 万元为项目管理人员绩效；10% 即 16 万元为间接费用用于项目购买办公用品及审计费等）。

2-1-5-2		（万元）
预算会计分录	借：资金结存——货币资金——基本户银行存款	2000
	贷：事业预算收入——科研预算收入（×× 政府专项 1）	2000
	借：事业支出——基本支出——商品和服务支出——其他商品和服务支出——间接费用支出——间接费或管理费（×× 政府专项 1）	40
预算会计分录	贷：事业预算收入——项目间接费或管理费预算收入	40
	借：事业支出——基本支出——商品和服务支出——其他商品和服务支出——间接费用支出——间接费或管理费——项目管理人员绩效支出（×× 政府专项 1）	24
	贷：资金结存——待处理支出——预提费用——项目管理人员绩效	24

【例 2-1-5-3】某科研单位 ×× 政府专项 1 付管理人员绩效 10 万元，个人所得税 1 万元。

2-1-5-3		（万元）
预算会计分录	借：资金结存——待处理支出——预提费用——项目管理人员绩效	10
	贷：资金结存——待处理支出——应交税费暂存——个人所得税	1
	资金结存——货币资金——基本户银行存款	9

（二）非财政拨款结转

1. 非财政拨款结转——本年收支结转

【例 2-2-1-1】年末结转本年财政拨款预算收入、非财政拨款预算收入至"非财政拨款结转——本年收支结转"科目。

2-2-1-1		（万元）
预算会计分录	借：财政拨款预算收入——机构运行拨款预算收入	100
	财政拨款预算收入——住房改革支出拨款预算收入	800
	财政拨款预算收入——机关事业单位基本养老保险缴费拨款	5
	财政拨款预算收入——机关事业单位职业年金缴费拨款	50
	财政拨款预算收入——专项经费拨款——社会公益专项	10
	财政拨款预算收入——专项经费拨款——科技条件专项	200
	事业预算收入——科研经费预算收入	800

续表

预算会计分录	事业预算收入——科研经费暂存预算收入	180
	事业预算收入——间接成本及管理费收入	80
	事业预算收入——技术服务预算收入	40
	事业预算收入——会议预算收入	200
	事业预算收入——科研成果转化预算收入	150
	事业预算收入——党费预算收入	2640
	上级补助预算收入	500
	附属单位上缴预算收入	200
	经营预算收入	500
	债务预算收入	50
	非同级财政拨款预算收入——助学金	15
	非同级财政拨款预算收入——公费医疗	30
	投资预算收益	237.5
	其他预算收入	32.1
	贷：非财政拨款结转——本年收支结转	5819.6

【例2-2-1-2】年末结转本年财政拨款预算支出和非财政拨款预算支出至"非财政拨款结转-本年收支结转"科目。

2-2-1-2　　　　　　　　　　　　　　　　　　　　　　（万元）

结转支出预算会计分录	借：非财政拨款结转——本年收支结转	4437.28
	专用结余	170
	贷：事业支出——基本支出——工资和福利支出——工资	1200
	事业支出——基本支出——工资和福利支出——住房公积金	100
	事业支出——基本支出——工资和福利支出——机关事业单位基本养老保险缴费	126
	事业支出——基本支出——工资和福利支出——机关事业单位职业年金缴费	33
	事业支出——基本支出——工资和福利支出——北京市失业险缴费	2.5
	事业支出——基本支出——工资和福利支出——北京市工伤	5.8
	事业支出——基本支出——工资和福利支出——残保金	10
	事业支出——基本支出——工资和福利支出——医疗费	40
	事业支出——基本支出——商品和服务支出——办公费支出	1
	事业支出——基本支出——商品和服务支出——印刷费支出	9
	事业支出——基本支出——商品和服务支出——专家咨询费支出	12
	事业支出——基本支出——商品和服务支出——手续费支出	2

续表

结转支出预算会计分录	事业支出——基本支出——商品和服务支出——水费支出		2
	事业支出——基本支出——商品和服务支出——电费支出		5
	事业支出——基本支出——商品和服务支出——邮电费支出		15
	事业支出——基本支出——商品和服务支出——取暖费支出——办公用房取暖费		6
	事业支出——基本支出——商品和服务支出——物业管理费支出——办公用房物业管理费		2.7
	事业支出——基本支出——商品和服务支出——交通费支出		9
	事业支出——基本支出——商品和服务支出——差旅费支出		12
	事业支出——基本支出——商品和服务支出——国际合作交流支出		8
	事业支出——基本支出——商品和服务支出——维修费支出		10
	事业支出——基本支出——商品和服务支出——租赁费支出		3
	事业支出——基本支出——商品和服务支出——会议费支出		17
	事业支出——基本支出——商品和服务支出——培训费支出		8.2
	事业支出——基本支出——商品和服务支出——专用材料费支出		150.4
	事业支出——基本支出——商品和服务支出——劳务费支出		40
	事业支出——基本支出——商品和服务支出——公务接待支出		0.2
	事业支出——基本支出——商品和服务支出——工会经费支出		24.8
	事业支出——基本支出——商品和服务支出——福利费支出		2
	事业支出——基本支出——商品和服务支出——委托业务费支出——科研项目费		294
	事业支出——基本支出——商品和服务支出——委托业务费支出——测试费		246
	事业支出——基本支出——商品和服务支出——委托业务费——平台及软件开发费		5.6
	事业支出——基本支出——商品和服务支出——委托业务费支出——技术服务费		147
	事业支出——基本支出——商品和服务支出——委托业务费支出——伦理审查费		19.4
	事业支出——基本支出——商品和服务支出——委托业务费支出——专利代理费		30
	事业支出——基本支出——商品和服务支出——税金及附加		262.18
	事业支出——基本支出——商品和服务支出——其他商品和服务费用支出		9
	事业支出——基本支出——商品和服务支出——其他商品和服务支出——间接成本及管理补助支出		40

结转支出预算会计分录		事业支出——基本支出——商品和服务支出——其他商品和服务支出——项目管理人员绩效支出	24
		事业支出——基本支出——商品和服务支出——其他商品和服务费用——项目承担人员绩效	40
		事业支出——基本支出——商品和服务支出——对个人和家庭补助费支出——退休经费	1
		事业支出——基本支出——商品和服务支出——对个人和家庭补助费支出——抚恤金	5.3
		事业支出——基本支出——商品和服务支出——对个人和家庭补助费支出——助学金	10
		事业支出——基本支出——商品和服务支出——其他资本性支出——专用设备购置支出	20
		事业支出——基本支出——商品和服务支出——其他资本性支出——信息网络及软件购置支出	10
		事业支出——基本支出——商品和服务支出——其他资本性支出——办公设备购置支出	29
		事业支出——基本支出——商品和服务支出——其他资本性支出——无形资产	500
		事业支出——项目支出——商品和服务项目支出——印刷费项目支出	5
		事业支出——项目支出——商品和服务项目支出——专家咨询费项目支出	10
		事业支出——项目支出——商品和服务项目支出——邮电费项目支出	1
		事业支出——项目支出——商品和服务项目支出——交通费项目支出	1
		事业支出——项目支出——商品和服务项目支出——差旅费项目支出	4
		事业支出——项目支出——商品和服务项目支出——培训费项目支出	1
		事业支出——项目支出——商品和服务项目支出——专用材料费项目支出	20
		事业支出——项目支出——商品和服务项目支出——劳务费项目支出	8
		事业支出——项目支出——商品和服务项目支出——委托业务费项目支出——科研项目费	50

续表

结转支出 预算会计 分录	事业支出——项目支出——商品和服务项目支出——委托业务费项目支出——测试费	30
	事业支出——项目支出——商品和服务项目支出——委托业务费项目支出——技术服务费	30
	事业支出——项目支出——商品和服务项目支出——委托业务费项目支出——平台及软件开发项目支出	20
	事业支出——项目支出——商品和服务项目支出——委托业务费项目支出——伦理审查费	5
	事业支出——项目支出——商品和服务项目支出——其他资本性项目支出——专用设备购置支出	158
	经营部门人员薪酬支出——基本工资	30
	经营人员薪酬支出——北京市基本养老金	6.2
	经营人员薪酬支出——北京市基本医疗保险	4.35
	经营人员薪酬支出——北京市失业险	0.72
	经营人员薪酬支出——北京市工伤险	0.21
	经营支出——经营活动费	135
	经营支出——经营税金及附加	15.72
	上缴上级支出	50
	对附属单位补助支出	50
	投资支出	200
	债务还本支出	50
	其他支出——利息	3
	事业支出——基本支出——工资和福利支出——工资	100
	事业支出——基本支出——商品和服务支出——其他资本性支出——大型修缮支出	50
	事业支出——基本支出——商品和服务支出——其他资本性支出——专用设备购置支出	20

2. 非财政拨款结转——累计结转

【例 2-2-1】结转"非财政拨款结转——本年收支结转"至"非财政拨款结转——累计结转"科目（政府专项 2766 万元 + 其他委托项目 1240.6 万元 + 党费 6 万元 + 药费暂存 10 万元 + 住房公积金暂存 8 万元 + 助学金 5 万元 =4035.6 万元）。

2-2-1		（万元）
预算会计分录	借：非财政拨款结转——本年收支结转	4035.6
	贷：非财政拨款结转——累计结转——政府专项	2766
	非财政拨款结转——累计结转——其他委托项目	1240.6
	非财政拨款结转——累计结转——党费暂存	6
	非财政拨款结转——累计结转——药费暂存	10
	非财政拨款结转——累计结转——住房公积金	8
	非财政拨款结转——累计结转——助学金	5

（三）财政拨款结转 / 财政拨款结余

【例 2-3】结转"非财政拨款结转——本年收支结转"7 万元，其中"财政拨款结转"5 万元及"财政拨款结余"2 万元。

2-3		（万元）
预算会计分录	借：非财政拨款结转——本年收支结转	7
	贷：财政拨款结转	5
	财政拨款结余	2

（四）经营结余

【例 2-4】结转"非财政拨款结转——本年收支结转"至"经营结余"科目 200−192.2=7.8（万元）。

2-4		（万元）
预算会计分录	借：非财政拨款结转——本年收支结转	7.8
	贷：经营结余	7.8

（五）非财政拨款结余

1. 非财政拨款结余 - 结转转入

【例 2-5-1】结转"非财政拨款结转 - 本年收支结转"至"非财政拨款结余 - 结转转入"科目（上年累计结转数为 3030 万元 + 当年预算收入 5819.6 万元 - 当年预算支出 4437.28 万元 =4412.32 万元，4412.32 万元 - 经营结余 7.8 万元 - 财政拨款结转 / 结余 7 万元 - 非财政拨款结转 - 累计结转 4035.6 万元 = 非财政拨款结余 - 结转转入 361.92 万元）。

2-5-1		（万元）
预算会计分录	借：非财政拨款结转——本年收支结转 　　贷：非财政拨款结转——结转转入	361.92 361.92

（六）非财政拨款结余分配

1. 非财政拨款结余分配

【例2-6-1】结转"经营结余"7.8万元和"非财政拨款结余——结转转入"361.92万元至"非财政拨款结余分配"科目。

2-6-1		（万元）
预算会计分录	借：经营结余 　　非财政拨款结转——结转转入 　　贷：非财政拨款结余分配	7.8 361.92 369.72

2. 非财政拨款结余——累计结余

【例2-6-2】按4：6的分配比例确定专用基金和非财政拨款累计结余的比例。经计算，非财政拨款累计结余为369.72×60%=221.83（万元）；专用结余为369.72×40%=147.89（万元）。

2-6-2		（万元）
预算会计分录	借：非财政拨款结余分配 　　贷：专用结余 　　非财政拨款结余–累计结余	369.72 147.89 221.83

（七）专用结余

【例2-7-1】按4：6的分配比例确定专用基金和非财政拨款累计结余的比例。经计算，专用结余为369.72×40%=147.89（万元）。

2-7-1		（万元）
预算会计分录	借：非财政拨款结余分配 　　贷：专用结余	369.72 147.89

【例2-7-2】本年用上年专用结余中的100万元作为员工绩效工资。

2-7-2		（万元）
预算会计分录	借：事业支出——基本支出——工资和福利支出——工资——绩效工资	100
	贷：资金结存——货币资金——基本户银行存款	100
	借：专用结余	100
	贷：事业支出——基本支出——工资和福利支出——工资——绩效工资	100

【例 2-7-3】本年用上年专用结余中的 50 万元修缮职工食堂。

2-7-3		（万元）
预算会计分录	借：事业支出——基本支出——商品和服务支出——其他资本性支出——大型修缮支出	50
预算会计分录	贷：资金结存——货币资金——基本户银行存款	50
	借：专用结余	50
	贷：事业支出——基本支出——商品和服务支出——其他资本性支出——大型修缮支出	50

【例 2-7-4】本年用上年专用结余中的 20 万元购专用设备。

2-7-4		（万元）
预算会计分录	借：事业支出——基本支出——商品和服务支出——其他资本性支出——专用设备购置支出	20
	贷：资金结存——货币资金——基本户银行存款	20
	借：专用结余	20
	贷：事业支出——基本支出——商品和服务支出——其他资本性支出——专用设备购置支出	20

▶▶▶ 第六节　科目余额表

一、科目余额表

2018 年 12 月 31 日

（万元）

科目名称	期末余额借方	期末余额贷方
库存现金		

续表

科目名称	期末余额借方	期末余额贷方
银行存款	3758.17	
银行存款	3758.17	
科技重大专项银行存款		
零余额帐户用款额度		
机构运行		
住房公积金		
提租补贴		
购房补贴		
科技条件专项		
社会公益专项		
当年预算		
其他货币资金		
财政应返还额度	1	
短期投资		
应收票据		
应收账款	40	
其他应收款	5	
住院押金	5	
预付账款	30	
存货	20	
长期投资		
固定资产	1430	
通用设备	520	
一般通用设备	500	
交通运输设备	20	
专用设备	800	
办公家具	80	
图书	30	
累计折旧		768

续表

科目名称	期末余额借方	期末余额贷方
通用设备折旧		210
一般通用设备折旧		200
交通运输设备折旧		10
专用设备折旧		500
办公家具折旧		40
图书折旧		18
在建工程		
无形资产	200	
发明专利		
计算机软件	200	
无形资产累计摊销		100
计算机软件摊销		100
待处理资产损溢		
资产总计	5484.17	868
短期借款		
应缴税费		136.2
应交增值税		10
进项税		
销项税		
已交税金		
城建税		0.7
教育费附加		0.5
个人所得税		5
企业所得税		120
应缴国库款		
应缴财政专户款		
应付职工薪酬		
在职人员		
应付票据		

科目名称	期末余额借方	期末余额贷方
应付账款		35
预收账款		2500
政府专项		1500
其他委托		1000
其他应付款		541.97
科研费		500
助学金		
药费暂存		20
工会经费		
应付利息		4
党费		2
住房公积金个人扣款		8
机关事业单位基本养老保险缴费个人扣款		5
机关单位职业年金缴费个人扣款		2.5
北京市基本养老保险个人扣款		0.2
北京市基本医疗保险个人扣款		0.05
北京市失业险个人扣款		0.22
其他应付款		
预提费用		10
项目间接费或管理费		
项目管理人员绩效		10
长期借款		50
长期应付款		
负债合计		3273.17
事业基金		400
非流动资产基金		762
长期投资		
固定资产		662
在建工程		

续表

科目名称	期末余额借方	期末余额贷方
无形资产		100
专用基金		180
科技成果转化基金		
职工福利基金		180
其他专用基金		
财政补助结转		
基本支出结转		
项目支出结转		
财政补助结余		1
非财政补助结转		
事业结余		
经营结余		
非财政补助结余分配		
净资产合计		1343

二、科目余额表

2019 年 1 月 1 日

（万元）

科目名称	期初余额借方	期初余额贷方
银行存款	3758.17	
基本户银行存款	3758.17	
零余额账户用款额度		
机构运行		
住房公积金		
提租补贴		
购房补贴		
科技条件专项		
当年预算		

续表

科目名称	期初余额借方	期初余额贷方
社会公益专项		
当年预算		
机关事业单位基本养老保险缴费		
机关事业单位职业年金缴费		
其他货币资金		
短期投资		
财政应返还额度	1	
科技条件专项	1	
应收票据		
应收账款	40	
预付账款	30	
应收利息		
其他应收款	5	
住院押金	5	
库存物品	20	
坏账准备		
在途物品		
加工物品		
待摊费用		
固定资产	1430	
通用设备	520	
一般通用设备	500	
交通运输设备	20	
专用设备	800	
办公家具	80	
图书	30	
固定资产累计折旧		768
通用设备折旧		210

续表

科目名称	期初余额借方	期初余额贷方
一般通用设备折旧		200
交通运输设备折旧		10
专用设备折旧		500
办公家具折旧		40
图书折旧		18
无形资产	200	
发明专利		
计算机软件	200	
无形资产累计摊销		100
发明专利累计摊销		
计算机软件累计摊销		100
在建工程		
长期待摊费用		
长期股权投资		
长期债券投资		
研发支出		
文物文化资产		
受托代理资产		
待处理财产损溢		
资产合计	5484.17	868
短期借款		
应交增值税		10
进项税		
销项税		
已交增值税		
其他应交税费		126.2
城建税		0.7
教育费附加		0.5
个人所得税		5

续表

科目名称	期初余额借方	期初余额贷方
企业所得税		120
应缴财政款		
应付职工薪酬		
基本工资		
岗位工资		
薪级工资		
津贴补贴		
岗位津贴		
物业补贴		
提租补贴		
购房补贴		
伙食补助费		
绩效工资		
基本绩效		
应付票据		
应付账款		35
应付利息		4
预收账款		2500
政府专项		1500
其他委托		1000
其他应付款		537.97
科研费		500
工会经费暂存		
党费暂存		2
药费暂存		20
住房公积金暂存		8
机关事业单位基本养老保险缴费个人扣款		5
机关事业单位职业年金缴费个人扣款		2.5
北京市基本养老保险个人扣款		0.2

续表

科目名称	期初余额借方	期初余额贷方
北京市基本医疗保险个人扣款		0.05
北京市失业险个人扣款		0.22
其他应付		
预提费用		10
间接成本及管理费用		
项目管理人员绩效		10
长期借款		50
长期应付款		
预计负债		
受托代理负债		
负债合计		3273.17
累计盈余		1163
事业基金		400
非流动资产基金		762
财政拨款结转		
财政拨款结余		1
专用基金		180
职工福利基金		180
修购基金		
权益法调整		
本年盈余分配		
本期盈余		
无偿调拨净资产		
以前年度盈余调整		
净资产合计		1343
资金结存	3854.17	111.97
零余额账户用款额度		
基本支出用款额度		

续表

科目名称	期初余额借方	期初余额贷方
项目支出用款额度		
货币资金	3758.17	
基本户银行存款	3758.17	
财政应返还额度	1	
财政授权支付	1	
待处理支出	95	111.97
长期借款		50
应付利息		4
预付账款	30	
应收账款	40	
其他应收账款	5	
住院押金	5	
工会经费暂存		
住房公积金个人扣款		
机关单位基本养老保险缴费个人扣款		5
机关单位职业年金缴费个人扣款		2.5
北京市基本养老保险个人扣款		0.2
北京市基本医疗保险个人扣款		0.05
北京市失业险个人扣款		0.22
其他应付税费		5
个人所得税		5
预提项目管理人员绩效		10
应付账款		35
库存物品	20	
财政拨款结转		
财政拨款结余		1
非财政拨款结转		
年初余额调整		

科目名称	期初余额借方	期初余额贷方
本年收支结转		
累计结转		3030
政府专项		1500
其他委托		1000
科研费		500
助学金		
党费		2
药费暂存		20
住房公积金暂存		8
非财政拨款结余分配		
专用结余		180
经营结余		
其他结余		
非财政拨款结余		531.2
年初结余调整		
结转转入		
累计结余		531.2
预算结余合计	3854.17	3854.17

注：非财政拨款结余 531.2= 累计盈余 – 事业基金 400+ 增值税 10+ 企业所得税 120+ 税金及附加 0.7+0.5

三、当年发生额及科目余额表

（万元）

科目		期初余额		本期发生		期末余额	
编码	科目名称	借方	贷方	借方	贷方	借方	贷方
1002	银行存款	3758.17		4346.7	3211.55	4893.32	
100201	基本户银行存款	3758.17		4346.7	3211.55	4893.32	

续表

科目		期初余额		本期发生		期末余额	
编码	科目名称	借方	贷方	借方	贷方	借方	贷方
1011	零余额账户用款额度			1450	1443	7	
101101	机构运行			800	800		
101102	住房公积金			100	100		
101103	提租补贴			10	10		
101104	购房补贴			70	70		
101105	科技条件专项			151	149	2	
10110501	当年预算			150	148	2	
10110502	上年结转						
101106	社会公益专项			200	195	5	
10110601	当年预算			200	195	5	
10110602	上年结转						
101107	机关事业单位基本养老保险缴费			80	80		
101108	机关事业单位职业年金缴费			40	40		
1101	短期投资			50	50		
110101	短期债券投资			50	50		
1201	财政应返还额度						
120101	财政授权支付						
12010101	科技条件专项						
1212	应收账款	40			20	20	
1214	预付账款	30				30	
1216	应收利息			5	5		
1218	其他应收款	5				5	
121801	住院押金	5				5	
1302	库存物品	20		175	150	45	
130201	库存物品	20		40	15	45	
130202	产成品			135	135		

续表

科目		期初余额		本期发生		期末余额	
编码	科目名称	借方	贷方	借方	贷方	借方	贷方
1501	长期股权投资			100	100		
1502	长期债券投资			50	50		
1601	固定资产	1430		235	23	1642	
160101	通用设备	520		39	23	536	
16010101	一般通用设备	500		39	23	516	
16010102	交通运输设备	20				20	
160102	专用设备	800		186		986	
160103	办公家具	80		10		90	
160104	图书	30				30	
1602	固定资产累计折旧		768	7	243		1004
160201	通用设备折旧		210	7	105		308
16020101	一般通用设备折旧		200	7	103		296
16020102	交通运输设备折旧		10		2		12
160202	专用设备折旧		500		120		620
160203	办公家具折旧		40		12		52
160204	图书折旧		18		6		24
1701	无形资产	200		560	500	260	
170101	发明专利			550	500	50	
170102	计算机软件	200		10		210	
1702	无形资产累计摊销		100	100	56		56
170201	发明专利累计摊销			100			
170202	计算机软件累计摊销		100		56		
1902	待处理财产损溢			1	1		
资产小计		5483.17	868	7079.7	5852.55	7002.32	1160
2001	短期借款			50	50		

科目		期初余额		本期发生		期末余额	
编码	科目名称	借方	贷方	借方	贷方	借方	贷方
2101	应交增值税		10	154.9	156.9		12
210101	进项税			40.4			
210102	销项税				156.9		
210103	已交增值税			114.5			
2102	其他应交税费		126.2	176.6	207.69		157.29
210201	城建税		0.7	1.75	1.89		0.84
210202	教育费附加		0.5	1.25	1.35		0.6
210203	个人所得税		5	53.6	55.6		7
210204	企业所得税		120	120	148.85		148.85
2201	应付职工薪酬			1330	1330		
220101	基本工资			800	800		
22010101	岗位工资			530	530		
22010102	薪级工资			270	270		
220102	津贴补贴			185	185		
22010201	岗位津贴			80	80		
22010202	物业补贴			25	25		
22010203	提租补贴			10	10		
22010204	购房补贴			70	70		
220103	伙食补助费			25	25		
220104	绩效工资			320	320		
22010401	基本绩效			320	320		
2302	应付账款		35	35			
2304	应付利息		4	7	3		
2305	预收账款		2500	1133.4	2640		4006.6
230501	政府专项		1500	734	2000		2766
230502	其他委托		1000	399.4	640		1240.6
2307	其他应付款		537.97	2818.87	2319.7		38.8

续表

科目		期初余额		本期发生		期末余额	
编码	科目名称	借方	贷方	借方	贷方	借方	贷方
230701	科研费		500	2500	2000		
230702	工会经费			4	4		
230703	党费		2	6	10		6
230704	药费暂存		20	10			10
230705	住房公积金暂存		8	100	100		8
230706	机关事业单位基本养老保险缴费个人扣款		5	55	56		6
230707	机关事业单位职业年金缴费个人扣款		2.5	27.5	28		3
230708	北京市基本养老保险个人扣款		0.2	2.7	2.8		0.3
230709	北京市基本医疗保险个人扣款		0.05	0.85	0.9		0.1
230710	北京市失业险个人扣款		0.22	2.82	3		0.4
230711	其他应付			100	100		
230712	应付助学金			10	15		5
2401	预提费用		10	164	174		20
240101	间接成本及管理补助			150	150		
240102	管理人员绩效		10	14	24		20
2501	长期借款		50	50			
负债小计			3273.17	5919.77	6881.29		4234.69
3001	累计盈余		1162	703	721.18		1180.18
300101	事业基金		400	20	636.18		1016.18
300102	非流动资产基金		762	683	78		157
300103	财政拨款结转				5		5
300104	财政拨款结余				2		2

续表

科目		期初余额		本期发生		期末余额	
编码	科目名称	借方	贷方	借方	贷方	借方	贷方
3101	专用基金		180	170	417.45		427.45
310101	职工福利基金		180	170	417.45		427.45
3302	本年盈余分配			1043.63	1043.63		
3301	本期盈余			4409.1	4409.1		
3401	无偿调拨净资产			23	23		
3501	以前年度盈余调整			30	30		
净资产小计			1342	6378.73	6644.36		1607.63
4001	财政拨款收入			1450	1450		
400101	机构运行拨款			800	800		
40010101	当年预算			800	800		
400102	住房改革支出拨款			180	180		
40010201	住房公积金			100	100		
40010202	提租补贴			10	10		
40010203	购房补贴			70	70		
400103	专项经费拨款			350	350		
40010301	社会公益专项			200	200		
4001030101	当年预算			200	200		
40010302	科技条件专项			150	150		
4001030201	当年预算			150	150		
400104	事业单位基本养老保险缴费拨款			80	80		
400105	事业单位职业年金缴费拨款			40	40		
4101	事业收入			2597.4	2597.4		
410101	科研收入			1133.4	1133.4		
410102	技术服务收入			470	470		
410103	会议收入			94	94		
410104	科研成果转化收入			750	750		

续表

科目		期初余额		本期发生		期末余额	
编码	科目名称	借方	贷方	借方	贷方	借方	贷方
410105	项目间接费或管理费收入			150	150		
4201	上级补助收入			50	50		
4301	附属单位上缴收入			9.4	9.4		
4401	经营收入			180	180		
4601	非同级财政拨款收入			40	40		
460101	公费医疗拨款收入			30	30		
460102	助学金拨款收入			10	10		
4602	投资收益			37.5	37.5		
4460201	债券投资收益			7.5	7.5		
4460202	长期股权投资收益			30	30		
4603	捐赠收入			30	30		
4604	利息收入			10	10		
4605	租金收入			4.7	4.7		
4609	其他收入			7.1	7.1		
收入小计				4416.1	4416.1		
5001	业务活动费用			2433.7	2433.7		
500101	工资福利费用			1128.3	1128.3		
50010101	工资			900	900		
50010102	住房公积金			80	80		
50010103	医疗费			20	20		
50010104	社会保险缴费			128.3	128.3		
5001010401	机关事业单位基本养老保险缴费			96	96		
5001010402	机关事业单位职业年金缴费			25.5	25.5		
5001010403	其他社会保险缴费			6.8	6.8		

科目		期初余额		本期发生		期末余额	
编码	科目名称	借方	贷方	借方	贷方	借方	贷方
500101040 301	北京市失业险			2	2		
500101040 302	北京市工伤险			4.8	4.8		
500102	商品和服务费用			1279.4	1279.4		
50010201	印刷费			9	9		
5001020101	印刷费			3	3		
5001020102	版面费			4	4		
5001020103	资料费			2	2		
50010202	咨询费			20	20		
5001020201	咨询费			20	20		
50010203	邮电费			11	11		
5001020301	邮寄费			5.3	5.3		
5001020302	电话费			2	2		
5001020303	网络服务			3.7	3.7		
50010204	交通费			6	6		
5001020401	租车费			6	6		
50010205	差旅费			14	14		
5001020501	外埠差旅费			11	11		
5001020502	市内差旅费			3	3		
50010206	国际合作交流费			8	8		
50010207	维修费			5	5		
50010208	会议费			15	15		
5001020801	房租场租费			10	10		
5001020802	会议餐费			3	3		
5001020803	杂项费用			2	2		
50010209	培训费			6	6		
50010210	专用材料费			160.4	160.4		

续表

科目		期初余额		本期发生		期末余额	
编码	科目名称	借方	贷方	借方	贷方	借方	贷方
5001021001	低值易耗品			10	10		
5001021002	原材料			126	126		
5001021003	动物饲养费			15	15		
5001021004	实验动物			9.4	9.4		
50010211	劳务费			38	38		
50010212	委托业务费			877	877		
5001021201	科研合作费			344	344		
5001021202	测试费			276	276		
5001021203	平台及软件开发			25.6	25.6		
5001021204	技术服务费			177	177		
5001021205	伦理审查费			24.4	24.4		
5001021206	专利代理费			30	30		
50010213	间接费用或管理费			104	104		
5001021301	间接成本及管理补助			40	40		
5001021302	项目承担人员绩效费			40	40		
5001021303	项目管理人员绩效			24	24		
50010214	其他商品和服务费用			6	6		
5001021401	其他商品和服务费用			6	6		
500103	固定资产折旧费			21	21		
500104	无形资产摊销			5	5		
5101	单位管理费用			501.36	501.36		
510101	工资福利费用			379	379		

续表

科目		期初余额		本期发生		期末余额	
编码	科目名称	借方	贷方	借方	贷方	借方	贷方
51010101	工资			300	300		
51010102	住房公积金			20	20		
51010103	医疗费			10	10		
51010104	社会保险缴费			49	49		
5101010401	机关事业单位基本养老保险缴费			30	30		
5101010402	机关事业单位职业年金缴费			7.5	7.5		
5101010403	其他社会保险缴费			10	10		
510101040301	北京市失业险			0.5	0.5		
510101040302	北京市工伤险			1	1		
510101040303	残保金			10	10		
510102	商品和服务费用			101.06	101.06		
51010201	办公费			1	1		
51010202	邮电费			5	5		
51010203	水费			2	2		
51010204	电费			5	5		
51010205	供暖费			6	6		
51010206	物业管理费			2.7	2.7		
51010207	交通费			4	4		
5101020701	租车费			1	1		
5101020702	公务用车运行维护费			3	3		
51010208	维修费			5	5		
51010209	手续费			2	2		

续表

科目		期初余额		本期发生		期末余额	
编码	科目名称	借方	贷方	借方	贷方	借方	贷方
51010210	印刷费			5	5		
51010211	工会经费			24.8	24.8		
51010212	福利费			2	2		
51010213	其他商品服务费用			3	3		
5101021301	审计费			3	3		
51010214	劳务费			10	10		
51010215	专用材料费			10	10		
51010216	培训费			2.2	2.2		
51010217	差旅费			2	2		
51010218	会议费			2	2		
51010219	招待费			0.2	0.2		
51010220	税金及附加费用			2.16	2.16		
51010221	租赁费			3	3		
51010222	咨询费			2	2		
510103	对个人和家庭补助费			16.3	16.3		
51010301	退休经费			1	1		
51010302	助学金			10	10		
51010303	抚恤金			5.3	5.3		
510104	固定资产折旧费			4	4		
510105	无形资产摊销			1	1		
5201	经营费用			177.56	177.56		
520101	经营费用——库存物品			135	135		
520102	经营人员薪酬			41.48	41.48		
52010201	工资			30	30		

科目		期初余额		本期发生		期末余额	
编码	科目名称	借方	贷方	借方	贷方	借方	贷方
52010202	北京市基本养老保险缴费			6.2	6.2		
52010203	北京市基本医疗保险缴费			4.35	4.35		
52010204	北京市失业险			0.72	0.72		
52010205	北京市工伤险			0.21	0.21		
520103	经营活动税费			1.08	1.08		
5301	资产处置费用			1	1		
5401	上缴上级费用			50	50		
5501	对附属单位补助费用			50	50		
5801	所得税费用			148.85	148.85		
5901	其他费用			3	3		
590101	利息			3	3		
费用小计				3365.47	3365.47		
6001	财政拨款预算收入			1450	1450		
600101	机构运行			800	800		
60010101	当年预算			800	800		
600102	专项经费			350	350		
60010201	社会公益			200	200		
60010202	科技条件专项			150	150		
600103	住房改支出拨款			180	180		
60010301	住房公积金拨款			100	100		
60010302	提租补贴拨款			10	10		
60010303	购房补贴拨款			70	70		
600104	机关事业单位基本养老保险缴费拨款			80	80		

续表

科目		期初余额		本期发生		期末余额	
编码	科目名称	借方	贷方	借方	贷方	借方	贷方
600105	机关事业单位职业年金缴费拨款			40	40		
6101	事业预算收入			3745	3745		
610101	科研预算收入			2340	2340		
61010101	科研预算收入			2640	2640		
61010102	科研费暂存收入			——500	——500		
61010103	间接成本及管理费收入			200	200		
610102	技术服务预算收入			500	500		
610103	会议预算收入			100	100		
610104	科研成果转化预算收入			800	800		
610105	党费预算收入			5	5		
6201	上级补助预算收入			50	50		
6301	附属单位上缴预算收入			10	10		
6401	经营预算收入			200	200		
6501	债务预算收入			50	50		
6601	非同级财政拨款预算收入			45	45		
660101	公费医疗拨款预算收入			30	30		
660102	助学金拨款预算收入			15	15		
6602	投资预算收益			237.5	237.5		
6609	其他预算收入			32.1	32.1		
6660901	捐赠预算收入			10	10		
660902	利息收入			10	10		
660903	租金收入			5	5		

续表

科目		期初余额		本期发生		期末余额	
编码	科目名称	借方	贷方	借方	贷方	借方	贷方
660904	其他预算收入			7.1	7.1		
预算收入小计				5819.6	5819.6		
7201	事业支出			4062.08	4062.08		
720101	基本支出			3719.08	3719.08		
72010101	工资福利支出			1617.3	1617.3		
7201010101	基本工资			770	770		
720101010101	岗位工资			500	500		
720101010102	薪级工资			270	270		
7201010102	津贴补贴			185	185		
720101010201	其他津贴补贴			80	80		
720101010202	物业补贴			25	25		
720101010203	提租补贴			10	10		
720101010204	购房补贴			70	70		
7201010103	住房公积金			100	100		
7201010104	伙食补助费			25	25		
7201010105	绩效工资			320	320		
7201010106	机关事业单位基本养老保险缴费			126	126		
7201010107	机关事业单位职业年金缴费			33	33		
7201010108	社会保险缴费			18.3	18.3		
720101010801	其他社会保险缴费支出			18.3	18.3		

科目		期初余额		本期发生		期末余额	
编码	科目名称	借方	贷方	借方	贷方	借方	贷方
720101010 80101	北京市失业险			2.5	2.5		
720101010 80102	北京市工伤险			5.8	5.8		
720101010 80103	残保金			10	10		
7201010109	医疗费			40	40		
72010102	商品和服务支出			2101.78	2101.78		
7201010201	办公费			1	1		
7201010202	手续费			2	2		
7201010203	印刷费支出			9	9		
7201010204	咨询费支出			12	12		
7201010205	工会经费			24.8	24.8		
7201010206	水费支出			2	2		
7201010207	电费支出			5	5		
7201010208	邮电费支出			15	15		
7201010209	取暖费支出			6	6		
7201010210	交通费支出			9	9		
7201010211	差旅费支出			12	12		
7201010212	物业管理费			2.7	2.7		
7201010213	国际合作交流支出			8	8		
7201010214	维修费支出			10	10		
7201010215	福利费			2	2		
7201010216	会议费支出			17	17		
7201010217	培训费支出			8.2	8.2		
7201010218	专用材料支出			150.4	150.4		
7201010219	租赁费支出			3	3		
7201010220	劳务费支出			40	40		

续表

科目		期初余额		本期发生		期末余额	
编码	科目名称	借方	贷方	借方	贷方	借方	贷方
7201010221	招待费支出			0.2	0.2		
7201010222	委托业务费支出			742	742		
720101022201	科研合作费支出			294	294		
720101022202	测试费支出			246	246		
720101022202	平台及软件开发支出			5.6	5.6		
720101022203	技术服务支出			147	147		
720101022204	伦理审查支出			19.4	19.4		
720101022205	专利代理支出			30	30		
7201010223	间接费用或管理费支出			104	104		
720101022301	间接成本及管理补助支出			40	40		
720101022302	项目承担人员绩效支出			40	40		
720101022303	项目管理人员绩效支出			24	24		
7201010224	税金及附加支出			262.18	262.18		
7201010225	其他商品和服务支出			9	9		
720101022501	其他商品和服务支出			6	6		
720101022502	审计费			3	3		

科目		期初余额		本期发生		期末余额	
编码	科目名称	借方	贷方	借方	贷方	借方	贷方
7201010226	对个人和家庭补助支出			16.3	16.3		
720101022601	退休人员经费			1	1		
720101022602	助学金			10	10		
720101022603	抚恤金			5.3	5.3		
7201010227	其他资本性支出			629	629		
720101022701	专用设备购置支出			40	40		
720101022702	办公设备购置支出			29	29		
720101022703	无形资产			510	510		
72010102270301	无形资产购置支出			500	500		
72010102270302	软件购置支出			10	10		
720101022704	大型修缮支出			50	50		
720102	项目支出			343	343		
72010202	商品和服务项目支出			343	343		
7201020201	印刷费项目支出			5	5		
7201020202	咨询费项目支出			10	10		
7201020203	邮电费项目支出			1	1		

科目		期初余额		本期发生		期末余额	
编码	科目名称	借方	贷方	借方	贷方	借方	贷方
7201020204	交通费项目支出			1	1		
7201020205	差旅费项目支出			4	4		
7201020206	培训费项目支出			1	1		
7201020207	专用材料项目支出			20	20		
7201020208	劳务费项目支出			8	8		
7201020209	委托业务费项目支出			135	135		
720102020901	科研项目费			50	50		
720102020902	测试费项目支出			30	30		
720102020903	平台及软件开发项目支出			20	20		
720102020904	技术服务项目支出			30	30		
720102020905	伦理审查支出			5	5		
7201020210	其他资本性支出			158	158		
720102021001	专用设备购置项目支出			158	158		
7301	经营支出			192.2	192.2		
730101	经营人员薪酬支出			41.48	41.48		
73010101	经营人员工资			30	30		
73010102	北京市基本养老保险缴费			6.2	6.2		

科目		期初余额		本期发生		期末余额	
编码	科目名称	借方	贷方	借方	贷方	借方	贷方
73010103	北京市基本医疗保险缴费			4.35	4.35		
73010104	北京市失业险			0.72	0.72		
73010105	北京市工伤险			0.21	0.21		
730102	经营活动支出			135	135		
730103	经营税金及附加支出			15.72	15.72		
7401	上缴上级支出			50	50		
7501	对附属单位补助支出			50	50		
7601	投资支出			200	200		
7701	债务还本支出			50	50		
7901	其他支出			3	3		
790101	利息支出			3	3		
预算支出小计				4607.28	4607.28		
8001	资金结存	3853.17	111.97	6152.17	4939.85	5000.32	46.8
800101	零余额账户用款额度			1451	1444	7	
80010101	基本支出用款额度			1100	1100		
80010102	项目支出用款额度			351	343	7	
800102	货币资金	3758.17		4329.6	3206.55	4893.32	
80010201	基本户银行存款	3758.17		4329.6	3206.55	4893.32	
800103	财政应返还额度						
80010301	财政授权支付						
800104	待处理支出	95	111.97	359.47	289.3	100	46.8
80010401	长期借款		50	50			
80010402	应付利息		4	4			
80010403	预付账款	30				30	

续表

科目		期初余额		本期发生		期末余额	
编码	科目名称	借方	贷方	借方	贷方	借方	贷方
80010404	应收账款	40				40	
80010405	其他应收款——住院押金	5				5	
80010406	工会经费暂存			4	4		
80010407	住房公积金个人扣款			100	100		
80010408	机关单位基本养老保险缴费个人扣款	5		55	56		6
80010409	机关单位职业年金缴费个人扣款	2.5		27.5	28		3
80010410	北京市基本养老金个人扣款	0.2		2.7	2.8		0.3
80010411	北京市基本医疗金个人扣款	0.05		0.85	0.9		0.1
80010412	北京市失业险个人扣款	0.22		2.82	3		0.4
80010413	其他应付税费	5		53.6	55.6		7
8001041301	个人所得税	5		53.6	55.6		7
80010414	预提管理人员绩效	10		14	24		20
80010415	应付账款	35		25			10
80010416	库存物品	20		20	15	25	
8101	财政拨款结转				5		5
8102	财政拨款结余				2		2
8201	非财政拨款结转			9211.52	10217.12	3030	7065.6
820101	本年收支结转			8849.6	5819.6	3030	
820102	结转转入			361.92	361.92		
820103	累计结转		3030		4035.6		7065.6
82010301	政府专项		1500		2766		4266

续表

科目		期初余额		本期发生		期末余额	
编码	科目名称	借方	贷方	借方	贷方	借方	贷方
82010302	其他委托		1000		1240.6		2240.6
82010303	科研费		500				500
82010304	党费		2		6		8
82010305	药费暂存		20		10		30
82010306	住房公积金暂存		8		8		16
82010307	助学金				5		5
8202	非财政拨款结余		531.2		221.83		753.03
820201	累计结余		531.2		221.83		753.03
8301	专用结余		180	170	147.89		157.89
8401	经营结余			7.8	7.8		
8701	非财政拨款结余分配			369.72	369.72		
预算结余小计		3853.17	3853.17	15911.21	15911.21	8030.32	8030.32

四、资产负债简表

××年12月31日 （万元）

行次		期初数	期末数
1	一、资产合计	4615.17	5842.32
2	流动资产	3853.17	5000.32
3	库存现金		
4	银行存款	3758.17	4893.32
5	零余额账户用款额度		7
6	其他货币资金		
7	短期投资		
8	财政应返还额度	0	0
9	应收票据		
10	应收账款	40	20

续表

行次		期初数	期末数
11	预付账款	30	30
12	应收利息		
13	其他应收款	5	5
14	坏账准备		
15	在途物品		
16	库存物品	20	45
17	加工物品		
18	待摊费用		
19	长期股权投资		
20	长期债券投资		
21	非流动资产		
22	固定资产	1430	1642
23	固定资产累积折旧	768	1004
24	工程物资		
25	在建工程		
26	无形资产	200	260
27	无形资产累计摊销	100	56
28	研发支出		
29	公共基础设施		
30	公共基础设施累计折旧（摊销）		
31	政府储备物资		
32	文物文化资产		
33	保障性住房		
34	保障性住房累积折旧		
35	受托代理资产		
36	长期待摊费用		

续表

行次		期初数	期末数
37	待处理财产损益		
38	资产类合计	4615.17	5842.32
40	二、负债合计	3273.17	4234.69
41	短期借款	50	
42	应交增值税	10	12.00
43	其他应交税费	126.2	157.29
45	应缴财政款		
46	应付职工薪酬		
47	应付票据		
48	应付账款	35	
49	应付利息	4	
50	预收账款	2500.00	4006.60
51	其他应付款	537.97	38.80
52	预提费用	10	20
53	长期借款		
54	长期应付款		
55	预计负债		
56	受托代理负债		
57	三、净资产合计	1342.00	1607.63
58	累计盈余	1162	1175.18
	事业基金	400	1016.18
59	非流动资产基金	762.00	157.00
60	财政拨款结转		5
61	财政补助结余		2
62	专用基金	180	427.45
63	权益法调整		

续表

行次		期初数	期末数
64	本期盈余		
65	本年盈余分配		
66	无偿调拨净资产		
67	以前年度盈余调整		
68			
69			
70			
71			
72			
73			
74			
75			
76			
77	负债类及净资产合计	4615.17	5842.32

注：期末累计盈余 – 事业基金 1016.18= 期初累计盈余 – 事业基金 400+ 本年盈余分配 1043.63*60%+ 以前年度盈余调整 –10

财务收入费用表

xx 年 12 月 31 日 （万元）

行次	收支项目	期末数	行次	收支项目	期末数	备注
1	一、上年结余		22	商品和服务	1279.4	
2	基本支出结余		23	折旧费	26	
3	项目支出结余		24	单位管理费用	501.36	
4	二、本年收入	4416.1	25	工资福利	379	
5	财政拨款	1450	26	商品和服务费	101.06	

续表

行次	收支项目	期末数	行次	收支项目	期末数	备注
6	其中：人员经费	1000	27	对个人和家庭补助	16.3	
7	公用经费	100	28	折旧费	5	
8	专项经费	350	29	经营费用	177.56	
9	事业收入	2597.4	30	工资福利	41.48	
10	上级补助收入	50	31	经营活动费用	135	
11	附属单位上缴收入	9.4	32	经营活动税费	1.08	
12	经营收入	180	33	资产处置费用	1	
13	非同级财政拨款收入	40	34	上缴上级费用	50	
14	投资收益	37.5	35	对附属单位补助费用	50	
15	捐赠收入	30	36	所得税费用	148.85	
16	利息收入	10	37	其他费用	3	
17	租金收入	4.7	38	四、本期盈余	1050.63	
18	其他收入	7.1	39	五、累计盈余		
19	三、本年费用	3365.47	40	财政拨款结转	5	
20	业务活动费	2433.7	41	财政拨款结余	2	
21	工资福利	1128.3	42	六、本年盈余分配	1043.63	

注：本年盈余分配 1043.63= 本期盈余 1050.63– 财政拨款结转 / 结余 7

五、预算收入支出决算表

编制单位：xx 科研事业单位　　　　xx 年度　　　　　　　　　　　　（万元）

支出功能分类科目代码 类	款	项	科目名称	栏次	年初结转和结余 合计 1	基本支出结转 2	项目支出结转和结余 3	经营结余 4	本年收入 5	本年支出 6	收支结余 合计 7	基本支出结转 8	项目支出结转和结余 9	经营结余 10
			合计		3741.20				5819.60	4607.28				
206			科学技术支出		3733.20				5480.60	4268.28				
	20603		应用研究		3733.20				5330.60	4120.28				
		2060301	机构运行		1211.20				2440.60	2740.88				
			政府专项		1500.00				2000.00	734.00				
			其他委托项目		1000.00				640.00	399.40				
			党费暂存		2.00				5.00	1.00				
			药费暂存		20.00				30.00	40.00				
			助学金		0.00				15.00	10.00				
		2060302	社会公益研究						200.00	195.00				
	20605		科技条件与服务						150.00	148.00				
		2080505	机关事业单位基本养老保险缴费支出						126.00	126.00				
		2080506	机关事业单位职业年金缴费支出						33.00	33.00				
		2210201	住房公积金		8.00				100.00	100.00				
		2210202	提租补贴						10.00	10.00				
		2210203	购房补贴						70.00	70.00				

使用非财政拨款结余	结余分配				其他	合计	年末结转和结余		
	合计	缴纳企业所得税	提取专用结余	事业单位转入非财政拨款结余			基本支出结转	项目支出结转和结余	经营结余
11	12	13	14	15	16	17	18	19	20
	369.72			369.72		4583.80	4569.00	7.00	7.80
	369.72			369.72		4575.80	4569.00	7.00	
	369.72			369.72		4573.80	4561.00	5.00	
	369.72			369.72		541.20	533.40		7.80
						2766.00	2766.00		
						1240.60	1240.60		
						6.00	6.00		
						10.00	10.00		
						5.00	5.00		
						5.00		5.00	
						2.00		2.00	
						8.00	8.00		